网站蓝图 ^{3.0}

互联网产品（Web｜App｜Apple Watch等）

Axure 7 原型设计宝典

吕皓月
杨长韬
— 著 —

清华大学出版社
北京

内 容 简 介

　　Axure RP 是用来给网站"画蓝图"的软件，它如同售楼处的样板间，让你在真正付出时间和金钱来制作一个网站之前，能够完全了解到最终的真正网站所具有的功能、设计、交互和用户体验。亲眼看到、亲手用到一个网站，然后在这个原型的基础上进行用户测试和改进，节省大量的时间和金钱。

　　本书是《网站蓝图》的彻底更新版，基于最新的 Axure RP 7.0 版本。用超过 30 个基于互联网/移动互联网/可穿戴设备的最新案例，详细说明如何使用 Axure RP 一步一步制作高保真原型图。在功能点中，与时俱进地选择了当前互联网最流行的功能和技术，比如大量最新的基于 iPhone、小米、微信、响应式网站设计和 Apple Watch 的案例等，也充分考虑了互联网从业人员中各个角色的需求，比如产品经理、决策者、工程师、市场营销人员、广告公司、设计师等。

　　本书适合于互联网的各个角色的从业者，包括产品经理、项目经理、用户体验设计师、平面设计师、运营经理、策划经理、客户经理、工程师、决策者、市场营销人员、商务合作人员、提案者、广告公司、互联网创业者等。

图书在版编目（CIP）数据

　　网站蓝图 3.0：互联网产品（Web/App/Apple Watch 等）Axure 7 原型设计宝典/吕浩月，杨长韬编著. --北京：清华大学出版社，2016

　　ISBN 978-7-302-42312-6

　　Ⅰ．①网…　Ⅱ．①吕…　②杨…　Ⅲ．①网页制作工具　Ⅳ.①TP393.092

　　中国版本图书馆 CIP 数据核字（2015）第 287049 号

责任编辑：栾大成
装饰设计：杨玉芳
责任校对：徐俊伟
责任印制：刘海龙

出版发行：清华大学出版社
　　　　　网　　　址：http://www.tup.com.cn，http://www.wqbook.com
　　　　　地　　　址：北京清华大学学研大厦 A 座　　　邮　　编：100084
　　　　　社 总 机：010-62770175　　　　　　　　　邮　　购：010-62786544
　　　　　投稿与读者服务：010-62776969，c-service@tup.tsinghua.edu.cn
　　　　　质量反馈：010-62772015，zhiliang@tup.tsinghua.edu.cn
印 装 者：北京亿浓世纪彩色印刷有限公司
经　　销：全国新华书店
开　　本：188mm×260mm　　印　张：25.5　　字　数：976 千字
版　　次：2016 年 3 月第 1 版　　　　　　印　次：2016 年 3 月第 1 次印刷
印　　数：1～6000
定　　价：99.00 元

产品编号：067538-01

效率就是生命

"运动中的赛跑，是在有限的路程内看你使用了多少时间；人生中的赛跑，是在有限的时间内看你跑了多少路程。"

——冯骥才

我们并不确定自己有多少时间，能把控的只有当前的效率。好的工具无疑可以大幅提升效率，好的工作流程则可以大幅提高团队的整体效率。Axure RP 对于产品团队，既是利器，也引入了更高效的工作流程。

记得一次我们拿 Axure RP 制作的交互稿给马化腾审阅，马化腾当成了设计稿，批复说风格简约，可发布。

为什么提起产品设计就会谈到 Axure RP，它到底好在哪里？吕皓月精心编写的这本书将会带你领略，而我担心的是，Axure RP 的魅力会将人迷晕，忽视效率这个更本质的话题。

关于效率，我谈体会：

一、别让工具成为负担

打开一个可以制作高仿真原型的工具，很多时候会不自觉地考虑对齐、边距等美观问题，这些工作花了不少时间，但对原型需要验证的问题可能帮助不大。虽然 Axure RP 提供了草稿工具，其实，在最早的构思阶段还是不如纸和笔来的挥洒自如。

在使用工具的时候，要专注自己当前的任务，抑制自己的强迫症和多动症。当工具影响自己想象力的发挥时，要考虑使用其他工具辅助。这一点 Axure RP 做得非常好，整个过程行云流水，几乎不会成为想象力的障碍。

二、有效的沟通才能让流程生效

不要被流程框死，也不要迷信流程中的交付可以代替沟通。团队在一起协作，最重要的还是充分的沟通，每个团队都需要在实践中寻找适合自己的工作流程。比如 QQ 邮箱，他们的设计团队自己完成前端制作，这样就少了很多没必要的沟通，也不再需要反复确认，改到自己满意就可以了，最终体现出来的工作效率极高。

总而言之，使用 Axure RP：

不占用更多时间，祝你掌握效率的秘密。

——王坚

糗事百科（www.qiushibaike.com）

秘密（thesecretapp.com）

起床大作战（app.qiushibaike.com/qichuang）

前言

Axure 7.0 已经成为中国互联网、移动互联网从业者的必备工具，到 2016 年，Axure 7.0 将全面超越 PPT 和 Photoshop 在互联网行业的重要性。在最近的百度指数当中，大家可以看到 Axure 的增长率大幅超越了 Photoshop。

指数概况 2015-07-20 至 2015-08-18 全国

最近7天 最近30天

	整体搜索指数	移动搜索指数	整体同比	整体环比	移动同比	移动环比
axure	3,660	310	150% ↑	18% ↑	121% ↑	8% ↑
photoshop	23,123	4,605	26% ↑	0% –	89% ↑	6% ↑

Axure RP，是一款伟大的、曾经默默无闻的网站建模软件。说它伟大，是因为它用如此简单的方式，将千言万语化作无声的默契；说它默默无闻，是因为曾经只有很少的人在使用它编织和描绘自己的梦想和创意。大部分人尚不知道有这样一款神奇的软件，可以让人们如此清晰地触摸一个网站的脉络。

"仁者见仁，智者见智"这样一句话，不知道让多少网站经历了推倒重来、混乱之至、莫名其妙、虎头蛇尾的痛苦过程。这一切的原因都是因为，文字是不可靠的！文字的不可靠在于，不同的人对于同样的文字会有不同的理解。这种不同的理解从开始就将网站建设带入了深渊。大家都知道，建筑是靠蓝图造出来的，建筑蓝图详细说明了建筑是什么样子的，照着蓝图施工，造出来的大楼是跟蓝图一模一样的。正因为很多网站没有好的蓝图，才导致了网站建设中的拖沓与混乱。那么，如何制作网站蓝图？

Axure RP 就是用来给网站画蓝图的软件，它如同服装设计师的样衣、建筑师的蓝图、电影导演的故事版、售楼处的样板间……总之，它让你在真正付出时间和金钱来制作一个网站之前，能够完全了解到最终的真正网站所具有的功能、设计、交互和用户体验，亲眼看到、亲手用到一个网站。然后在这个原型的基础上进行用户测试和改进，节省大量的时间和金钱。比这个更棒的是，它能让人一下子就明白网站是做什么的、如何使用一个网站以及要花多少人力物力把一个网站做出来。装修之前，我们会看样板间，这样就知道如果买了，住进去的是什么样的房子。那么看到最终网站之前，投资人、工程师、老板、客户也会想看到"网站的样板间"，这样他们才知道自己要做什么、钱花在什么地方了、提供了什么样的服务、买的是什么东西……Axure RP 就是制作"网站样板间"的工具。它是如此强大（抱歉我再一次陶醉地说），所制作的样板间，并不仅仅是"装修好的样板间"，还有各种"家电"、"家具"、"灯"……是可以住的样板间！

有了 Axure RP，无论你是：

- 焦头烂额、觉得全世界人都无法理解你的产品的产品经理；
- 精益求精求完美的设计师；
- 无所不能看透世间冷暖的工程师；
- 拥有奇思妙想濒临退学的奇才；
- 怀揣梦想寻求资金的创业者；
- 不满现实遭受悲惨用户体验的互联网受害者；
- 运筹帷幄的公司决策者；
- ……

你都可以理直气壮地站起来说"各位，这，就是我想要的！"

声明：本书是全网 Axure 专业图书销售第一名的《网站蓝图：Axure RP 高保真网页原型制作》的最新版本，这本书同时也是国内第一本 Axure 原创图书，被竞相模仿，甚至，抄袭。国内知识产权保护尚不完善，需要我们一起去维护。Axure 这个工具与诸如 PPT、PS 之类的工具不同，它是基于创意和结构的，需要作者具备大量的真实从业经历才能将其神奇之处展现出来，绝非一些职业写手可以驾驭的。但是本着"组织结构可以抄袭，项目案例可以照搬"的原则，市场上充斥了大量"山寨"Axure 图书，笔者无奈之余，还是无奈……

拒绝山寨，从我做起！

彻底更新

本书之所以叫做 3.0 版本，是因为作者另外一本畅销书《APP 蓝图：Axure RP 7.0 移动互联网产品原型设计》是 2.0 版本。

在 3.0 版本中，作者做了如下大规模的改进：

1. 超过 30 个基于互联网 / 移动互联网 / 可穿戴设备的最新案例。

2. 鉴于 1.0 版本的读者反馈，本书案例难度进行了梯度调整，由浅入深，初学者和高级用户都可以找到需要的内容。

3. 加入最新的桌面网站和移动网站（App）的最新国际设计趋势。例如呼吸式菜单，飘动 banner，变换边框的菜单，滚动加载等。

4. 跟随互联网、移动互联网及可穿戴设备的潮流，提供大量最新的基于 iPhone、小米、微信、响应式网站设计和 Apple Watch 的案例。

5. 充分考虑了互联网从业人员中各个角色的需求，比如产品经理、决策者、工程师、市场营销人员、广告公司、设计师等。

特别提示

首先多谢各位读者的厚爱，网站蓝图 1.0 在京东获得上千个 5 星好评，2.0 版本上市 3 个月也获得将近400 个 5 星好评。希望最新的版本，也能够给大家在移动互联网的大潮中带来帮助。

本书在写作中，为了避免将同样操作一次又一次地重复介绍，而且避免在一开始就把大家带入到莫名其妙的操作中，我们将一些常用的、反复性的内容放在了基础操作一章中，希望大家不要迷茫。

读者群

- 互联网行业产品经理
- 开发人员
- 用户体验设计师
- 平面设计师
- 运营经理
- 策划经理
- 从事互联网营销的客户经理、创意人员、销售人员、商务合作人员、提案者、策划经理
- 互联网创业者
- 广告公司、广告代理公司的客户经理、策划人员

对于读者来说，并不需要了解很多的技术细节。不过对于一些高级的 Axure RP 功能，熟悉 HTML 和网站创建流程能够加深对本书的理解。

关于作者

吕皓月，网名阿睡（MrSleepy），2002 年毕业于北京大学物理系。毕业后一直从事互联网相关工作，担任过工程师、产品经理、市场策划、销售策划、营销总监、主管运营和技术的副总裁等职务。现就职于某著名消费电子产品生产商。

曾为上线彻夜不眠，曾为书写需求文档呕心沥血，曾为表明观点苦口婆心，曾为实现功能软磨硬泡、威逼利诱，曾为争取资源据理力争，也曾为了安抚迸发的灵感奋笔疾书到凌晨。不敢说对互联网行业有多么深的理解，但是却对自己喜欢的事情热情未泯。期望能与互联网同业者共勉，能够多劳真的多得。

Tom Yang（杨长韬），青年设计师、艺术家。非常擅长将新兴电子元素运用到作品中，并且创作素材往往源自日常生活。

毕业于东南亚著名广告设计学院 TOA，荣誉毕业生获得者，并担任毕业展副主席。回国后，在国内广告公司与互联网公司担任创意总监、运营 VP。

服务过的品牌包含：雀巢、西班牙文化局、北欧航空、太古地产、雅虎中国、中国移动、李宁等。

2010 年启动至今的个人创意项目（向妻子的生日祝福电子贺卡）多次获得国内知名互联网媒体报道，其中的 Google Maps 电子贺卡一度在 Alexa "Google Maps" 关键词搜索中排到了全球第二。

鸣谢

大概是人品好的缘故，笔者身边全是正直勤奋的亲人和朋友，你们的智慧和包容极大提升了笔者的创意、技术和道德水准。这里因为太多，就不一一列出占纸了，谢谢你们！

另外，本书的问世，仍然离不开清华大学出版社栾大成编辑的鼓励和督促，以及严谨的、对读者和内容负责的态度。大成编辑丰富的行业知识，为笔者提供了丰富的案例建议并一起不断修订打磨至一本还过得去的书。这段是真心的，不是某编辑逼我写的。

参考资料声明

为了顺利地展开主题，本书在编写过程中参考了国内外一些著名网站 /APP 的功能和效果，在此感谢网站制作和策划人员的努力工作。由于少量案例来源于互联网，因此无法一一查明原作者，无法准确列出出处，敬请谅解。如有内容引用了贵机构、贵公司或您个人的技术资料或作品却没有注明出处，欢迎及时与出版社或作者本人联系，我们将会在博客或相关媒体中予以说明、澄清或致歉，并会在下一版中予以更正及补充。

好友推荐

再好的产品需求文档，都比不上低保真的产品原型，再好的低保真原型，都比不上高保真的产品原型，而 Axure 就是最近几年最火的高保真原型工具，让产品眼见为实，我们从本书开始。

——《人人都是产品经理》作者 苏杰

作者与我在雅虎中国的共事过程中，作为资深产品经理的他是各个部门公认的沟通效率最高的人。每次方案都清晰直接，很快就会在提案基础上确定出清晰的下一步推进计划，因为方案本身已经向我们呈现了大致的成果，所以大家针对一个很清晰的模板进行沟通自然简单很多。后来，在我们一起创业经营公司的过程中，我作为营销副总裁进行商务谈判时，这些合作的提案更是发挥了莫大的作用，基本上令我们所向披靡，无论是在与全球最大的服装 OEM 厂家谈合作，还是与投资方沟通商业计划，我们都会因为专业、简洁、直接提供可视化结果的极具震慑力的提案而大大加分。有了这本书，从此不再做一个悲催的产品经理。

——前天际网 CEO 李靖

欲成其事，先利其器，对于许多互联网从业人员（尤其是产品人员或 UE 设计师）来说，Axure RP 无疑是你行走江湖、养家糊口的必备兵刃，这是一本读起来像小说的剑谱，阅读过程很轻松，却对功力提升大有助益。

——暴风影音副总裁 崔天龙

该书详尽剖析实用案例，充分展现作者在宏观教学上的掌控力。作为 iOS 开发者来说，Axure RP 无疑是必备软件之一，如何在工作中充分运用 Axure RP，却成为许多 iOS 开发者的心头病。Axure RP 本身并没有教学说明，网络上只有一些简单介绍，想要做到玩转 Axure RP，单靠这些是无法实现的。而现在，该书的出现，成为 iOS 开发者的福音，草草翻阅便爱不释手，不仅可帮助初学者迅速学习技巧，也可用于高级开发者的进阶提升，实用性很强，绝对是不可错过的 iOS 开发者必备建模书。

——IMOHOO INFOTECH 副总经理 王斐

本书以各大网站的实际页面为例子，详细描述了如何从一个想法，到低保真线框图，再到高保真页面原型的过程，并且结合了项目管理中（提案、归纳、演示等）的各种实用建议，是产品经理、技术工程师、商务合作人员、创业者必备指南。

——百度资深总监 闫研

技术人员经常说：好的产品经理就和一段完美的爱情一样，是可遇而不可求的。和吕皓月共事了两家公司，并肩作战了多个项目，他一直都是公认的优秀产品经理，他编写的产品文档也是我们最愿意拿给新人学习的。

——混迹于互联网的 @博升优势 王志强

这本书从 Axure RP 的历史背景、适用范围入手，通过跟其他图形工具的对比充分展示了它在项目开发中的重要性和优越性。作者在这行混迹多年，手艺人品双一流。

——魔盒信息科技有限公司 技术总监 王宝存

传统网站开发中，产品经理无论是写文档还是让技术人员去阅读文档，无疑都是一件非常低效的事情。尝试更高效的工具吧！Axure 高保真的原型效果既能直观体现出产品经理的想法，又能和技术人员进行无障碍的沟通。如果您要更高效地阐述您的想法，更快速地建立产品原型，那么本书是您的案头必备！

——美乐网技术总监 冷昊

非常实用，互联网产品经理提高效率的必备工具书。

——淘宝联盟广告策划 黛羽

　　这是一本深入浅出的 Axure 实战宝典，鲜活前卫的案例式教学，让经典原型制作工具的学习不仅仅是纸上谈兵。帮助你简单、全面、深刻了解 Axure。

——去哪儿网 产品总监 高兴

　　每个产品经理都会喜欢上这本书，因为它能让你的每一个奇妙想法都快速展现在大家面前，它能让投资人喜欢你、让老板喜欢你、让设计师喜欢你、让工程师喜欢你……

——新浪乐居 刘博

　　不管是一本好书还是一款优秀的软件，都不可能永久称霸。而本书，我不敢说永远不会被超越，但我敢说一定是未来三年内最受用的互联网工作者用书——记住："不是之一"。我建议本书应该作为互联网从业人士的必读书籍。

——前雅虎网高级编辑 胡烨

素材下载 | 疑难杂症

目 录

01

关于 Axure RP 7

无须任何代码快速建立网站和移动应用原型。

Axure RP 7 是一款制作网页原型图和移动应用（App）原型图的软件。（英文叫作 Prototyping Software）大家可以使用 Axure RP 7 制作出逼真的，基于 HTML 代码的网站原型和移动应用原型，用于评估、需求说明、提案、融资、策划等各种不同的目的。更精彩的是，该原型可以响应用户的点击、鼠标悬停、拖曳、提交表单、超链接、手指拖动、滑动、长按、短按等各种事件。除了真实的数据库支持外，它几乎就是一个真正的网站或者移动应用。它不仅仅是图片，而是集合了 HTML、CSS、JavaScript 效果的，活生生的网站和应用。使用 Axure RP 7，能够让你在做出你想象中的网站或应用之前，就先体验和使用你的产品！

60% 的财富 100 强的公司在使用 Axure RP。

1.1　Axure公司的故事

Axure 公司创立于 2002 年，两位创始人分别是 Victor Hsu 和 Martin Smith。Victor 最初是一个电器工程师，后来成为了一个软件开发者，再后来又成为了一个产品经理。（想必有读者已经开始了解到为什么 Victor 要开发这款软件了吧？因为他也是经过产品经理磨炼的人）而 Martin 是一个经济学家和一个自学成才的黑客（都不是省油的灯啊）。当两人在一家互联网创业公司共同工作的时候，通过阅读基于 PowerPoint，Microsoft Visio 和 Microsoft Word 格式的产品需求文档来开发软件。（任何在互联网公司工作过的人都应该能体会到，这是痛苦的来源。尤其是 N 多版本的 PPT，Visio 和 Word，那就是灾难了）两人不约而同地认为，应该有更好的办法。还真的有！因此，Axure RP 诞生了。

Axure RP 的第一个版本在 2003 年诞生。它是第一款被专门设计用来制作基于浏览器的网站原型的软件。12 年之后，Axure RP 被公认为是网页原型工具中的标准，并且被全世界成千上万的大公司中的用户体验专家，商业分析人员和产品经理使用着。

今天，Axure 公司位于阳光明媚的圣地亚哥。Vitor 和 Martin 吃的拉面比薄饼要多。因为我们要一起努力工作让 Axure 的下一个 12 年继续辉煌。

在中国，Axure RP 的使用者还很少，我见过不少产品经理在使用 Visio 制作线框图，还有一些大神使用 Word 和 Excel，还有一些设计高手直接使用 Photoshop 和 Illustrator 制作原型图。首先，我们可以肯定很多人在工作中都主动地或者说被动地需要制作网站线框图，其次，这些制作方式都不是错误的。但是如果我们有更好的、更高效的办法，（记得，提高效率才能提高工资）为什么不去尝试呢？而且学习 Axure RP 7，可比学习 Office 和 Photoshop 简单多了。（当然，前提是你购买了本书）

1.2　装修与Axure RP

没有接触和使用过 Axure RP 的读者可能还是不了解 Axure RP 是一款什么软件。我用我最喜欢的一个例子来跟大家解释一下。大家肯定都对装修有所了解。在装修自己房子的时候，你可能会做很多很多的工作，比如看建材、看家电、看各种家具、各种照片、朋友的家、户型图、样板间等，拉关系找朋友给推荐装修公司，有的也会看装修公司给我们量身定做的 3D 效果图（一般这个时候都已经签约了）。所有这些努力，都是希望在真地签约给钱，下料开工之前，尽最大的可能去了解最终的效果是什么样子，是不是自己想要的。因为一旦开始装修，就很难去更改。装修完了，结果发现自己不喜欢，不要了也是不可能的。装修还是一件花费很高的事情。

把一个毛坯房变成自己心目中理想的房子，是一个很困难，需要投入非常多精力的过程。那么如果我告诉大家，有一个"疯狂装修队"，他们能够来到你要装修的房子，完全地按照你的要求，把你的房子变成一个样板间。所有的水电气、灯、地板、墙壁、门窗、厨卫、家具、网络、绿色植物、家电全部都按照你的要求给你购买，设计，装修，安装。也就是说，给你制作出来一个完全按照你的要求的"超级样板间"。并且呢，更棒的是，你还可以在里面住上一个星期。在这个期间去体验，提出改进的建议。一个星期后，当你完全满意时，再签订合同，付款，要求"疯狂装修队"按照"超级样板间"的样子开始施工。在此之前，所有的服务都是免费的。（或者说，仅付很少的费用）

如果真有这样的"疯狂装修队"和"超级样板间"，作为消费者的你，是不是会很喜欢呢？是不是觉得很棒？

我们相信未来的装修一定是这样的。只是我们还需要等待。

下面回到网站制作和 Axure RP 上面来。一个已经发布的网站，就像是一个装修好的房子。在制作网站之前，我们须要去考虑最终要做出来的网站是什么样子的，跟我们关心最终装修出来的房子是什么样子的一样。因为我们要承担时间和金钱的成本。做一个网站的成本在大部分时候可比装修要高多了。所以，如果在做出网站之前能够有一个"网站的超级样板间"给我们去评估、体验和反馈，那么该是多么好的一件事情呢。

现实中制作"超级样板间"的"疯狂装修队"还没有，但是制作"超级网站样板间"的"疯狂网站装修队"已经有了。那就是 Axure RP。

我们使用 Axure RP，就可以制作出"网站样板间"，让我们在花钱和投入精力之前，就知道网站是什么样子的，有没有满足期望，是不是合格，是不是值得投资，是不是用户喜欢的。这个价值，跟大家体验现实中的"超级样板间"是一样的：你可以在装修之前先住进自己梦想中的房间。那么我想说的也是"使用 Axure RP，能够让你在做出你的网站之前，就先体验和使用你的网站！"

1.3　隆重介绍 Axure 7

Axure RP 是一款制作网页原型图，或者叫作网页线框图的软件（英文叫作 Prototyping Software）。大家可以使用 Axure RP 制作出来逼真的、基于 HTML 代码的网站原型，用于评估、需求说明、提案、融资、策划等各种不同的目的。更精彩的是，该原型可以响应用户的点击、鼠标悬停、拖曳、提交表单、超链接等各种事件。除了真实的数据库支持外，它几乎就是一个真正的网站。它不仅仅是图片，而是集合了 HTML、CSS、JavaScript 效果的、活生生的网站。使用 Axure RP，能够让你在做出你想象中的网站之前，就先体验和使用你地网站！

Axure 7 终于发布了。一个简单的、彩色的新的 Axure Logo 也恰到好处地总  结了新版本的最大特点：简单、直观，如右图所示。

如同 Apple 的 iOS 7 操作系统一样。新的 Axure 7 也有了革命性的变化。不仅界面变得更加友好，执行的效率也有了很大的提高。在制作复杂的、多页面的网站时，运行效率和生成原型的速度都有了很明显的提高。最可喜的是，Axure 7 顺应了移动开发的趋势，在原型的制作方面加入了对移动设备（智能手机和平板电脑）的支持。但是一旦你掌握了 PC 端的原型制作方法，制作移动端的原型就是水到渠成的事情。Axure 7 让你几乎不需要花费额外的心思，就可以在移动端原型的制作上达到同样的熟练程度。简单来说，只要你曾经使用过之前版本的 Axure 软件，那么使用 Axure 7 就毫不困难。一把更加锋利又更好用的刀，谁不喜欢？

> 在第一章中，笔者先忍不住介绍了一下 Axure 7 的一些精彩的新功能。如果你觉得理解起来比较困难，不用着急，在接下来的章节中我们会使用实例进行详细的介绍。

1.3.1　更多的事件支持

如下图所示。对于部件，Axure 7 之前的版本仅支持如下 3 种事件。

- OnClick （单击触发）
- OnMouseEnter （鼠标进入触发）
- OnMouseOut （鼠标移出触发）

而 Axure 7 极大地丰富了事件库，同时也对一些经常在移动端使用的事件做了很好的支持，如下图所示。对于单一部件，Axure 7 新增了对如下事件的支持。

- OnDoubleClick （双击时触发）
- OnContextMenu （右键单击触发）
- OnMouseDown （鼠标按钮按下还未抬起时触发）
- OnMouseUp （鼠标按钮按下抬起时触发）
- OnMouseMove （鼠标在部件上移动时触发）
- OnMouseHover （鼠标在部件上悬停 2 秒钟以上时触发）
- OnLongClick （单击并且持续按住 2 秒钟以上触发——想象一下长按 iPhone 的 Home 键的效果）
- OnKeyDown(键盘按键按下还未抬起时触发）
- OnKeyUp （键盘按键按下抬起时触发）
- OnMove （部件移动时触发）
- OnShow （部件展现时触发）

- OnHide（部件隐藏时触发）

- OnFocus(部件获得焦点时触发)

- OnLostFocus（部件失去焦点时触发）

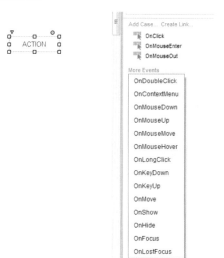

对于页面，除了 OnPageLoad（页面加载时触发）， Axure 7 新增了对如下的事件的支持，如下图所示。

- OnWindowResize（页面尺寸发生变化时触发）

- OnWindowScroll（页面发生滚动时触发——现在可以捕捉到滚动条触发的动作了）

- OnPageClick（页面被单击时触发）

- OnPageDoubleClick（页面被双击时触发）

- OnPageContextMenu（页面被右键单击时触发）

- OnPageMouseMove（鼠标在页面上移动时触发）

- OnPageKeyDown（键盘按键按下还未抬起时触发）

- OnPageKeyUp（键盘按键按下抬起时触发）

- OnAdaptiveViewChange（当自适应视图发生变化时触发——自适应视图变化是指在移动端，例如手机从竖屏浏览变为横屏浏览）该事件能够让我们根据显示设备的尺寸，自适应地加载不同的部件布局以提供最优的用户体验。比如说，如果我们发现用户是在 PC 上访问网站，那么我们就展示桌面版本的网站；如果我们发现用户是在平板电脑上浏览网站，我们就展示平板电脑版本的网站；而如果我们发现用户是在使用手机访问网站，我们就展现移动版本的网站。之后我们会用实例来具体说明这个事件。

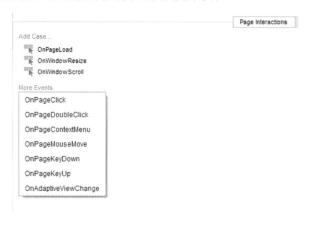

对于 Dynamic Panel（动态面板），除了普通部件新增的事件外，Axure 7 还额外添加了如下的事件。

- OnClick（单击触发——以前居然没有这个事件）

- OnLoad（动态面板加载时触发）

- OnSwipeUp（向上滑动时触发——想象在 iPhone 的界面上向上滑动手指）

- OnSwipeDown（向下滑动时触发）

- OnScroll（滚动时触发——该滚动是指内嵌在动态面板中的内容发生滚动，而不是页面发生滚动）

- OnResize（动态面板尺寸发生变化时触发）

这些新增的事件，能够让我们完成几乎所有桌面和移动端的原型效果制作。大家很快就会看到通过组合这些看似简单的事件和部件，我们能够实现强大的、逼真的效果。

1.3.2　快速 Preview

Axure 7 可以快速地让用户在浏览器中预览当前制作的页面，然后再根据需要动态地生成 HTML 的页面。而不是像之前的版本，每次都会生成所有页面。这大大减少了加载等待的时间。比如制作一个有上百个页面的原型，Axure 7 可以让你飞快地预览当前的工作页面。而之前的版本，在生成原型的时候，要等待所有其他页面加载完成。

1.3.3　文本输入部件的输入提示

我们经常可以在网站的文本输入部件中看到灰色的提示文字。当输入框获得焦点时，该灰色提示文字消失，失去焦点时，如果用户什么都没有输入，则提示 文字还会重新出现。之前实现这个功能需要一定的交互设计和高级的 Axure 功能。但是现在，Axure 7 把这个功能做成了一个部件属性。Text Fields （文本输入）和 Text Area（多行文本输入）部件都有这个功能。我们只需要选中空间后，在右侧的部件属性区域进行设置就可以了，如下图所示。还可以设置提示文字的颜色和字体。

1.3.4　丰富的输入部件内容

除了输入文本、密码等常规内容，Axure 7 对于输入如下的内容同样做了支持。

- E-mail：输入 E-mail 地址。

- Number：输入数字，这个时候输入部件会变为如下所示。

- Phone Number：输入电话号码。

- URL：输入超链接地址。

- Search：搜索，这个时候输入部件会变为如下所示。

fefe

- File：上传文件，这个时候输入部件会变为如下所示。

用户在选择好文件后，"未选择文件"部分会变成选择好的文件名，如下所示。

- Date，Month，Time：年月日，年月和时间。选择后输入部件会分别变成如下的样式。

1.3.5　新的部件形状

如下图所示，在 Axure 7 中，对于类似矩形这样的部件，我们现在可以选择的形状和样式比旧版多多了。例如心形、水滴、五角星、加号等常用的页面形状元素。

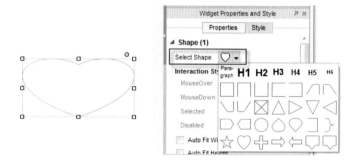

1.3.6　动态面板的新属性

大家都知道在 Axure 中动态面板是一个非常重要的部件。所以，新版本对于动态面板也新增了功能。

动态面板现在可以动态适应内容。也就是说动态面板的大小会随着其中内容的变化而变化。针对动态面板的每个状态，我们可以设置相应的背景颜色和背景图片，如下图所示。

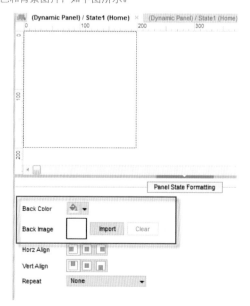

如下图所示，动态面板的宽度可以被设置为 100%，也就是说可以设置为整个浏览器的宽度。这样当浏览器的宽度发生变化的时候，动态面板也会跟着变化。

动态面板可以触发其中部件的事件。例如，在动态面板上进行鼠标悬停，那么可以使所有动态面板中的部件显示其鼠标悬停时所触发的事件。这只需要一个简单的设置就可以。

1.3.7　切割图片

除了将图片切片外，新的 Axure 7 可以让你直接切割图片的某一个部分，如下图所示。

用户可以拖曳选择框，选定后，双击鼠标，选定的区域就被保留下来，图片其他的部分就被删除了。

1.3.8　所有部件都可以被隐藏

在 Axure 7 之前的版本中，只有动态面板可以被隐藏。但是现在，即使是一个单选部件，也可以被设置为隐藏，如下图所示。

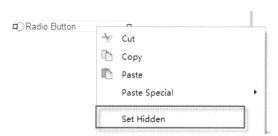

1.3.9 部件可以被设置为圆角、透明、阴影

在 Axure 7 中，部件可以被设置为圆角、透明、阴影，如下图所示。

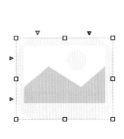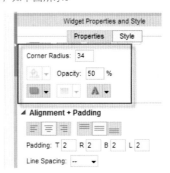

1.3.10 新的 Widget Manager（部件管理器）

在 Axure 7 中，Widget Manager（部件管理器）取代了 Dynamic Panel Manager（动态面板管理器）。在同一个管理器中，可以管理包括动态面板在内的所有当前页面中的部件，如下图所示。

1.3.11 跨页面的撤销功能

在旧版的 Axure 中，你进行了一个操作，然后切换到另外一个页面进行操作。那么这个时候，如果你切换回之前的页面并且企图使用撤销功能（Ctrl+Z），你将会发现你无法撤销上一个操作，因为在跳转到另外一个页面的过程中，Axure 丢失了你之前操作的记录。但是在新版中，每个页面的撤销操作都是单独记录的。你可以在页面 A 撤销页面 A 中的最近的一次操作，也可以在页面 B 撤销页面 B 中的最近的一次操作。完全不用担心因为切换了页面而丢失了操作记录。

1.3.12 全新的部件类型——Repeater（循环列表部件）

Repeater（循环列表部件）可以用来非常方便地生成由重复 Item（条目）组成的列表页面，比如说商品列表、联系人列表，等等。并且可以非常方便地通过预先设定的事件，对列表进行新增条目、删除条目、编辑条目、排序、分页的操作。

比如说一个这样的商品列表页面，如下图所示。

再比如类似百度的搜索结果那样布局的列表页面。只要是由重复元素组成的列表页面，Repeater 就可以大显神威。

1.3.13　Adaptive View（自适应视图）的支持

对于一个网站，我们可以设定其在浏览器宽度宽于 1024 像素时，显示桌面版本的视野；在宽度宽于 768 像素时，显示平板电脑版本的视野，在宽度宽于 640 像素时，显示手机版本的视野。自适应视图一旦设置成功，系统便会自动根据浏览器的宽度进行选择。下图是某个公司的网站（希望它没有倒闭）在不同的设备浏览器上的样子。

桌面浏览器

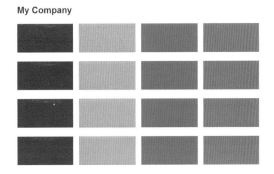

平板浏览器

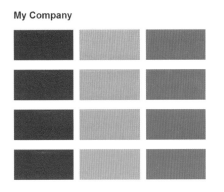

手机浏览器

1.3.14　Axure Share 发布平台

在旧版的 Axure 中，项目只能被 Publish（发布）到本地。如果要将网站原型分享给别人，只能通过发送生成的 HTML 文件，或者上传到自己搭建的一个 Web 服务器上去。这样对于有很多页面的原型来说，十分麻烦，而且搭建自己的 Web 服务器也不是一件很容易的事情。现在有了 Axure Share，我们就可以发布到 Axure 网站提供的服务器上去了。Axure 会自动生成一个项目的 URL 地址。将这个地址发送给其他人，他们就可以访问你的网站原型了。

简单地理解，Axure Share 就是一个 Axure 提供给所有用户的一个免费的 Web 服务器。免费版本最多支持 1000 个项目和 100M 的存储空间。

单击"Publish to Axure Share"，如下图所示。

然后你会看到如下的弹出窗口。

注册一个 Axure Share 的账户，大概需要耗费 2 分钟的时间。然后使用该账户登录，选择项目名称，项目的访问密码，项目的目录路径就可以将项目发布到 Axure Share 了。发布成功后，Axure 会提供一个链接地址，如下图所示。

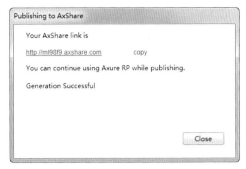

发送这个地址给那些你希望他看到该原型的用户，就可以迅速地分享了。

笔者建议大家每次都给项目加上一个访问密码，防止你的项目或者想法被别人发现。

1.3.15 高亮显示所有有互动事件的部件

在生成原型后的浏览器界面中，我们可以看到如下的一个按钮，"Highlight Interactive Elements"高亮显示所有互动元素。

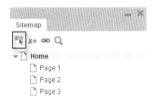

选择这个按钮后，原本页面中所有添加了事件的部件都会被带有光晕的颜色高亮显示，如下图所示。

这样，我们就可以很清楚地辨别当前页面中哪些部件已经添加了事件，哪些还没有。

1.3.16 Site Map 中变量跟踪器

在生成原型后的浏览器界面中，我们可以看到有一个"X="图标，单击它，就可以看到当前所有变量的当前值，如下图所示。

比如这个时候我们看到"OnLoadVariable"这个变量的值就是"Test"。这对于在复杂页面中调试变量非常有帮助。

1.3.17 界面上的调整

整体来说，Axure 7 与 6.5 相比，在界面上并没有太大的变化，基本保持原状。这样，之前熟悉旧版 Axure 的用户就可以很快地上手，如下图所示。

在 Axure 7 中，如下的几个地方发生了一些变化。

1. 新的版本去掉了 Page Notes 这个部分。

2. 将部件的属性和样式编辑器从部件互动事件部分分离了出来。

3. 将动态面板编辑器变成了部件编辑器。从此我们可以在这里编辑所有的部件，而不仅仅是动态面板。

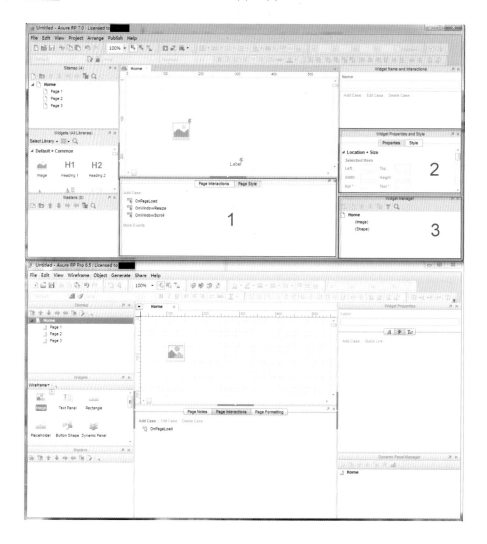

1.3.18 预置参数的添加

与之前的版本相比，Axure 7 增加了许多新的预置参数。当我们打开公式编辑器的时候，可以看到如下界面。

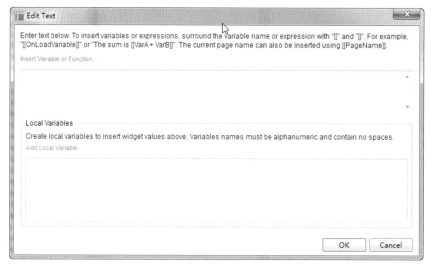

单击"Intert Variable Function..."，就可以看到如下窗口。

这里，Axure 预置了很多参数及公式。比如说上图中的 Window.width 就可以直接获得当前窗口的宽度，而 Window.scrollX 可以获得当前在水平方向滚动的距离，而 Cursor.x 则可以获得当前鼠标的横坐标位置。在之后的案例中我们会使用这些预置的参数完成原型的制作。

1.4　爱上Axure RP的十大理由

Axure RP 网站上列举了你将会爱上 Axure RP 的十大理由（不过既然你已经买了这本书，我们的说教就显得有些多余），我们罗列如下。

1. 你的需求说明（Requirements）从未看起来如此得棒！

让我们勇敢地面对吧，无论你对商业和系统的需求是多么地了解，写出所有相关人员都能够认真阅读并且确认的需求文档从来都不是一件简单的事情。冗长而低效的会议让你无法忍耐，于是你决定来点儿不一样的。你迅速地使用Axure RP 画出了整个系统的工作流程，并且用一种可以互动点击的方式演示给所有的相关人员。在创纪录的时间里面，你们达成了需求协议。所有的相关人员都对项目的前景感到十分兴奋。

"需求文档的问题就是虽然我们都读同样的产品文档但是在脑子中想象不同的事物。我们使用 Axure RP 创建高保真的原型以期达到功能和视觉上的统一意见。然后我们就可以针对这些高保真原型进行逆向工程。我们的成功在很大程度上就归功于这些用视觉语言来描述的商业和 IT 需求，填补了大家在理解上的鸿沟。Axure RP 帮助我们从结果开始，真正意义上地达到以解决方案为中心。"——Bernard Schokman——Business Analyst & User Interface Impressionist——MyWare

2. 你的项目经理会爱上你！

"我已经使用 Axure RP 4 年了，主要把它用作一个与工程师和决策者沟通可用性的工具。我创建了交互的部件来加速设计，发布原型进行远程可用性测试，创建高保真原型来给工程师和决策者演示不同程度的复杂交互。他们也很喜欢 Axure RP，因为它能通过实际演示来交流而不仅仅是口头沟通。我爱 Axure RP 因为它节省了我的时间和金钱，并且让我远离头痛。在我的用户体验工具箱中，Axure RP 是一个无价之宝。"——Jo Anne Wright-User Experience Designer——customink.com

3. Axure RP可以在PC和Mac之间通用。

设计师喜欢用 Mac，而其他人多半是用 PC。而 Axure RP 可以在这两个平台中通用，大大节省项目时间。因为用Axure RP 制作出来的原型，就像我之前描述的一样，是基于 HTML 的。你只要有一个浏览器，就可以浏览。对于这一点，Microsoft Visio 就做不到啦。而且对于我们之后要提到的 iPhone App 的开发来说，你也可以在手机上浏览你的 App 的原型。

4. 你可以提前知道用户到底是喜欢还是抱怨你的产品。

在一个产品真正地摆放到用户的眼前之前，你是很难知道用户的感受的。而作为网站的制作者，你并不想等到网站发布之后才去了解这一点。用 Visio 制作的效果图没有很好的互动，所以你根据自己的想法，使用 Axure RP 制作了丰富的原型。在观察用户是如何使用这些原型之后，你发现你最喜欢的一个想法被证明是一个灾难，于是你开始尝试另外的方向。最终，经过几次反复的修改，你的开发过程非常顺利，最终的产品也得到了用户的好评。

5. 你可以不再日夜地从Visio中复制和粘贴了。

相信我，从哪里日夜地复制和粘贴都不是一个好主意。

6. 你的分布式团队将感觉不那么"分布"。

你与你在世界上另外一个地方的同事一起做一个项目，断网会导致重做并且会让你们错过截至日期。所以你和你大洋彼岸的同事决定在 Axure RP 中创建一个共享的项目。你意识到不仅仅你俩可以同时编辑同一个文档，并且当你在办公室工作而他在床上休息时，你不用叫醒他就可以知道他之前做的是哪些部分。你可以通过看项目历史从而了解到他已经完成了哪些部分。不互相踩脚趾实在是太棒了！（寓意不会互相重复做对方已经做过的工作——我的解释好像有点儿多余）通过 Axure RP 的分享功能，你可以很容易地将 Axure RP 项目发布到互联网和局域网中，供成员分享。并且，还可以进行版本管理。

7. 你的客户会迫不及待地为你的想法买单！

你有一个非常好的主意（相信我，这种事情总在发生），但是你很难把它"卖"出去（更要相信我，这种事情一直在发生！一切皆有可能，只是很少发生）。幻灯片和设计图并不能起到立竿见影的效果，于是你飞快地使用 Axure RP 制作了一个互动的原型，与工程师沟通后你把它演示给了客户。他因你能够给他看一些"真实"的东西而印象深刻，于是他等不及要立刻开始。

"在我们做新的客户提案的时候，Axure RP 给了我们极大的优势。因为当我们走进会议室门的时候，我们有一个用户可以立刻使用和体验的原型，而不仅仅是一个抽象的想法。"——Pete Karabetis Information Designer / Project Manager VIM Interactive

8. 工程师终于知道你想要什么了，而且他们喜欢你的想法。

有时最终的产品会看起来跟你想的不一样（我觉得"有时"这个词儿不准确，应该是"肯定"）。而在需求文档中加入更多的文字和图片会将你的工程师们推下悬崖（这个时候你已经在下面等着他们了）！你用 Axure RP 制作出原型并且在文档中加入注释来详细地解释功能。工程师们精确地了解了你的需求。并且决定从今以后他们只愿意跟你一起工作（恭喜，你不会失业了，但是也没有周末了）。

9. 你的客户可以真正地使用你的产品，而你也可以立刻得到真正的反馈。

10. 使用Axure RP让你看起来帅呆了，美爆了！

1.5　Axure RP的特色功能

Axure RP 有四大特色，分别如下。

1.5.1　概念图＋设计【Sketch+Design】

1. 即可粗略设计，也可精细设计的工具【Tools for quick and dirty or polished designs】

在 Axure RP 中，仅仅使用方块、占位符、形状和文本、可以让你飞快地制作出漂亮的线框图。当你做好准备进行更加精细地视觉美化的时候，你可以加上颜色、渐变、半透明填充、导入图片、使用网格和参考线进行精确定位，或者在其他工具（比如 Photoshop，Illustrator 等）的帮助下使你的项目达到你需要的合理的真实程度（Fidelity）。

　　如下图所示，第一张是比较粗略的线框图（Wireframe Prototype），第二张是视觉美化之后的高保真原型图（High-Fidelity Prototype）。他们都算作是原型，只是真实程度（Fidelity）不同。我们在本书中，会主要关注高保真原型图的制作。大家学会了制作高保真的，自然制作低保真的就水到渠成了。

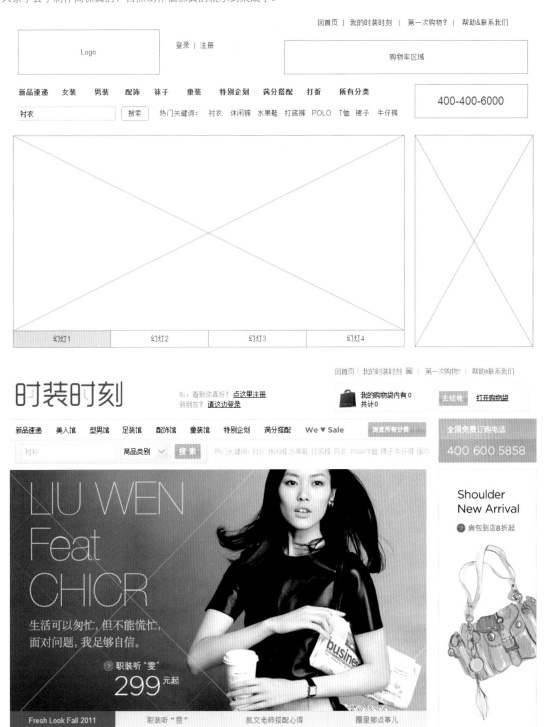

2.能够随时地切换到手绘草图的效果【Switch to a sketch, hand drawn feel instantly】

现在你可以在项目的任何阶段，随时地通过调整精细度（Sketchiness）来将原型图修改为灰度的、手绘的效果。客户可能会因为这种原生态的感觉而喜欢上它。并且通过这种方式，你可以免去用户不必要的期待，让他们专注于功能、内容和互动（而不是颜色，圆角还是直角，透明还是不透明），如下图所示。

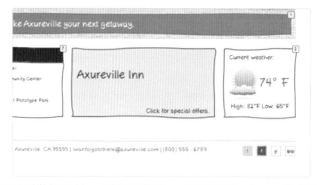

上图就是将精细度设置得比较低的时候，线框图的效果。大家可以看到，Axure RP 会自动地将矩形的边框变得崎岖不平，从而展现一种手绘的效果。大家可能还不是很清楚，那么我们再举一个例子。

我们在 Axure RP 中新建一个项目，然后拖曳一个矩形部件到页面区域中（大家可能还不太熟悉这个流程，不过没有关系，之后我们会详细介绍），现在这个矩形部件看起来是这个样子的，如下图所示。（一点儿也不意外，对吗）

然后，我们在页面属性区域的 Page Formatting 选项卡中找到 Sketch Effects 选项区域，如下图所示。

然后将其中的 Sketchiness 滑动杆的值向右设置为 45。这个时候我们再看看刚才的那个矩形部件，已经被"蹂躏"成这个样子了，如下图（左）所示。

如果你把 Sketchiness 设置为 100，那么就进一步变成了如下图（右）所示。

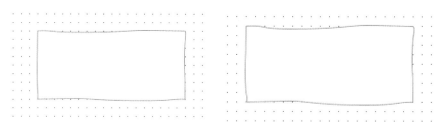

当然，你可以把它变回去！

3. 几分钟内快速上手并且每天都能够变得更快【Start in minutes and get faster every day】

从你使用 Axure RP 的第一天开始，Axure RP 经典的图形工作环境（非常类似于我们熟悉的 Windows 界面和 Office 界面），如下图所示。行内文本编辑和超过 50 种的键盘快捷键就能够让你高效地工作。当你开始熟悉选择模式，部件样式和动态面板管理器这些功能之后，你的效率将与日俱增。

4. 使用主部件，可以做到"一处修改，处处更新"【Change one, update everywhere with masters】

如下图所示。使用主部件【Masters】来制作那些需要重复使用的部分，比如网站的头部【Headers】，尾部【Footers】或者其他模板【Template】。一旦主部件被更新了，那么所有此主部件的副本都将自动被更新。你可以尽你所需在页面中使用 Masters，甚至可以在 Masters 中再次使用 Masters 从而获得最大的复用性。

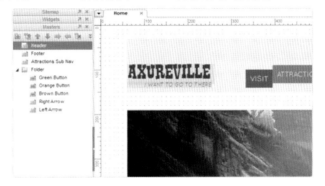

5. 部件库让你大踏步地开始【Widget libraries to jump start your projects】

下载那些发布的或者其他客户分享的部件库到你的 Axure RP 部件库中，或者创建你自己独一无二的部件库吧。加入你自己的图标、商标、品牌元素或者设计模式，如下图所示。

Axure RP 的开发者社区提供了大量的部件库，广告行业使用的，iPhone 的，Android 的。部件库就像是 PowerPoint 的模板一样，能够让用户迅速地开始原型的创作。

1.5.2 互动

1. 不仅仅是点击这么简单

你可以非常容易地创建简单的点击流网页，也可以使用条件逻辑、动态内容、动画、拖放、计算来创建高级功能丰富的原型。你并不一定要创建高保真的原型，但是如果需要，你就可以很容易地把你的设计上升到新的高度，让你能够更加方便地评估，获得用户反馈以及用户测试。使用 Axure RP，你可以很容易地创建目前市面上常见的网页上的几乎所有的基于 CSS、JavaScript 和 Ajax 的交互动态功能。比如下面这个功能，就是著名图片分享网站 Flickr 的一个功能。

Drop an image here to remove it from the batch.

2.无需编程知识，所见即所得

选择一个事件，比如 OnClick【点击】、OnMouseEnter【鼠标悬停】或者 OnKeyUp【按键弹起】，然后选择一个用例并且选择动作，比如 Open Link【打开链接】、Set Widget Value【设置部件值】或者 Show Panel【显示面板】。最后为动作设定选择参数，就完成了。一旦你掌握了这个诀窍，你会惊讶于你能做的，并且为居然能够如此快速地实现功能而感到惊叹。

在 Axure RP 中，完全不懂代码的人经过一定的学习也可以完成简单的网页互动功能，而这些功能原本是需要对 CSS、HTML、JavaScript 熟练掌握的工程师才可以做到的。虽然我建议互联网的从业者多少都要懂一些代码，但是这种便捷性能够极大地简化我们的工作。比如说我们对着一个 PowerPoint 上的页面截图说"这里可以点击，这里可以拖曳"，这样的效果就完全没有我们真正地在页面上进行点击和拖曳来得直接和生动，如下图所示。

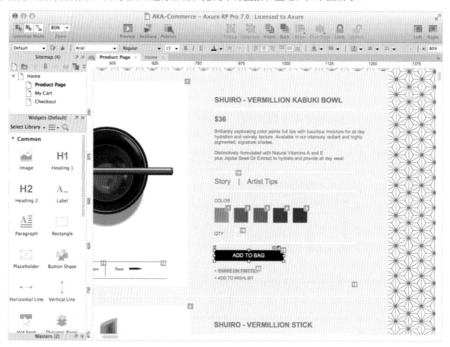

3. 一键点击生成HTML代码，无需浏览器

单击一个按钮，Axure RP 会立刻将你的设计生成基于 HTML 代码和 JavaScript 代码的原型，并且该原型可以在 Internet Explorer、Safari、Firefox 或者 Chrome 中浏览，如下图所示。决策者、开发者和测试人员可以查看，并且与页面进行互动而无须安装 Axure RP 或者特定的浏览器。你可以把你的文档发布到网络上，或者在 http://share.axure.com 上进行分享。

4. 你的原型就是你的品牌

它是你的网站原型，那么就应该是你的品牌。所以你的客户应该在原型中看到你的 Logo 而不是 Axure RP 的 Logo。因此，你可以添加 Logo 图片和标题到你的原型中，如下图所示。

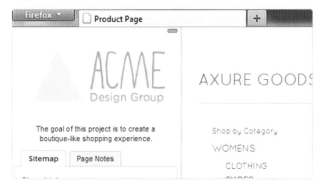

1.5.3 文档

1.部件注释和页面说明

如下图所示，你可以对部件和页面添加说明从而更好地解释背景情况和详细的描述功能。注释应按照自定义的字段进行组织，以便于更好地管理信息和使文档标准化。页面说明还可以针对不同的受众分成不同的类别。

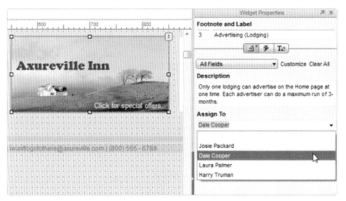

2. 强大的，可自定义的Word文档生成器

Axure RP 可以生成自定义页头、页脚、标题页和标题样式的 Word 文档模板，你可以选择是一栏显示还是两栏显示，设定截图、注释和页面说明的顺序，然后，点击一个按钮就可以立刻生成自定义规格说明，随时可用，并且可以随每次升级而自动更新，如下图所示。

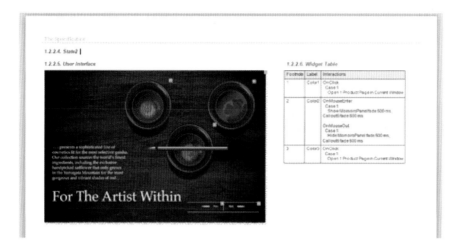

3. 导出所有文档

Axure RP 不仅仅可以导出所有的部件注释和页面说明，还可以将部件的一些值，比如列表部件或者下拉类别部件中的所有供选择的值，导出为 Word 文档。你可以随时选择是要导出那些有注释的部件还是所有的部件，如下图所示。

4. 通过过滤器将注释分类，然后导出为不同的文档

我们可以通过设定过滤器的方式，根据注释中的不同值，将不同值的注释分别导出。这一功能可以使你在跟踪某个特定的版本或者在注释中更改了需求时，可以仅仅导出某个版本或者某个变化后的注释，如下图所示。

1.5.4 合作

1. 在设计团队中共享项目

使用共享项目以便于在所有成员间同步工作。Axure RP 会保留所有的工作历史记录，并且如果需要的话，还可以导出之前版本的项目文档。使用一个共享的网络目录以便于建立共享项目。或者在一个 SVN 服务器上创建一个项目。最棒的地方就是，所有的这些都是免费的，如下图所示。

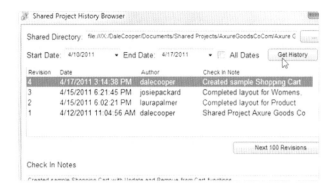

2. Axure Share共享你的项目并且获得反馈

只需要单击一个按钮，Axure RP 就可以把你的设计生成为由 HTML、JavaScript 组成的原型，并且可以在 IE、Firefox、Safari 和 Chrome 当中浏览。相关利益者、开发者、测试者可以立刻看到并且开始互动。他们甚至都不需要安装 Axure RP 和任何播放器。你可以把你的原型发布到网络存储，网站服务器和 Axure Share———一个由 Axure 提供的网络发布空间，如下图所示。

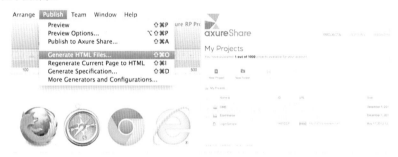

1.6　Axure RP与其他原型工具的比较

还有很多其他软件可以用来做网站原型，比如 Microsoft Visio、Word、Photoshop 等。它们都是非常强大的软件。但是对于网站原型的制作工作来说，它们都没有 Axure RP 更加贴近需求。下面我们简单的对比一下这几款软件，让大家能够更好地了解它们。

	Word	Photoshop	Visio	Axure RP 7
简述	微软出品的文档编辑工具	Adobe 公司出品的图片编辑软件	微软出品的可视化模型和流程软件	Axure 公司出品的网页原型软件
特长	文字编辑，排版	图片编辑，平面创意	流程图，网络图，工作图，软件图，组织结构图等	网页建模，原型图，线框图
网页模型排版能力	低（对齐很难）	自由	自由	自由
生成格式	.docx/.doc	.psd/.jpg/.png	.vsd/.html	.html/.rp
互动	无互动，静态文档	无互动，静态图片	简单的基于点击的互动	支持各种基于HTML 的互动效果
适用者（就网页项目来说）	产品经理，项目经理，测试经理	平面设计师，网页开发工程师	产品经理，项目经理	产品经理，平面设计师，网页开发工程师，测试经理，营销经理，项目经理
学习难度	容易	复杂	复杂	容易
安装文件大小	几百 M	几个 G	几百 M	几十 M
演示能力	不适合演示	不适合演示	适合	适合

续表

	Word	Photoshop	Visio	Axure RP 7
制作线框图	很困难（如果有人还在用 Word 制作线框图，我真忍不住说一句：辛苦了）	困难，也比较费事	容易，但是无法互动	容易
多人协作	只能通过批注的模式	无	无	有
版本管理	无	无	无	有
嵌入 Flash	无	无	无	有
原型真实程度	低	高	高	高
对于移动建模的支持	无	无	无	有

　　对于网站原型的制作来说，没有什么比 Axure RP 更加简单易学、功能强大、物美价廉的了。现在精通 Office 和 Photoshop 的人一大堆，但是精通 Axure RP 的人可还是凤毛麟角哦！赶快学习，抢占先机吧！

02

原型和高保真原型的比较

我们来解释一下什么叫作"原型",以方便大家有一个先入为主的概念。

2.1 什么是原型

我们经常看到的建筑设计图，样板间，一些数码产品的概念设计图，概念车都是原型的不同体现。这些原型与最终投放到市场的产品的差别和抽象程度有很大不同。

比如右图这个白宫的
建筑蓝图就充满了线条和
尺寸，你能知道最终的建筑
物的尺寸和方向，可容纳
多少人这些信息，但是无
法知道它最终的建筑材料，
配色和身临其境的感觉。

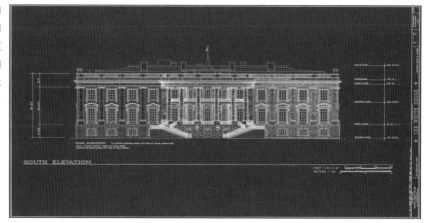

如右图所示，鸟巢的这张概念图，
是从最终效果的角度切入的原型图。借
助计算机的 3D 建模技术，建筑师们可
以在电脑中逼真地模拟建筑物最终建成
后的效果。当年 2008 北京奥运会主体
育馆评委会的官员们看到这张图片，就
完全能够体会到鸟巢的金碧辉煌和气势
磅礴。评委们会以此类原型为基础去评
估各种设计方案。

如右图所示，概念车是另外一种原
型。我们经常会在车展，电影中看到各
种非常有想象力的概念车。概念车其实
也是一种原型，但是它与真品几乎一模
一样。只是生产厂商还无法以合理的
成本去量产，或者某项关键的技术还
在试验阶段，无法通过安全和各种标
准的测试。

原型可以有很多种，它们的作用也
会不尽相同。有用作概念展示的，有用
作融资需要的，有用作目标用户测试的，
有用作生产说明的，也有用作销售推广
需要的。

从生产者的角度来说，原型可以理解为在投入大量的金钱和人力生产最终产品之前所做出的，为了测试不同人群的反馈的测试产品，或者测试产品的精确描述；而对于消费者或者投资人来说，原型可以让你在真地花钱之前知道你将要购买的这个产品是什么样子的。

最后我们回到我最喜欢的样板间的例子上来，如下图所示。大多数售楼中心都会有所有户型的样板间。样板间也是一种原型，它会被摆上各种家具，并且一般都是精装修的。跟真的房子的唯一区别就是水电气不通，不能住人。当然，一般也没有锁。

样板间的真正价值在于，能够给予未来住户一个想像的空间。装修过的房子看起来更有感觉，能让潜在的购买者觉得，如果他买了这个房子，就能够享受上这样温馨的家，也让他觉得物有所值（虽然房价很多时候是不包括各种家具的）。而如果看毛坯房呢，就没有什么感觉，让人无法想象家具摆在里面是什么样的效果，让人觉得"不知道买的是什么！"

回到网站原型，我们看一个网站原型的例子。大家打开素材光盘的综合案例目录，找到电商网站目录，然后再打开"综合案例——电商网站高保真线框图"这个目录，双击start.html，在Internet Explorer中打开这个文件，可以看到右图。

这是一个比较简单的网站原型。但是大家已经能够了解到这个网站是干什么的了，用户可以看到网站有什么内容，如何去操作，等等。这个简单的线框图版的网站原型，已经比千言万语更能说明问题了。

2.2　高保真原型

好了，现在您应该已经对原型了解了。现在我们再说一个概念，就是"高保真原型（High-Fidelity Prototype）"。虽然我之前一直在工作中使用高保真原型，但是这个词儿我也是在 Marty Cagan 的《启示录》这本书中第一次接触到。（是一本好书）

高保真意味着原型已经跟成品在视觉、逻辑、使用方式、感觉，功能上保持了高度的一致。我下面举几个例子说明什么是高保真原型，什么是我们所说的原型，如下表所示。

分　类	原　型	高保真原型
服装	设计师手工裁剪缝制的衣服	工厂样衣
汽车	设计图	概念车
房地产	户型图，照片	样板间
网站	线框图	高保真原型图
电影	故事板，分场景图	样片
美容美发	模特儿的发型图	用户头像电脑合成图
服装陈列	挂在衣架上的衣服	穿在模特儿身上的衣服
建筑	图纸	等比例缩小的 3D 效果图

我们再看看刚才打开的时装时刻网站，大家可以看到，我们在这里看到的网站，已经跟实际的网站完全一样了。只是没有实现真实的功能而已。我们把这个叫作高保真的网站原型。为什么我们要制作高保真网站原型？我们将在下一节中解释。

2.3　高保真网站原型的优点

为什么要制作高保真网站原型。一个网站的制作大概包括如下几个部分（没准儿大家有别的意见，随便保留）。

阶段名称	阶段描述	输出内容	主要参与者
需求收集	要做干什么的网站？资讯，搜索，社交，看图，购物？很多网站的建设初衷就是为了解决一个小的问题。问题就是需求。而网站最终就是要解决问题的	需求列表，有时候也叫功能列表【Feature List】，一般为 Word 或者 Excel 文档格式	产品经理，老板，顾问，投资人，典型用户，公司员工
需求确定	需求确定是在需求收集的基础上，决策者确定需求的过程。因为需求经常会被修改，所以需求确定是一个反复的过程。需求确定过程充满了提案，讨论，头脑风暴，各个部门的评审，博弈，无聊的会议。有时候还会有市场调研或者来自客户和第三方的介入。需求确定过程的质量，直接决定了以下几个过程的质量，并且也直接决定了项目的成败。因为确定了什么样的需求，其实也就确定了最终为用户提供什么样的服务，也就决定了产品。需求确定过程的产出物，一般会是传统的需求文档。需求文档在帮助相关人员理解逻辑和功能方面是合适的。但对于理解最终的产品方面是欠缺的，比如视觉方面。这个阶段，是考验产品经理的时候	需求文档，PRD【Product Requirement Document】，一般是 Word 或者 Excel 文档格式。大公司一般有自己的 PRD 格式和需求评审会议	产品经理，老板，项目经理，开发经理，测试经理，营销经理，客服人员
网站设计	网站是什么样子的？什么颜色，什么内容，什么板式，什么流程？虽然需求确定了，但是1个需求100个人看了，会设计出来100个网站。这就是逻辑和视觉之间的鸿沟。网站设计这个过程也是一个反复和分散的过程。网站并不是一下子设计出来的。最早的网站视觉结构可能来源于传说中的"餐巾纸"，也有可能是白板上面的头脑风暴，然后经过各种各样的线框图：有用 Word 的，有用 Excel 的，有用 PPT 的，还有用 A4 纸手绘的；也许，还有在国内最流行的"给我做一个跟 xx 网站一样的网站！"所以呢，很多时候，是先有了设计（视觉），才有了需求（逻辑）。比如 Facebook 网站的创始人马克·扎克伯格最开始想的，也是把女孩儿的图片放到网上去。他脑子想的，都是网页上女孩儿的头像。然后他才开始考虑如何获得照片，如何打分，如何排序，如何组织的技术问题。网站设计一定是要基于网站要提供的服务的，也就是说设计不能脱离需求。让我们在 YouTube 网站的结构下去提供微博网站的功能，就不合适了	设计图若干张，一般为 PSD 或者 JPG 格式	产品经理，设计师

续表

阶段名称	阶段描述	输出内容	主要参与者
设计确认	这个阶段是设计师最痛苦的阶段了，不过成败也体现了设计师的能力。这个时候，七嘴八舌的人非常多。因为不是所有人对需求确定会上使用的 PRD 或者 PPT 有感觉，但是所有人都会，并且很容易的对设计图点评一番。就像所有人看到"我们要设计一把新概念的椅子，使用最轻盈的太空合金材料，重量 15 公斤左右，适合办公室人员日常使用，符合人体工程学"这样的需求描述，一般都会点头同意。但是当设计师拎着一把设计出来的椅子出现的时候，"我觉得绿色的更好""椅子是不是太大了？""我还是喜欢四条腿儿的，个人意见"这样的点评就会立刻充斥会议室。设计师从一个创意人员瞬间就被贬低到了站在门外的推销员。对于这个过程，我有如下几点建议。不要让外行人欺负内行人。用设计师，就要信任设计师。设计师提案的时候，只让相关者参与，不要让不相关的人参与。这个一定要注意。一般来说，如果有人在会议开始的时候随便打电话叫其他人来旁听，我都会开口拒绝。因为这样对提案人很不尊重。设计师，产品经理（也就是上一个阶段确定需求的负责人）在本阶段之前是要达成一致的。也就是开这个会之前，产品经理和设计师要站在一起。如果在会上设计师跟产品经理都"不合"，那证明要么设计没有满足需求，要么需求不合理。这个是很要命的。这点都没有做到的话，其实是不能对其他决策者进行提案的。设计师一定要强势。哪怕是造势。否则，就等着被折磨吧。比如，如果设计师很喜欢红色，但是在提案中说"红色很热情，吸引目光，我们（团队）认为很好"就很容易被诟病。但是如果说"红色是大部分电子商务网站会使用的颜色，因为这个颜色被证明能有效的刺激人们的消费欲，'大家'上的促销广告大都使用红色就是这个道理"，那么就很完美。除非其他决策者有特别中意的颜色，一般人不会随便诟病这个论据的。而且会觉得设计师做了很好的功课，没有仅仅聚焦在设计本身，而是考虑了设计所在的背景和上下文。不要一下子做出很多工作来一起确认，因为那样一旦出现异议，要修改和重做的部分就有很多。会让人觉得设计师的问题很多。要分阶段的确认。与各个部门加强沟通。不要封闭的工作，不要让大家觉得设计师是"那帮人"	设计图若干张，一般为 PSD 或者 JPG 格式	产品经理，老板，项目经理，开发经理，测试经理，营销经理，设计师，客服人员，典型用户
网站实现	工程师们用代码实现网站。将设计师设计的网站用 HTML、JavaScript、CSS 制作出来。一般这个步骤叫"切页面"。然后工程师会搭建数据库，用 PHP、ASP、.NET 等开发语言实现网站的动态数据。这个步骤是最耗费时间的。如果之前的步骤的工作完成得好，那么这个步骤就不会出现扯皮和返工的过程，也不会出现修改需求的恐怖事件。大家的效率就会更高，也更开心	数据库，整个网站的代码，架构和页面。代码说明，数据库说明等技术文档	产品经理，设计师，项目经理，开发经理，测试经理
网站测试	测试人员对开发出来的网站做各种用例测试，发现网站的 Bug，然后与工程师一起解决各种问题。这个阶段，测试工程师要保证开发出来的网站与需求一致，并且要能用，可用，易用，安全。测试人员不能站在公司，工程师和产品经理的角度去测试网站，而是应该站在用户的角度去测试，这样才能提供更有价值的测试报告。因为一般来说，网站都有上线的截止日期。这就要求测试人员在提供测试报告的时候，要把影响上线的和不影响上线的分开。因为互联网产品是一个持续进化的产品，每天都在改变和进化。所以，不存在没有 Bug 的产品，只有持续变好的产品	测试报告，一般为 Excel 文档格式	测试经理，项目经理，开发经理，产品经理，客服人员

阶段名称	阶段描述	输出内容	主要参与者
网站上线	测试通过后，就可以进行上线操作了。一般上线的过程由运维经理负责，这时候要把开发时候的代码从测试环境部署到线上环境（也就是用户真实使用的网站环境）。网站上线后，用户就可以在互联网上用 http://www.companydomain.com 访问网站了	上线的网站	产品经理，测试经理，开发经理，项目经理，运维经理，其他业务部门的管理人员

这是一个简化而持续循环的过程。在实际操作中也未必是线性的，而是各个环节交织在一起的。比如一般网站设计都是先从设计首页开始，然后开发首页。在工程师开始开发首页的时候，产品经理和设计师在处理其他的页面。

大部分产品的制作流程都是类似的。而实际情况会复杂得多。在整个流程当中，原型的制作主要出现在需求确认，网站设计，设计确认这三个步骤中。而原型的使用会一直贯穿整个项目流程。原型就是为了告诉所有人：我们在做一个什么样的网站。当然，这个网站还没有被做出来。

2.4 如下角色的人会参与到网站的制作流程当中

1. 决策者（CEO，CXO，投资人，顾问或者甲方。土话叫"老板"）
2. 产品经理（整个网站制作项目的负责人，负责需求整理，并且保证所有的工作按照需求进行，工作分解协调和进度控制。这个人有权利决定什么功能做，什么功能不做）
3. 开发经理（工程师的头儿，负责安排代码的开发进度和工程技术实施）
4. 项目经理（对于大型项目，一般有项目经理，负责协调各种技术资源。但是在互联网公司，一般项目经理都由产品经理或者开发经理担任）
5. 测试经理（网站的测试工程师，负责编写测试用例，并且以需求为基础衡量工程代码的完成情况）
6. 市场经理，商务人员（他们负责网站营销推广的事宜）
7. 设计师（负责整个网站的交互设计，用户体验和视觉设计。在很多互联网公司，HTML 和 JavaScript 的工程师也属于设计师团队，有时候也会属于工程师团队，这个没有硬性的规定）
8. 客服人员（根据不同业务为用户提供帮助）

一个深刻的体会就是，在网站规划的初期，如果大家没有看到真正的网站，那么即使大家在口头上关于网站的想法再一致，也是纸上谈兵，只是一种和谐的假象。（签了合同都难说，不要说这种口头 Blah 了）如果仅仅按照会议的文字决定去开发一个网站，那么必然会在后期被批判得体无完肤，白花时间和金钱。而最好的解决方案，就是在真正开始制作网站之前，能够制作一个高保真的原型，这样，所有人都可以"看图说话"，更加了解到我们要做的东西是什么，成本是多少，有什么特点，让需求文字和视觉实现高度的统一，不必等待 3 个月或者半年的封闭开发期才能看到最终的结果，而是马上就可以知道这个网站是什么样子的。制作一个高保真网站原型，大概只需要花费开发真实网站几十分之一的精力。在后面的例子中，我们可以看到如何一步一步地制作高保真原型。这里还要提示的一点就是，高保真原型是一个阶段性的"一致协议"，所以虽然创建它的成本比创建网站要低很多，但是也不能无止境地反复修改。反复修改需求是大忌，尤其是在没有足够的理由的情况下。不但影响进度，还很影响士气。

2.5 人人都爱高保真原型

对于不同的人员角色，高保真原型有如下优点。

1. 决策者

决策者关心的是，我投入时间和金钱去做了一个什么东西？它能给我带来什么样的回报？一个精美的 PPT 可以说明要做什么，但是无法说清楚做的是什么。比如说"我们要设计一个名垂青史的奥运会主体育馆"让人听来漫无边际。而一张鸟巢的设计图就能让任何一个老百姓知道到底在做什么。高保真原型可以使产品能做什么不言而喻，它的价值在哪里。可以让决策者第一时间拿到可以作决策的信息。这一点对于追求风险投资的创业者来说尤为重要。大部分创业者无法逾越的第一关就是：没有办法清晰地让潜在的投资者明白他们在干什么。无论是 CEO，投资者或者甲方，他们要投钱给你，而你要做的就是告诉他们将要买单的是什么东西，而又不能不顾成本地在他们买单之前真地做给他们看（有的人真地做了，也成功了，世事难料，英雄辈出），所以，原型是你能做的最好的东西，放弃说"我想要做一个xxx网站"，而开始说"这就是我要做的东西！试试看吧？"

2.产品经理

产品经理关心的是，这是个什么东西，有什么需求，我们需要什么资源，要用多少时间，才能把这个东西做出来？我印象很深刻的就是在"越狱"这个美剧里面，男主角儿迈克的医生描述迈克说了这么一段话（似乎是这么说的，说真的，我已经不在乎这个剧了。与时俱进地说，产品经理应该是像生活大爆炸里面的谢尔顿一样，关注细节，喜欢制订计划，不达目的誓不罢休）"在别人看来，台灯就是一盏台灯，而在迈克眼里，那是灯泡、电线、底座、开关、电路板等的组合。他会一下看到事物本身的细节。"那么产品经理就是这样一群人，别人看到的是网站，他们看到的是按钮、面板、导航、列表、样式、脚本、逻辑、流程、数据库。所以，产品经理要向其他所有角色去澄清一件事情：就是我们要做一个什么东西，并且每个角色（人）应该怎样在整体当中去配合。所以，一个好的高保真原型，能够将产品经理从反复的解释，不断的描述，繁多的问题中解救出来。他们只要说"看看原型你就明白了。"

3. 工程师

工程师关心的是，我们什么都可以做，但是请清楚地告诉我们需求，然后给我们时间！他们是一帮几乎什么都能做出来的人，他们害怕的是"今天做这个，明天做那个"。总是在反复修改和调整当中，没有办法持续地做事情。所以，如果作为产品经理，你能在工程师面前承担责任，一言九鼎，那么你就能得到他们的尊重。制作高保真原型的过程，能够逼迫大家都更加细致地，全面地去思考问题。比如大家可能原本计划在首页的第一屏放上 20 个产品。后来在制作过程中，发现那样特别得混乱，不清晰，放上 5 个产品是最优的。那么，在制作高保真原型的时候我们就已经解决了拥挤的问题，而不用在事后面对一群觉得你脑袋有问题的工程师。现在很多公司使用的PRD（Product Requirement Document），Wiki，Twiki 这种需求文档，我只能说已经过时了。之前我做产品经理的时候，也夜以继日地写过好几十页的 PRD 文档，但是基本上没有任何人仔细地读过。甚至工程师也很少有仔细阅读文档的。而且，PRD 会被经常性地改来改去。以至于原来一位同事笑称 PRD 为"骗人的"。使用 wiki 虽然解决了版本的问题，但是仍然无法让 PRD 流行起来。于是通过 PRD 审核，也变成了一个鸡肋的步骤。因为即使确定了文档，也还是会出现无数文档没有覆盖的细节和问题。所以，一副好图胜过千言万语。是该用生动的高保真原型图代替书面文档的时候了。

4.测试人员

我不得不说，测试人员是经常会被忽略的人。这个原因有两方面，第一，在网站开始规划的时候，因为没有东西可以测试，所以会经常忽略测试人员。第二，测试人员习惯了被动工作，他们也总是会忽略自己从一开始的设计阶段就参与的重要性。所以我们会经常看到，工程师已经开始开发了，测试人员还不清楚在开发什么。或者测试人员测出了一堆Bug，然后被告知当时就是这么设计的，早就已经修改需求了。测试人员比工程师更难清楚地知道"我们在做什么"。测试人员关心的是，如果我这么做，那么我会得到什么样的结果，这个结果是不是跟预想的一致！设计图无法满足测试人员的要求，因为图不能点击不能交互，设计人员也不能输入任何东西去看看会进行什么。测试人员也就无法使用设计图或者需求文档来书写测试用例。而一个高保真的原型，能够根据测试人员的输入进行反馈。那么测试人员从一开始就可以制作测试用例，而且可以针对原型提出改进的意见。从一开始就参与到项目当中来。你会惊喜的发现，测试人员从一开始就可以发现有价值的问题。真实用户也是一种特殊的测试人员。在不同的项目中，可能会在项目的初期就找一些目标用户来进行测试，发现用户的行为模式和喜好，更好地解决他们的问题。也就是说，只要有了高保真原型，我们就可以立刻进行目标用户测试，而不是等到产品已经做出来了，再去拿给最终用户作测试。因为那样的成本太高了。在项目发布在即的时候，即使是"把颜色由黄色改为红色"这样的需求，也会让所有人绷紧了心弦。

5. 市场/商务人员

市场，商务人员关心的是，我如何把在做的这个产品介绍给行业，媒体，用户和合作伙伴？产品有什么特点？相比竞争对手有什么优势？适合什么样的营销渠道？而且，有时候很多的甲方需求，是商务人员带回来的。也就是说"是客户说的"。这时候就要格外小心了，如果不满意，用户会抛弃你，而客户会弄死你。高保真原型首先能让市场和商务人员熟悉要做的产品是什么样的，其次，他们可以让客户清楚地了解到我们公司在做什么，是否满足了用户的要求。这样就不会出现最终做出来的东西跟用户想的完全不一样的局面。市场和商务人员并不是技术导向的，他们很多时候并不能很好地理解网站技术方面的问题，或者 IT 行业的一些技术词汇。所以产品经理跟工程师和设计师沟通的那一套语言，在跟市场人员沟通时就完全无法奏效。如果有市场和商务人员把 PRD 需求文档转发给客户看，然后说"这就是我们要做的产品"，那他基本上就"死"定了。在我的工作经历中，我敢打票没有市场和商务合作人员认真看过任何一个产品的PRD，更不要说 wiki 了。市场和商务人员是最接近媒体的，如果你不想在媒体上看到关于自己产品的莫名其妙的描述，那么就一定要花时间让市场和商务人员了解自己的产品，然后他们会让媒体，合作伙伴，广告公司了解你的产品，这样，媒体才会有针对性地对你的产品进行宣传，合作伙伴才会关注你，广告公司的创意人才会设计出最适合产品的文案和推广策略。一般来说，市场和商务人员都决定着公司大笔的预算，任何的偏颇都将招致大量的金钱损失。

6.设计师

设计师关心的是，我们要为什么样的人，设计什么样的东西？设计师都是很有想象力，很有想法的人。但是我们不能让设计师天马行空地去设计。如果你是一个设计师，有人对你说：设计一个 xx 东西吧，没有任何限制，让你的创意尽情地发挥吧！那你千万别高兴，你要对他说"回去再想想吧。"否则，你很有可能收不到设计费哦！我们需要的设计师，是能够在"框中作画"的设计师。他们一定要受到各方面的限制，然后在各种限制中寻求平衡。是的，就像运动员，你要遵守一个运动的基本规则（没听说过奥林匹克随便做运动吧），才能成为一个伟大的运动员。而我们要传达给设计师的，就是他们要遵循的限制和规则。所以，你想得到最好的结果，就要设定最好的，最合适的限制。不以规矩，不成方圆，全是规矩，方圆难辨。高保真原型对于设计师来说，首先能让他们非常清楚限制之所在。一篇 7 个字的标题的设计与一篇 200 字的文章的设计完全没有可比性；其次能让设计师以较低的成本表达他们的多个创意方案，供决策者和目标用户测试，发现最好的方案；最后，能够让设计师从头到尾地去想一件事情，避免出现设计师想得很好，设计得很棒，但是却根本无法在时间和金钱预算内做出来的尴尬局面。

7.客服人员

客服人员关心的是，如果用户问我这个问题，我该怎么回答？而且，客服人员的挑战在于，他们要用人类的语言来回答。他们不能说"就是这么设计的！""会在下个版本中实现"也不是一句很体面的话。所以，客服人员是除了产品经理外的产品专家。但是现实是，客服人员也很容易被忽视掉。客服人员是很勤奋的，他们确实会看产品文档，但是我刚才说了，产品文档特别虚幻，而且经常是写给技术人员看的。所以，高保真原型对于客服人员来说，也是一件宝贝。他们可以从一开始就制作帮助文档和用户手册，发现产品的问题，了解到产品的功能点和复杂点，有针对性地培训和指导用户。

现在看来大家都很开心。至少，大家不用看天书一样的 PRD 了，而是有图可以看哦。总结一下高保真原型的几个宏观的优点吧。

（1）简单清晰，一目了然。

（2）便于沟通，易于理解。

（3）方便灵活，随时修改。

（4）明确需求，节约成本。

（5）减少误解，加速进度。

（凑成每行 8 个字还真挺难的，不过我做到了）熟悉项目管理和预算管理的人都应该清楚，这几条对于项目的成败有多么大的影响。其实，最郁闷的事情莫过于辛辛苦苦做出来的东西不是用户想要的，不是老板想要的，甚至不是自己想要的。所以，动刀之前先写好菜谱，出发之前先列好清单，才能逢凶化吉！

2.6 谁来制作高保真原型

产品经理和设计师是高保真原型的制作者。产品经理负责收集各方面的需求，在平衡各种需求、行业趋势和公司实力后，确定最值得开发的产品的功能。设计师按照这个功能的规划，制作视觉体现，然后产品经理和设计师一起，将功能点、设计图和交互流程一起合并为高保真原型。但是，如果产品经理和设计师都对网页的基本技术，比如 HTML 一无所知，那么这个时候最好有一个懂得网页前端开发的工程师加入到制作高保真原型的队伍里面来。因为这个东西实在太重要了，是整个项目的灵魂。如果有一个人对高保真原型最终负责的话，那么应该是产品经理。读了本书之后，产品经理、设计师或者网页开发者，都可以很轻松地学习如何制作高保真原型。

产品经理一般在完成需求收集之后，就可以开始原型的制作了。这个阶段还不是高保真原型的制作，而是产品经理要先完成线框图的制作，也就是用 Axure RP 制作一个大概的页面框架。框架要说明都包含哪些页面，页面包含哪些模块，这些模块的布局是什么样子的，就可以了。产品经理要保证的，就是需求收集里面的所有的问题，都可以被这些页面和模块所解决。也就是说，完成线框图就是确认了需求。在确认需求的时候，我们就可以抛弃 PRD，而使用线框图来进行评估和确认。可视化的线框图要比文字生动得多的多。

接着，线框图被确认后，设计师开始介入。在线框图的基础上进行最终页面效果的设计。比如添加图片、颜色、精细化布局、边框、半透明效果、渐变、创意、Logo、交互设计等。完成之后，由产品经理在 PSD 的基础上，制作高保真线框图。产品经理需要把设计师完成的整体的 PSD 另存为一系列小的 JPG、PNG 或者 GIF 图片，例如 Logo 部分，背景部分，部件的背景部分，按钮，等等。然后一个一个地添加到 Axure RP 中，替换原来线框图中相应部分的内容。最后，产品经理添加互动事件，让页面成为可以动起来的高保真原型。

然后，产品经理和设计师一起，就可以开始设计确认的部分了。这个时候确认的基础是高保真原型图，而不是 PSD 和 JPG 图片。确认的是整个网站，一个包括了所有的需求，视觉元素和互动的网站。一旦这个高保真原型被确认了，那么它就可以暂时代替真实的网站，出现在各个地方：市场和商务人员可以以此为基础讨论品牌和推广的事宜，测试人员可以以此为基础开始测试用例的书写，也可以聘请一些用户来使用高保真原型做目标用户测试，工程师可以开始琢磨编写代码，考虑技术架构，客服人员也可以开始熟悉流程和书写帮助文档，老板可以开始拿着高保真原型接触更多的投资者和同行。所有的一切都被提前了至少三四个月。大家不用再眼巴巴地等着工程师把页面做出来，然后才一下子悲喜交加。从高保真线框图开始，真正的网站之旅就开始了。

大家可能觉得在这个阶段，其实网站还是已经设计出来了啊。设计师的工作并没有减少。是的，设计师的设计工作也许没有减少很多，甚至因为制作高保真原型图还增加了一些。但是高保真原型图能够极大地方便项目接下来的运作和项目推进的速度，对于整个项目来说，效率的提高是非常明显的，消除了可能未来大量返工而给项目带来的不确定性。一旦设计师完成了主要页面元素的设计，那么其实很多页面就可以不用再设计了，在 Axure RP 中就可以"拼"出来，我们之后会接触到。

对于产品经理的角色，我想强调一下，这个角色实在太重要了。如果项目是一个车轮的话，产品经理就是车轮中间的轴。他让一切资源转动起来。倒霉的是，产品经理这个职位没有什么实权。产品经理经常是汇报给产品总监的，工程师是汇报给技术总监的，市场人员是汇报给市场总监的。所以说，产品经理管理的是一个虚拟的团队，管事不管人。产品是不是好，是不是能按时推向市场，产品经理要承担非常大的压力。进度有问题需要协调，资源不到位需要争取，团队有矛盾需要劝解，功能有缺陷需要解释，要劝说老板放弃灵机一动的想法，要劝说工程师放弃最新的但是不稳定的技术，要告诉测试人员没有完美的产品，要跟市场人员协调时机，要告诉用户产品好在哪里，一旦有投诉要应付客服人员的狂轰乱炸，还要应付决策者随时随地的问询，只要有人加班，产品经理就要加班，而且一个产品经理的继任者很容易继承前任的好产品，而把坏产品的责任推个一干二净。其实产品经理们不用郁闷，另外一个没有实权而什么都管的人，就是美国总统。他有一个难兄，叫作联合国秘书长。

产品经理的工作是多，然而学习的东西也多。在一个大公司里面，很少有一个角色能够像产品经理一样接触到方方面面的人，了解各种人的需求、抱怨、底线、博弈。产品经理是站在风口浪尖上的人物，辛苦是一定的，学到的东西也是最多的。所以，天下没有免费的午餐，有得有失。记住一点，如果你是一个会做高保真原型的产品经理，你的仕途一定比其他人顺利得多。能干活的产品经理很多，但是能把话说清楚的还依然是凤毛麟角。

至于另外一个"产品经理是否一定要懂技术"的问题。我这么类比一下吧。做财经频道主持人一定要懂财经吗？指挥打仗一定要会用枪吗？踢足球一定要身体特别强壮吗？都不一定，但是如果你懂财经，如果你会用枪，如果你身体强壮，那么你就会做的比别人好。明白了吗？

2.7 高保真原型的更新

与 PRD 一样，高保真原型也是在不停地修改中的。高保真原型并非为了做到传说中的"不改需求"的境界，而是能尽量地减少无谓的付出，能够在确定需求或者修改需求前更好地考虑和思量。比如在被问到"标题最长几个字？一次更新显示几条信息？"这样的问题的时候，我们经常会不假思索地给出一个值。但是到了实际制作的时候就会发现那在布局上很难实现，或者文字会被截断。或者显示 5 条信息的时候页面非常美观，但是只有两条信息的时候页面就会变成好像只有一只眼睛的怪兽。

既然是网站的原型，那么最好的方式就是将最新版本的高保真原型放在公司的内网。然后用一个类似 http://10.1.1.1/prototype1.0/ 这样的 URL 指向它。这样，一旦产品经理更新了原型，所有的人都可以立即获得更新后的原型，而且可以看到发布的不同版本号的内容。创建一个内网环境非常容易，使用 Windows 7 自带的 IIS 就可以完成，这里就不再介绍了。如果实在不明白，那么就咨询一下工程师吧。他们会很乐意帮助你的。如果对于保密性要求不是很高，那么 Axure RP 自带的 Axure Share 是最好的选择。简单，免费，一键就可以发布，然后可以随意将 URL 进行分享。

2.8 开始之前

我并不针对产品经理来写这本书的，所以我把所有需要的工具都罗列一下，不会不要紧，咱们慢慢一起学习和进步。

1. Axure RP 7 版本，这是目前我使用的最新版本。大家可以到 http://www.axure.com 下载。现在 Axure RP 提供两个版本供大家选择。一个是标准版，售价 289 美元，一个是专业版，售价 589 美元。如果你是个人，那么我建议购买标准版就可以。标准版没有注释和文档以及项目管理功能。如果你是高校学生或者老师，那么你可以向 Axure 公司申请一个免费许可。

2. Photoshop CS5 或者任何一个使用习惯的版本都可以。

3. Snagit 截图软件，最新的版本是 10.0 。任何其他一个能够完成全屏截图的软件其实都可以。注意一定要是全屏截图软件。这里说的全屏，并不仅仅是截整个屏幕范围内的页面。而是说如果一个网页有滚动条的话，也能够跟随滚动条一起把整个页面都截图下来。

对于任何一个项目，我们都遵循如下的步骤。

1. 效果页面描述：描述我们要解决的问题，要制作的功能或者达成的效果。

2. 效果页面分析：分析要解决的问题，看看在 Axure RP 中用什么办法可以解决。

3. 步骤：分步骤说明如何用 Axure RP 制作项目。

4. 总结：总结之前步骤里面的问题。

接下来，我们会按照 Axure RP 软件简介，案例部分，综合案例部分，基础操作四个大部分来介绍 Axure RP 的使用。现在，让我们一起进入 Axure RP 的高保真原型世界吧！

03

Axure RP 7 软件简介

安装 Axure RP 7 后（安装最新版本的 Axure RP 7 需要安装最新版本的 .NET Framework。Axure RP 7 的安装过程会自动为您安装，只需要按照提示一路单击"下一步"就可以了。中间可能需要重新启动电脑一次。不必害怕），你会在桌面上看到一个小绿叶的图标，双击运行它。

3.1 运行界面

安装 Axure RP 7 后，你会在桌面上看到一个小绿叶的图标，双击进行它，打开运行界面，如下图所示。

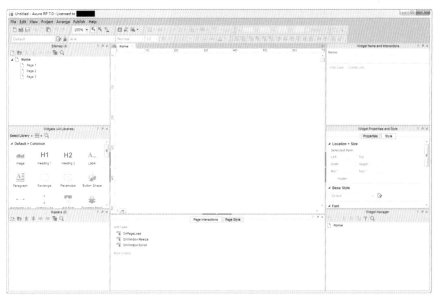

我们把整个 Axure RP 7 界面区域分为如下 9 个区域。之后，我们对这 9 个区域分别进行介绍。

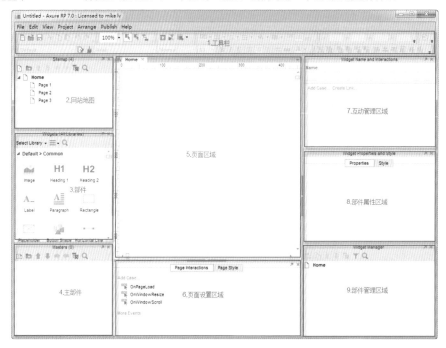

3.2 工具栏

工具栏跟大家熟悉的 Office 的布局和图标类似，大部分都是自说明的，我们在此就不再赘述了。唯一要介绍一下的是如下的三个按钮，因为我们会经常用到它们。

最左边的是"Preview（预览）"按钮，就是将当前的原型在浏览器中进行预览。默认情况下会在系统默认的浏览器中打开。

中间的是"Publish to Axure Share（发布到 Axure Share）"按钮。之前的 Axure 版本，只能将项目 Publish（发布）到本地。如果要将网站原型分享给别人，只能通过发送生成的 HTML 文件，或者自己上传到自己搭建的一个 Web 服务器上去。这样对于有很多页面的原型来说，十分麻烦，而且搭建自己的 Web 服务器也不是一件很容易的事情。现在有了 Axure Share 之后，我们可以发布到 Axure 网站提供的服务器上去。Axure 会自动生成一个项目的 URL 地址。将这个地址发送给其他人，他们就可以访问你的原型了。

简单地理解，Axure Share 就是一个 Axure 提供给所有用户的一个免费的 Web 服务器。免费版支持最多 1000 个项目和 100M 的存储空间。

按下该按钮，就会将当前的页面发布到 Axure Share。

单击最右边的按钮后，会出现如下的菜单，我们一个一个来介绍。

- Preview，跟刚才的预览按钮的功能一样。
- Preview Options... ,让我们设置一些控制生成原型的参数。比如说在哪个浏览器中打开,是否要生成网站地图等。
- Publish to Axure Share...， 跟刚才中间的按钮的功能一样。
- Generate HTML Files...，将项目生成为 HTML 代码。
- Regenerate Current Page to HTML，这个功能是只把当前页面重新生成 HTML，而"Generate HTML Files..."功能是将整个网站生成原型。所以，当你只修改了当前页面的一些细节，而不是整个网站的话，使用这个按钮会更加高效。因为有的时候，当页面数量特别多的话，如果仅仅修改一点儿地方就重新生成整个项目会很浪费时间。
- More Generators and Configurations...，我们可以创建多个 Generator（生成器），比如说一个生成器用来在 Safari 浏览器中生成 HTML 代码，存储在"项目 1"这样的目录中，带有网站地图，绿色的 Logo；另外一个生成器用来生成在移动设备上查看的原型，存储在"移动项目 1"这样的目录中，没有网站地图，红色的 Logo。

3.3　Site Map 网站地图

这个区域会列出当前站点的站点地图。以 Home【首页】为根节点。站点地图是树状的。

以后当我们要编辑某个页面的时候，只要在网站地图区域找到这个页面，然后双击，这个页面就会出现在页面区域中等候编辑，如下图所示。

当我们要修改一个页面的名称的时候，只要单击这个页面，然后输入新的名称就可以了，如下图所示。

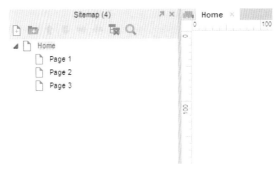

当鼠标悬停在某个页面名称上时，会显示一个小的预览图，如下图所示。

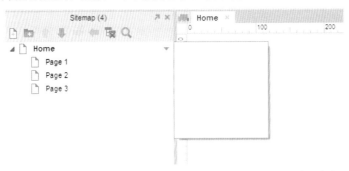

这里要注意，站点地图当中的 Page【页面】在删除之后，是不可恢复的。所以一定要小心。

要新建一个页面，只要单击"加号"按钮就可以了，这个时候，一个新创建的页面就会出现，它与当前选中的页面是同级页面，如下图。在单击"加号"之前我们选中的页面是 Home 页面，所以新添加的页面自动成为了 Home 页面的同级页面。

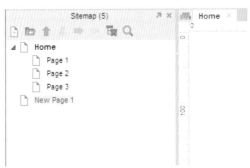

我们还可以创建一个页面目录，把一些页面装进目录中，方便管理，如下图所示。

如果要改变一个页面的上下顺序，那么在选中这个页面后，单击蓝色的箭头进行调整就可以了。蓝色的上下箭头仅仅会改变一个页面在"兄弟"中的排行，而不会改变它的级别。如果要改变一个页面的级别，我们需要使用绿色的横向箭头，如下图所示。

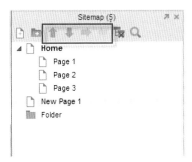

在进行复杂页面的编辑的时候，建议大家先创建一个站点地图，也就是说把网站的整体结构，站点地图先都规划好，然后再进行单独页面的编辑。这样比较高效。因为如果在后期添加页面，必然会影响之前的页面结构，修改的成本会高很多。

3.4　Widget 部件

部件是一些 Axure RP 已经预先定义好的一些页面的基本元素，比如说 Image（图片）、Label（文本）、Rectangle（矩形）、Button Shape（按钮），等等。首先，把部件添加到页面中的方式就是拖曳某个部件到页面中，类似下图中的方式。

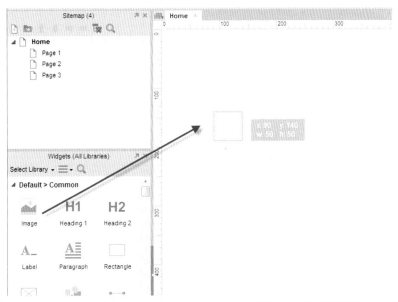

Axure RP 已经将一些常用的部件进行了分库【Library】。我们可以通过下拉列表进行选择。如下图所示。

Axure RP 默认存在的两个部件库为 Default（线框图部件库）和 Flow（流程图部件库）。大家可以看到笔者手动添加的 Axure iOS7 UI Kit 和 iOS7-Like-Icon-Set。大家可以猜出这两个部件库是用于 iOS 建模的。

单击 "Select Library" 旁边的菜单可以看到如下的弹出窗口。

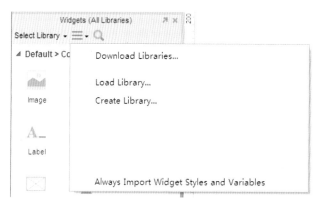

我们可以下载部件库，加载部件库和创建部件库。在之后的章节中，笔者会告诉大家如何加载其他的部件库，比如很酷的 iOS 部件库。

下面我们先介绍一下部件库中常用的部件。我们之后 90% 的时间都会在与这些部件打交道。对于已经对 Axure RP 非常熟悉的读者，可以跳过这个部分。

【Image】图片部件，你可以导入任何尺寸的 JPG、GIF、PNG 图片。Axure RP 对于图片的支持是非常强大的。我们还可以导入一张大的图片到 Axure RP 中，然后使用 Axure RP 的切片功能将它切成若干个更符合页面布局的小图片，如下图所示。

【H1】【H2】部件，用于输入标题文本，如下图所示。

【Label】【Paragraph】部件，用于输入普通的文字和文字段落，如下图所示。

【Rectangle】矩形部件。矩形部件是一个矩形（令人惊讶不是吗），它可以用来做很多工作，比如页面上一块儿蓝色的背景，就可以是一个填充为蓝色的矩形部件；页面上一个有边框的区域，就可以是一个填充为透明的矩形部件；矩形部件甚至可以用来制作文字链。它将是我们最常用的部件之一。矩形部件还可以被转变为三角形部件或者椭圆形部件而使它看起来"不那么矩形"。总之，它是很好用的部件，如下图所示。

Rectangle

【Placeholder】占位符部件。当我们需要在页面上预留一块儿区域，但是还没有想清楚这块儿区域中到底要放什么内容的时候，我们可以先放一个占位符部件，如下图所示。

Placeholder

【Button Shape】形状按钮，如下图所示。形状按钮与按钮类似，但是有一些特殊的功能。比如说像 Tab 一样的按钮，特殊形状的按钮，支持鼠标悬停改变样式的按钮。可以说形状按钮结合了 Button 和 Rectangle 部件的优点。我们可以把多个形状按钮分配为一组，并且为它们的选中和非选中选择不同的状态，这样我们就可以做出让一个按钮按下去的时候，其他的按钮都"弹"起来的效果。想想我们经常使用的网站的主导航。是不是当一个导航标签被选中的时候，它会变成一个比较深的颜色？而当另外一个标签被选中的时候，刚才那个就自动恢复到正常的颜色？我们会在之后的例子中仔细说明这种操作的方式，这里大家了解一下就可以了。

Button Shape

【Horizontal Line】【Vertical Line】水平分割线部件和垂直分割线部件。当我们要在视觉上分隔一些区域的时候，就要使用这两个部件了，如下图所示。

Horizontal Line　Vertical Line

【Hot Spot】热区部件。用于生成一个隐形的，但是可点击的区域。这个类似于旧版 Axure 中的 Image Map 部件，如下图所示。

Hot Spot

【Dynamic Panel】动态面板部件，如下图所示。动态面板部件是 Axure RP 中功能最强大的部件，是一个化腐朽为神奇的部件。通过这个部件，我们可以实现很多其他原型软件不能够实现的动态效果。动态面板可以简单被看作是拥有 N 多种不同状态的一个超级部件。我们可以通过事件来选择显示动态面板的相应状态。简单地说，我们可以创建一个拥有 12 个状态的动态面板部件，每个状态对应一个月份。对，就像一本挂历一样。然后我们通过当前时间来决定到底显示哪个月份。在 Axure RP 中，动态面板部件显示为淡蓝色背景。动态面板部件在默认状态下会显示第一个状态中的内容。对于熟悉 Photoshop 的用户来说，动态面板就像是一个动态的"图层组"，每个图层组可以有多个图层，而每个图层可以放置不同的内容。

Dynamic Panel

在动态面板部件中可以包含其他的部件。

【Inline Frame】行内框架部件。行内框架部件就是我们常说的 iFrame 部件。iFrame 是 HTML 的一个部件，用于在一个页面中显示另外一个页面。在 Axure RP 中，使用 Inline Frame 部件可以引用任何一个以 http:// 开头的 URL 所标示的内容，比如一张图片、一个网站、一个 Flash。只要能用 URL 标示就可以，如下图所示。

Inline Frame

【Repeater】循环列表部件。这个全新的部件可以用来非常方便地生成由重复 Item（条目）组成的列表页面，比如说商品列表，联系人列表，等等。并且可以非常方便地通过预先设定的事件，对列表进行新增条目、删除条目、编辑条目、排序、分页的操作，如下图所示。

Repeater

【Text Field】输入框部件。在所有常见的页面中用来接收用户输入的部件。但是仅能接收单行的文本输入，如下图所示。

Text Field

【Text Area】文本区域部件。用于在页面上接收用户的多行文本输入，如下图所示。

Text Area

【Droplist】下拉列表部件。用于在页面中让用户从一些值中进行选择而不是随意输入，如下图所示。

Droplist

【List Box】列表部件。列表部件一般在页面中显示多个供用户输入的选择，用户可以多选，如下图所示。

List Box

【Checkbox】复选框部件。用于让用户从多个选择中选择多个内容，如下图所示。

Checkbox

【Radio Button】单选框部件。用于让用户从多个选择中单选内容。我们要先为这多个选择创建一个 Radio Group，这样 Axure RP 才知道哪些 Radio Button 是同一组的，从而避免用户多选，如下图所示。

Radio Button

【HTML Button】基于 HTML 的提交页面的按钮，很普通，没有额外的样式可以选择，如下图所示。

HTML Button

【Tree】树部件。创建一个树形目录，如下图所示。

```
⊟ 1
    1-1
    1-2
    1-3
⊟ 2
    2-1
    2-2
```

【Table】部件。在页面上显示表格化的数据时，最好使用表格部件，如下图所示。

Column 1	Column 2	Column 3

【Classic Menu-Horizontal】【Classic Menu-Vertical】经典的横向和纵向菜单部件，如下图所示。

Item 1
Item 2
Item 3

File	Edit	View

除了对以上所有部件的介绍，我们再介绍一下部件的一些常有属性，如下表所示。

属性名称	属性说明	属性举例
名称 Name	用来标示部件的名称，在 Axure RP 中，部件名称并不是唯一的。 也就是说，你可以在页面中同时将两个部件都命名"userName"。 但是笔者不建议大家这么做。一般来说，我们会按照如下的命名规则来对部件进行命名，方便大家查找。 【部件类型】+【部件描述】，比如说对于一个矩形部件，其被用作菜单，那么我们就将它命名为 rectMenu1	Widget Name and Interactions Shape Name rectMenu1 Add Case ... Create Link... OnClick OnMouseEnter OnMouseOut More Events
坐 标	用于确定部件在页面中的位置。页面的坐标以左上角为 X0 ： Y0	x: 310 y: 350
尺 寸	部件本身的尺寸	w: 200 h: 100
字 体	部件所使用的字体。并非所有部件都有，与 Text 相关的部件才有	微软雅黑
字体大小	字体的尺寸大小	13
字体样式	黑体，斜体，下划线	B I U
字体对齐	左对齐，居中对齐，右对齐，上对齐，下对齐，中间对齐	
字体颜色	字体的颜色	# 333333 More Opacity 100
边框颜色	部件所具有的边框的颜色	Fill Type: Solid # 797979 More Opacity 100
边框粗细	部件所具有的边框的粗细	None
边框样式	边框的样式，是实线，还是虚线	None

属性名称	属性说明	属性举例
填充颜色	填充部件的颜色。比如矩形部件	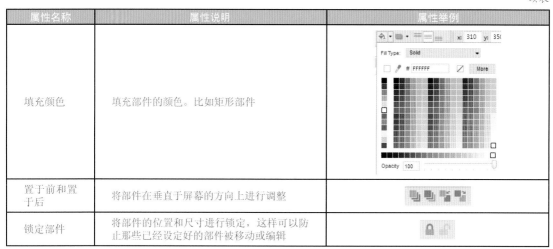
置于前和置于后	将部件在垂直于屏幕的方向上进行调整	
锁定部件	将部件的位置和尺寸进行锁定，这样可以防止那些已经设定好的部件被移动或编辑	

所以，当我们在书中提到，按如下的属性添加一个部件到页面中的时候。

部件名称	部件种类	坐　标	尺　寸	文　本	填　充　色	边　框　色
rectMenu1	Rectangle	X162：Y700	W80：H46	菜单1	#CCCCCC	无边框

我们指的就是把一个矩形部件拖曳到页面区域中，将其命名为"rectMenu1"，位置在 X162：Y700 的位置，它的尺寸是 80x46，文本内容是"菜单1"，填充颜色是浅灰色，边框的颜色是没有边框。

之后我们就会使用如上所示的表格来描述一个部件的添加过程，以节省笔墨。

3.5　Masters 主部件区域

主部件是一些重复使用的模块。比如一个网站的一级导航会在多个页面当中反复使用，那么把它们制作成为主部件，不但可以方便使用，而且可以方便修改。比如想在导航上面多加一个栏目，如果不使用主部件，那么就要修改每个页面的导航。而使用了主部件之后，我们只须修改主部件，所有引用这个导航主部件的页面都会自动地更新。我们会在之后的项目中大量地使用主部件以节约更新的工作量。一般来说，一个页面项目的如下部分可以制作为主部件。

1. 导航

2. 网站 Header【头部】，包括网站的 Logo

3. 网站 Footer【尾部】

4. 经常重复出现的模块，比如说分享按钮

5. Tab 面板切换的部件，在不同的页面同一个 Tab 面板有不同的呈现

6. 手机导航的部分

Axure RP 中有一个仅针对主部件的特殊事件叫作 Raise Event。这个事件允许同一个主部件在不同的页面响应相同事件的时候，能够有不同的表现。比如说一个主部件的按钮在 A 页面中被点击后会弹出"这是 A 页面"的说明；而在 B 页面中被点击后会弹出"这是 B 页面"的说明。因为我们很少在移动建模中使用这个功能，所以本书不包括对于 Raise Event 事件的介绍。有兴趣的读者可以参考 Axure 网站上的使用说明。

3.6　页面区域

页面区域就是显示各个页面的内容的区域，也就是将要被生成为 HTML 的区域。放置在这个区域中的各种部件将会生成为 HTML 出现在原型中。

页面区域默认是显示标尺的。标尺的刻度是像素。所以如果你要针对 1024x768 像素的显示器开发网站的话，要注意网站的总宽度不能超过 1024 像素。

页面区域的圆点就是左上角，这里的坐标是 X0 ：Y0，如下图所示。

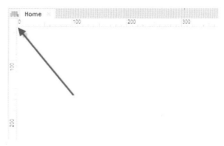

关于页面区域，我们要着重介绍一下的就是参考线的创建。

我们在页面区域的空白部分单击鼠标右键，在弹出的菜单中选择"Grid and Guides..."（网格与参考线），然后再选择"Create Guides..."（创建参考线），如下图所示。

然后会看到如下的对话框。

初次看到这个弹出的对话框有些莫名其妙，我们依次解释一下。首先说明，参考线的创建是按照分栏的模式来考虑的。比如熟悉网站设计的人会知道，一般网站有 2 栏模式，3 栏模式，甚至 4 栏，5 栏模式。所以参考线的创建也是这么考虑的。

先看 Presets【预设】下拉列表，可以看到我们有四个选项。

960 grid：12 column 宽度为 960 像素的，12 列的布局。

960 grid：16 column 宽度为 960 像素的，16 列的布局。

1200 grid：12 column 宽度为 1200 像素的，12 列的布局。

1200 grid：16 column 宽度为 1200 像素的，16 列的布局。

当你选择这些预设的选项的时候，Axure RP 会按照你选择的参数自动创建参考线。如果你勾选了"Create as Global Guides"（创建为全局参考线），那么该参考线将会出现在所有的页面上。如果没有勾选这个选项，那么参考线就仅会出现在当前页面。

然后看一下设置都有哪些。

\# of columns：一共有几列。

Column width：列的宽度。

Gutter width：列与列之间的距离。

Margin：整个布局两侧的留白。

\# of rows：一共有几行。

Rows height：行的宽度。

Gutter height：行与行之间的距离。

Margin：整个布局上下的留白。

比如，我们创建一个一共有 3 列的，每列宽 100 像素，列与列之间距离 20 像素，两侧留白为 10 像素的全局参考线布局，那么参数设置如下图所示。

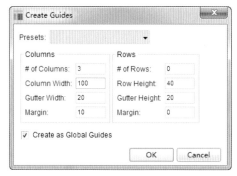

注意一定要选中"Create as Global Guides"，否则创建出来的参考线就是页面参考线，而不是全局参考线了。全局参考线非常有用，它们可以保证你在每个页面上创建的元素的位置都是正确的。

出来的效果如下图所示。

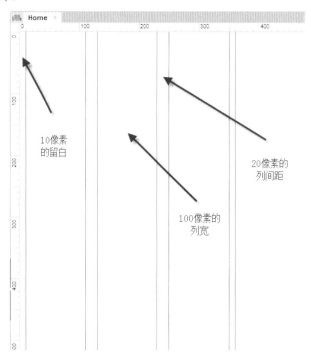

大家可以看到我一下子创建了7根参考线。有的读者会问，如果我就要创建一根全局参考线怎么办呢？很简单，你把 # of columns 设置为1，然后把创建出来的4根参考线删除3根，就可以了。删除参考线很简单，右键单击参考线，然后在弹出的菜单中选择"Delete"。还可以锁定一根参考线，以防止在工作的时候意外地选中参考线，如下图所示。

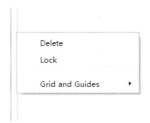

如果仅是创建一根当前页面的参考线，只须将鼠标放在标尺中，进行拖曳就可以了，你会拖出一根青蓝色的参考线，它仅用于当前页面，如下图所示。而全局参考线是紫红色的。

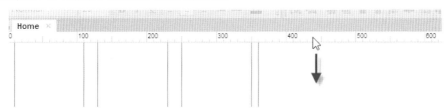

参考线对于页面的对齐和边界的划定非常有用。尤其是在针对多个不同屏幕尺寸开发移动应用的时候，知道每个设备的边界是非常重要的。

3.7 Page Interactions and Page Style 页面设置区域

页面设置区域是用来设置页面级别的互动及当前页面的风格属性的区域。

页面的互动包括如下几个，我们简要地介绍一下。

- OnPageLoad：页面加载完成之后触发。可以用来设置空间的初始状态，参数的初始状态等。
- OnWindowResize：当页面尺寸发生变化的时候触发。比如用户缩小页面的时候，对页面布局进行一些调整。想象一下类似 pinterest.com 一样的页面，当你修改页面的宽度的时候，页面的布局就会变化。
- OnWindowScroll：当页面滚动的时候触发。我们能想到的最直接的页面滚动时触发的事件，就是页面滚动的时候动态加载页面了。
- OnPageClick：当页面被单击时触发。
- OnPageDoubleClick：当页面被双击时触发。
- OnPageContextMenu：当页面被右键单击时触发。
- OnPageMouseMove：当鼠标在页面上方移动时触发。
- OnPageKeyDown：当用户在页面上按下按键时触发。
- OnPageKeyUp：当用户在页面上按下按键弹起时触发。
- OnAdaptiveViewChange：当自适应视野发生变化时触发——自适应视野变化是指在移动端，手机从竖屏浏览变为横屏浏览。

在之后的例子中，我们会用到以上事件中的一个或者几个。

页面风格包括页面的背景色，背景图片，对齐方式等内容。一个很有趣的效果是 Sketch Effects（速写效果）。比如我们在页面中添加一个矩形部件，在不设置速写效果的时候，它看起来是这样的，如下图所示。

如果我们把速写效果调整到50，你会看到如下图（右）的效果。

有时候你想给大家一个眼前一亮的作品或者想表达一种草稿的感觉，就可以通过修改这个参数来做到。

3.8　Widget Name and Interactions 互动管理区域

互动管理区域是用来管理一个部件的事件的区域。完整的事件列表我们就不复述了。需要提到的一点是事件支持复制和粘贴。也就是我们可以把部件 1 的 OnClick 事件的内容，复制到部件 2 的 OnClick 事件里面去。这在创建多个同样的事件时，非常有用。

3.9　Widget Properties and Style 部件属性区域

部件属性区域是用来设置部件的形状，对其禁用还是启用，选择组，工具提示，填充颜色等内容。很多时候，我们可以通过工具栏和鼠标右键来完成很多这个属性区域的工作。

3.10　Widget Manager 部件管理区域

部件管理区域会列出所有当前页面中的部件。包括部件的名称和种类，比如如下的截图。

我们可以看到页面中共有如下几个部件：2 个矩形部件，一个动态面板部件、一个 Image 部件、一个热区部件和一个文本输入框部件。其中 2 个矩形部件的名称分别是 1 和 2。

针对有很多部件的复杂页面时，我们可以选择先暂时把部分动态面板部件隐藏（其实还存在于页面中，只是隐藏了。在生成的页面中仍然可以看见这个动态面板），以使编辑区看起来更加干净。只要点击动态面板部件右侧的蓝色小方框就可以了，如下图（左）所示。

同样的，我们可以使用部件过滤功能来仅显示某个种类的部件，比如仅显示动态面板，或者命名的，未命名的。当然，搜索可能会更简单。输入种类或者部件名称就可以搜索了，如下图（右）所示。

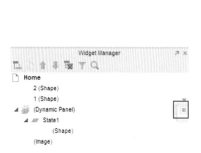

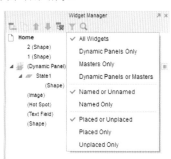

04

案例解析

在这个部分，我们学习使用 Axure RP 实现一些互联网产品中常见的功能和交互体验。我们会以一些大家耳熟能详的网站的已经有的功能为基础，告诉大家如何去制作。

案例1——雅虎首页幻灯

总步骤：4 难易度：易

页面地址：http://www.yahoo.com

1.效果页面描述

这里告诉大家如何使用 Dynamic Panel【动态面板】完成幻灯切换效果。这是一个非常常见的效果，基本上所有网站的首页都会有这种使用鼠标悬停切换的幻灯效果。我们来看雅虎首页 http://www.yahoo.com 的一个动态 Tab 效果，见下图中红色框选的部分。

用户鼠标在下面 5 个小图片上进行悬停操作的时候，上面的大图和文字就会进行切换。这个效果需要的一些图片我们已经准备好了，大家可以在本节的目录中下载。

2.效果页面分析

在 Axure RP 中，这种由鼠标悬停发起，然后部件的状态在多个状态之间切换的效果，就是 Dynamic Panel 最擅长完成的效果。上图中那个显示饮料的面板就是一个动态面板。然后下面 5 张缩略图是 5 个 Image 部件。我们为这 5 个 Image 部件添加 OnMouseEnter 事件，也就是鼠标悬停的时候触发的事件。当触发这个事件的时候，我们根据当前鼠标悬停的是哪一张小缩略图，来决定上面的大面板应该是哪一个状态。我们可以想象，上面的大面板有五个状态，每个状态里面是一张大图片，分别对应下面的一张小缩略图。

步骤 1 创建新项目

首先新建一个 Axure RP 项目，在 Home 页面中，我们首先拖曳一个 Dynamic Panel 部件到页面区域中，部件属性如下。

名 称	部件种类	坐 标	尺 寸
dpAds	Dynamic Panel	X20：Y20	W595：H252

在名称中 dp 是 Dynamic Panel 的缩写。我们在本书中将遵循这种命名方式。这个动态面板的具体尺寸与你要制作的页面和图片相关，可以自行修改。然后我们双击这个动态面板，看到如下的弹出窗口。

上图中的 Panel States【面板状态】是动态面板的状态集合。我们可以看到，一个动态面板可以有多个不同的States。默认状态下只添加了一个 State1。我们按绿色的加号 4 次，新增加 4 个状态。现在一共有 5 种状态，如下图所示。之后我们会看到，这 5 种状态分别对应我们在雅虎首页看到的在 5 张不同的图片之间切换的 5 种状态。

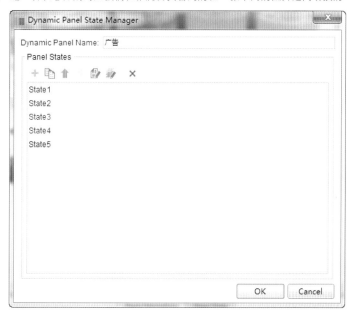

单击"OK"确定。

步骤 2 制作广告动态面板

我们单击页面区域的动态面板，在动态面板区域，可以看到一个叫作"广告"的动态面板下面有 5 个 States【状态】。我们先双击 State1，这个时候，在页面区域出现了一个新页面，叫作"State1"（Page1），如下图所示。这不是一个真正意义上的页面，因为我们在站点地图中无法看到这个新页面的出现。它只是动态面板的一个状态页面。我们在这个新的页面区域中可以看到一个蓝色虚线的线框。这个标示出了动态面板的边界。在蓝色区域以外的部分，将无法在动态面板中被看到，也就无法让用户在最终的页面中看到。

下面，我们从部件区域中拖曳一个 Image 部件到 State1 的页面中，双击它，打开文件浏览器，在本节的素材目录中找到 1.jpg，然后双击导入。这个时候会出现如下的弹出对话框，问你是否要自动调整图片的大小，选择"是"。

这个时候我们能看到 1.jpg 已经出现在了页面中。但是图片的部分已经超出了蓝色的虚线边界。我们选中这张图片，然后把它的坐标设置为 X0 ：Y0，现在看到如下的画面。

因为我们创建的动态面板的大小与图片的大小是一致的，所以图片的边界刚好落在动态面板的蓝色虚线上。

好了，现在我们已经准备好了 State1 广告面板的状态了。现在在动态面板管理区域双击 State2，我们来准备第二个状态。这个时候又打开了一个新页面，现在是"State2"（Page1）。同样的，我们添加图片 2.jpg，更改坐标。然后再按同样的方法处理 State3、State4 和 State5。

以上全部完成后，我们得到了一个拥有 5 个 States【状态】的名称为"广告"的动态面板。这个时候，我们将页面区域新开的 4 个窗口，从 State1(page1) 到 State5(Page1) 都先关闭，回到 Page1 页面，这个时候我们可以看到如下的界面。

可以看到，在 Page1 中的动态面板显示出了 State1 中的图片，并且是半透明的格式。动态面板会默认显示在动态面板区域中排在最上面的那一个状态中的内容。在部件管理器中，各状态的排列顺序如下图所示。

所以如果想让 State2 中的内容先出现在动态面板中，那么就要将 State2 的顺序挪到最上面来。我们可以通过动态面板区域中提供的蓝色的上下箭头来实现这一个功能，如下图所示。

好了，现在动态面板好了，让我们来添加操纵动态面板切换状态的 5 个缩略图部件吧。

步骤 3 制作 Thumbnail 区域

仍然在 Home 页面中，我们拖曳 5 个 Image 部件到页面区域中，分别命名为 thumbnail1—thumbnail5。然后分别双击它们，将 thumbnail1—thumbnail5 5 张图片依次指定给它们。然后将这 5 张图片顺序地排列在动态面板"广告"的下面，如下图所示。

这 5 个 Image 部件的属性如下

名 称	部件种类	坐 标	尺 寸
thumbnail1	Image	X42 ：Y272	W111 ：H97
thumbnail2	Image	X152 ：Y272	W111 ：H97
thumbnail3	Image	X261 ：Y272	W111 ：H97
thumbnail4	Image	X371 ：Y272	W111 ：H97
thumbnail5	Image	X481 ：Y272	W111 ：H97

我们最终想要的效果是，当鼠标在下面 5 张小图上方悬停的时候，上面的大图也跟着切换。换成 Axure RP 里面的语言来描述就是，我们要在下面 5 张小图上添加 OnMouseEnter 事件，然后让这个事件去切换广告面板的不同状态。

OnMouseEnter 事件，顾名思义就是当鼠标悬停在目标上方的时候触发的事件。我们在网页中看到的大部分的鼠标悬停事件都可以用它来处理。而与其相对应的就是 OnMouseOut 事件。这个事件用于处理当鼠标移出目标上方时候触发的事件。大家可以想到，我们可以用这两个事件配合来实现：当鼠标悬停的时候展现一部分内容，然后在鼠标结束悬停移开的时候，隐藏内容。

我们先为 thumbnail1 这个 Image 部件添加如下的事件。具体为部件添加事件的方法，请参考"基础操作"一章中的"为部件添加事件"一节。

在这个事件中，当鼠标悬停在 thumbnail1 部件上方的时候，我们将广告动态面板的状态也切换到相应的状态。

接下来，我们对 thumbnail2—thumbnail5 分别重复上述操作，唯一不同的就是，对于 thumbnail2 部件，在 OnMouseEnter 的时候，设置广告面板的状态为 State2，thumbnail3 对应 State3，thumbnail4 对应 State4，全部设置完成后，页面区域看起来是这个样子的，如下图所示。

我们可以看到，在设置了事件的 4 个 Image 部件的右上角，都有一个黄色的数字标识。每个添加了事件的部件都会有一个这样的标识。说明这个部件会对应一些事件。通过这些小黄色数字，你就会知道当前页面中一共有多少个事件，并且能够判断是否忘记给某些部件添加事件了。

下面我们生成原型并在浏览器中看看最终效果，生成原型的做法请参见"基础操作"部分的"生成原型 HTML 并在浏览器中查看"一节。

在浏览器中，我们可以看到如下的内容。

我们单击如下按钮。

在浏览器中打开原型测试一下，当鼠标在下面 5 张图片上方悬停的时候，上面的广告已经可以自己切换了吧？

步骤 4　滑动切换

这样的切换比较生硬，如果我们想有一些动态切换的效果，那么我们可以使用动作中的 Animate In 和 Animate

Out 的功能。很简单,我们选中 thumbnail1 部件,在右侧上方的部件属性区域中,双击我们刚才创建的事件,如下图所示。

双击 "Set 广告 to State1" ,打开用例编辑器,在用例编辑器的第四步,设置动作中单击之前设定的动作,然后在 Step4 下方的参数区域按下图所示的设置 Animate In 和 Animate Out,如下图所示。

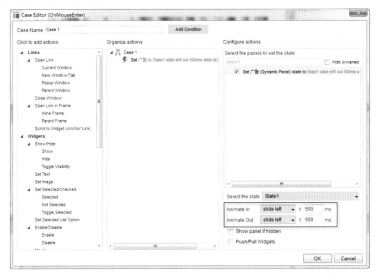

上图中的设置表示,在切换动态面板状态的时候,前一个面板状态在退出视野时,会按照 Animate Out 设定的方式进行,从左侧向左滑出视野 (slide left out 500 ms);新的面板状态在进入视野时,会按照 Animate In 设定的方式进行,从右侧向左滑动进入视野(slide left in 500 ms)。二者配合,就形成了动态滑动切换面板的效果。新更改后的事件如下图所示。

生成项目,然后在浏览器中查看效果。我们可以看到,幻灯的切换已经变成了滑动切换的效果了。

总结

在本节中,我们实现了面板的动态切换,在这个例子中,我们只在动态面板的不同状态里面放置了一张图片,而在实际项目中,我们可以在面板的状态中放置任意多的部件,比如图片,文本,甚至更多的动态面板,这样部件也可以有自己的更多的事件。在这里善意地提醒大家,一切要以简单为本,尤其是让用户使用起来简单。

此外,我们把一些通用的操作,放在了"基础操作"一章中。这样可以避免反复地介入一些重复的步骤。

本节所用的素材请在素材库的相关路径获得。

案例2——Gmail的进度条

总步骤：5 难易度：易

Loading   @gmail.com…

1.效果页面描述

当我们在网上进行操作，等待图片加载，页面加载，文件上传等步骤完成的时候，经常会有一个进度条出现，提示用户页面正在工作中，并且向用户传达了大约要等待的时间，以避免用户焦急。进度条也是页面实时提供反馈，提升用户体验的一个好方法。我们在这一节中，将以 Gmail 这个著名而又简单到极致的进度条为例，说明在 Axure RP 中怎样制作一个简单的网页进度条。

2.效果页面分析

要完全真实地模拟进度条的进度，是很困难的。因为我们无法预先知道进度条会以何种速度前进。快还是慢？先快后慢还是先慢后快？这个跟用户实际执行相关任务时候的速度有关系，我们无法完全模拟。在 Axure RP 中，我们也无法使用随机数。所以，我们只能制作一个预先设定好进度的进度条，比如，我们的进度条就是匀速加载的，这样比较简单。但是，我们在这里制作一个前一部分比较慢，后一部分比较快的进度条。

对于进度条，简单地理解，我们可以想象其实一个完整的进度条已经存在在页面上了，只不过它被一个"覆盖物"给覆盖住了。那么，只要我们按照一定的速度去移动这个"覆盖物"，就可以出现进度条向右前进的效果了。那么，既然有移动的效果，我们自要用到动态面板部件了。当然，这个是非常简单的效果。我们先完成这个，然后再引入一些个复杂一点儿的。

步骤 1   制作进度条

我们新建一个项目，接着再做一个跟 Gmail 的进度条一样的，已经完全加载的进度条。最终的目标是这样的，如下图所示。

Loading ⊏▭⊐@gmail.com…

为此，我们拖曳一个矩形部件到页面中，部件属性如下表所示。

名 称	部件种类	坐 标	尺 寸	填充色	边 框
无	Rectangle	X20：Y50	W304：H12	#FFFFFF	#A1A9B7

这个矩形部件是用来做进度条的边框的。

然后我们再拖曳一个动态面板部件，这个部件是要放置在刚才那个边框部件中间的蓝色部件。属性如下表所示。

名 称	部件种类	坐 标	尺 寸
ProgressBar	Dynamic Panel	X22：Y52	W300：H8

我们双击开始编辑它的 State1。在 State1 中，我们拖曳一个矩形部件，属性设置如下表所示。

名 称	部件种类	坐 标	尺 寸	填充色
无	Rectangle	X0：Y0	W300：H8	#D4E4FF

这个矩形，就是 Gmail 中带有淡蓝色填充的那个进度条。现在它的宽度是 300 像素。接下来我们要制作的就是那个覆盖在它上面的那个"覆盖物"。这个覆盖物是一个动态面板部件。

完成以上两项后，界面看起来是这个样子的，如下图所示。

外面的一圈儿淡灰色的边框就是添加的第一个矩形，中间的蓝色填充就是刚才添加的叫作 ProgressBar 的动态面板部件。

步骤 2　制作覆盖物

在 ProgressBar 动态面板部件的 State1 状态中，再拖曳一个动态面板部件，命名为 Screen，这个部件是用来遮挡蓝色矩形的，并且随着进度条的行进，慢慢向右移出 ProgressBar 动态面板的边界，将蓝色矩形露出的那个"覆盖物"。它的属性如下表所示。

名　称	部件种类	坐　标	尺　寸
screen	Dynamic Panel	X0：Y0	W300：H8

请注意，Screen 动态面板在垂直于屏幕的 Z 轴方向上，需要位于蓝色矩形的上方。

我们双击 Screen，在它的 State1 中，我们拖曳一个新的矩形部件，属性如下表所示。

名　称	部件种类	坐　标	尺　寸	填　充　色	边　框
无	Rectangle	X0：Y0	W300：H8	#FFFFFF	无

然后，我们回到 Loading 页面中，拖曳一个 Label 部件到页面中，属性如下表所示。

名　称	部件种类	坐　标	尺　寸	字　体	字体大小	字体颜色	字体样式
无	Label	X20：Y20	W220：H19	Arial	16	#333333	黑体

字体内容设置为 "Loading someone@gmail.com"。现在看起来页面是这个样子的，如下图所示。

步骤 3　移动覆盖物

现在，我们就要在打开这个页面的时候，开始移动 screen 面板，让充当覆盖物的白色矩形向右移出动态面板的边界，露出下面的蓝色矩形来。

我们最终要把 screen 向右移动 300 个像素，从而让所有的蓝色矩形都露出来。但是，我们希望前 100 个像素移动得比较慢，后 200 个像素移动得比较快。所以，在前 100 个像素，我们设定的移动时间为 10 秒，每秒移动 10 个像素，而后 200 个像素，我们设定的移动时间也为 10 秒，每秒移动 20 个像素。

我们为 Home 页面添加如下的 OnPageLoad 事件。

注意，linear 10000ms 的意思是：以线性的方式移动动态面板，并且在 10000 毫秒的时间内完成移动。

生成项目后，我们在浏览器中看一下。很逼真。不过就是，呵呵，似乎模拟的网速慢了点儿吧。

步骤 4　登录页和邮箱页

下面，我们把 Gmail 的登录页面和邮箱页面也截图进来，在中间加上我们的进度条，这样让整个效果更加逼真。

首先，我们把 Home 页的名称更改为 Loading，把 Page 1 更改为 Login，把 Page 2 更改为 mailbox。然后，我们双击开始编辑 Login 页面。在 Login 页面中，我们把 Gmail 的登录页整个截图，然后粘贴到 Login 页面中，坐标为 X0：Y0，如下图所示。

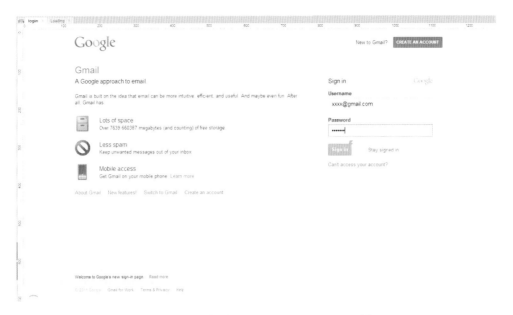

然后，我们拖曳一个 Image Map 部件，覆盖在蓝色的 Sign In 按钮上面。属性如下表所示。

名 称	部件种类	坐 标	尺 寸
无	Image Map	X832：Y303	W62：H31

然后为它添加如下的事件。

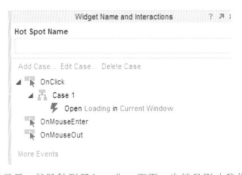

我们可以看到，用户单击登录后，就跳转到了 Loading 页面，也就是刚才我们制作的那个进度条的页面。下面我们要做的就是，让进度条全部加载完毕之后，自动跳转到 mailbox。为此，我们要更改一下 Loading 页面的 OnPageLoad 事件，如下图所示。

这里解释一下，为什么要有一个 Wait 20000ms 的事件。原因是 Axure RP 会顺序执行动作，但是并不会等一个动作执行完毕才会去执行下一个。所以，如果我们不等待 20 秒，那么一旦 Axure RP 开始执行 Move screen by （200,0）linear 10000ms 这个动作后，它就会开始执行 Open mailbox in Current Window。大家可以自己试一下。

接下来，我们双击 mailbox 页面，将登录后的 Gmail 的邮件页面截图，然后粘贴过来，看起来是这个样子的（我把私人信息覆盖了，免得被人肉了）如下图所示。

步骤 5　更改 Axure RP 的默认打开页面

处理完 mailbox 页面后，我们生成页面，然后在浏览器中查看。发现浏览器还是会先打开 Loading 页面，而不是按照我们想要的，打开 Login 页面。为此，我们需要处理一下页面地图区域。现在页面地图区域看起来是这个样子的，如下图所示。

Axure RP 会首先加载页面地图区域最上面的那个页面，为此，我们先选中 login 页面，然后单击页面地图区域的那个向左的绿色箭头，把 login 页面变成一个一级页面，如下图所示。

然后把 mailbox 页面也同样处理一下。现在看起来是这样的，如下图所示。

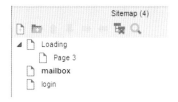

然后，我们选中 Login 页面，再单击向上的蓝色箭头两次，把它变成列表中的第一个页面，如下图所示。

现在，再生成一下页面。我们可以看到，浏览器先加载了 Login 页面。然后当我们单击 Sign In 按钮后，跳转到了 Loading 页面，经过加载的等待后，页面跳转到了 mailbox，在这里，你可以看到 someone@gmail.com 账户里面的邮件了。

总结

这个进度条的实现非常容易，以同样的方式，我们可以很容易地处理各种进度条，甚至是多个进度条。

本节所用的素材请在素材库的相关路径获得。

案例3——新浪富媒体广告示意

总步骤：6 难易度：易

1.效果页面描述

我们在打开一些门户网站的时候，经常能够看到大篇幅的 Flash 广告，一般播放 5 ~ 10 秒钟，然后收缩起来变成一个小的图标缩在屏幕的右侧。这类广告通常会打扰用户，但是因为其动态，吸引眼球的效果，也成了广告主喜欢的一种方式，何况还能给网站主带来不菲的收入。所以，随着网速的提升和浏览器对于更多互动方式和媒体的支持，我们能够想象到在未来，这种广告形式会越来越多。

我们就以新浪网首页的几个广告效果为例，来说明一下如何使用 Axure RP 制作一些广告的效果。这个对于需要对客户提案的广告公司的朋友来说，十分有用。因为你可以抛弃之前 PowerPoint 中那些静态的截图效果，而直接使用丰富的，互动的，已经放置在页面中的真正的广告效果来吸引客户。

我们打开新浪网首页，发现目前有两个首屏广告在投放中，如下图所示。

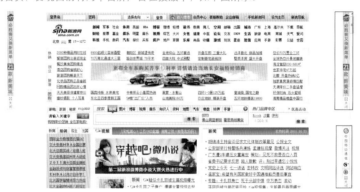

一个是必胜客的广告，另一个是中国移动的广告。当鼠标悬停在右侧的必胜客广告上时，必胜客的一个条幅广告会出现在页面的最上方，如下图所示。

当我们单击右侧的中国移动广告上的播放按钮时，能看到一个占据全屏的手机广告，如下图所示。

这两个广告播放完毕后，都会消失。并且它们不会同时播放。

2.效果页面分析

这两个广告的实现方式完全是一样的，所以我们先说必胜客的广告，这是一个可以用动态面板的显示和隐藏来实现的效果，很直接。问题是，我们怎样在 Axure RP 中使用 Flash 呢？在前面的学习中，我们都是在处理图片。Axure RP 中也没有部件是可以支持显示 Flash 的，这下就难办了。但是，我们又一次可以使用一个取巧的办法。

Axure RP 有一个部件，叫作 Inline Frame，我们之前简要地介绍过。它的作用是以 iFrame 的形式，在一个页面中引用另外一个页面。这个 iFrame（不是苹果公司的产品），是一种 HTML 的编码方式。通过 iFrame，我们可以在一个页面中，展现任何其他的页面。比如我们可以创建一个页面，然后添加好多个 iFrame，分别引用新浪、搜狐、腾讯和网易的页面，从而构建一个门户大集合的网页。

既然 Inline Frame 可以引用其他的页面，那么我们就可以通过它来引用 Flash。因为无论是图片还是 Flash，其实都是用一个 URL 来引用的。比如我们刚才看到的必胜客的那个广告，其实就是被嵌入在了页面里面，然后通过如下的 URL 引用的。页面中所有其他的广告都是用同样的方式引用的。

http://d5.sina.com.cn/201110/20/361725_hg950x90-a1.swf

如何获得这个 Flash 的 URL，可以参考"基础操作"一章的"在 Axure RP 中使用 Flash"一节。

所以，我们可以使用一个 Inline Frame，然后让这个 Frame 引用上述的这个 Flash 广告地址，就可以在我们的 Axure RP 项目中使用 Flash 了。

对于中国移动的广告，也是一样的操作方式。

步骤 1 准备页面背景

我们先来处理必胜客的广告。

首先，我们在新浪的首页中，把所有侧栏的广告都关闭掉。然后我们利用截图软件 Snagit，把整个新浪首页截图下来，然后粘贴到 Axure RP 中的 Home 页面中，坐标为 X0：Y0。

然后，我们拖曳一个动态面板部件，命名为 pizzaHut，部件属性如下表所示。

名　称	部件种类	坐　标	尺　寸
pizzaHut	Dynamic Panel	X154：Y0	W950：H90

刚好覆盖在新浪页面的头部部分。如下图所示。

步骤 2 添加必胜客的 Flash 广告

我们双击 pizzaHut 面板，开始编辑它的 State1。

在 State1 中，我们拖曳一个 Inline Frame 部件到页面当中，属性如下表所示。

名 称	部件种类	坐 标	尺 寸
无	Inline Frame	X0 ：Y0	W950 ：H90

我们右键单击这个部件，选择 "Edit Inline Frame Never Show Scrollbars" 这个设置让 Frame 不再显示滚动条。因为我们设置的 Inline Frame 的尺寸与 Flash 的尺寸完全一样，所以不需要滚动条。而且滚动条会破坏页面的一体性。

然后再次右键单击这个部件，在弹出的菜单中选择"Edit Inline Frameà"→"Edit Default Target"，打开如下的窗口。

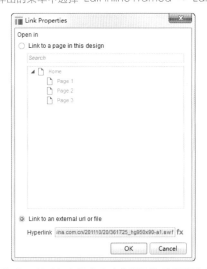

选择 "link to an external url or file"，然后把必胜客广告的链接地址粘贴进去。

然后单击 "OK" 关闭窗口，回到 State1 中。这个时候，我们看到，Inline Frame 并没有发生任何的变化。这个是因为，Inline Frame 引用的页面，只有在真正的浏览器中打开的时候，才会被显示，而在 Axure RP 的项目中是不会显示的。

步骤 3 调整 Flash 广告的尺寸

然后，我们生成项目，在浏览器中看一下效果，如下图所示。

我们发现有些不对。因为 Flash 并没有占据整个 950 像素的页面宽度，而是在两边留下了两块儿空白的地方。经过实际测量，我们发现 Flash 广告的尺寸为 W908 ：H86，而不是 W950 ：H90，这是怎么回事呢？

这是因为，Flash 会随着它被嵌入的页面的大小，动态地改变自己的尺寸。也就是说，如果你把一个 Flash 嵌入到了一个大页面中，它就会放大自己填充这个页面，如果你把 Flash 嵌入到了一个小页面中，它也会缩小自己以适应页面的变化。我们在一个 IE 浏览器中打开如下的地址。

http://d5.sina.com.cn/201110/20/361725_hg950x90-a1.swf

看到的页面如下图所示。

如果我们更改了页面的尺寸，那么页面就会变成这样，如下图所示。

我们看到 Flash 自动更改了自己的尺寸，以适应浏览器窗口的变化。

那么，原先在新浪首页的时候，因为页面很宽，所以 Flash 能够扩展到 w950：H90 的尺寸，而现在我们把这个 Flash 放在了一个本身就是 w950：H90 的页面中，所以 Flash 自身缩小了。于是我们就看到了页面当中的两块儿空白。

而且，通过测试，Flash 的大小是根据它所在的容器的高度来控制的。也就是说，当容器的高度为 90 像素时，Flash 的大小变成了 W908：H86。所以，我们可以通过等比计算，知道如果我们把容器，也就是 Inline Frame 的高度设置为 94.2 像素的话，那么 Flash 的大小就会变成 W950：H90 了。但是 Axure RP 是不支持带小数的尺寸的，所以我们把 Inline Frame 的尺寸设定为 W950：H95。然后我们生成一下项目，在浏览器中查看一下，如下图所示。

尺寸已经完美了！但是，在左侧边框和上侧边框的地方，还有一些瑕疵。Inline Frame 会有一个带阴影的边框。这个很容易，我们回到 Axure RP 中，在 pizzaHut 的 State1 中，右键单击 Inline Frame，选择 "Edit Inline Frame Toggle Border"。这样就可以消除边框了。再生成项目后在浏览器中查看，完美了！

步骤 4　关闭 Flash 广告

我们接下来制作那个关闭广告的按钮。首先，在页面中拖曳另外一个动态面板部件，属性如下表所示。

名　称	部件种类	坐　标	尺　寸
closePizzahut	Dynamic Panel	X1038：Y91	W66：H22

刚好放在 pizzaHut 动态面板的右下角的位置。然后双击 closePizzahut，开始编辑 State1。

然后我们把新浪首页的那个关闭广告的按钮截图下来，粘贴到 State1 中，坐标设置为 X0 ： Y0。这张图片的尺寸为 W66 ： H22，与我们的动态面板的尺寸一致。如下图所示。

然后，我们在 State1 中，为新添加的图片添加一个 OnClick 事件，事件如下表所示。

Label 部件名称	无
部件类型	Image
动作类型	OnClick
所属页面	Home
所属面板	closePizzahut
所属面板状态	State1
动作类型	动作详情
Hide Panel(s)	Hide pizzahut, closePizzahut

也就是在单击关闭广告的按钮时，将 Flash 广告面板和关闭广告的按钮的面板同时关闭。

步骤 5 Flash 广告的侧边栏

接下来我们制作打开必胜客广告的效果。通过新浪首页我们可以了解到，鼠标悬停在两个侧边栏上方的时候，就会打开必胜客的广告。而且，这两个侧边栏是可以关闭的。所以，这是两个动态面板，当面板被鼠标悬停的时候，就打开广告。

为此，我们先在新浪首页中，把侧边栏广告部分给截图下来，如下图所示。

这个图的尺寸是 W25 ： H348，所以我们拖曳一个动态面板到页面中，命名为 leftBanner，属性如下表所示。

名　称	部件种类	坐标	尺　寸
leftBanner	Dynamic Panel	X0 ： Y0	W25 ： H348

双击 leftBanner，开始编辑 State1，然后把上述的图片粘贴到 State1 中。坐标为 X0 ： Y0。

接下来，仍然在 State1 的编辑状态下，我们要拖曳两个 Image Map 部件到页面中，一个覆盖图片中整个黄色背景的部分，另一个覆盖下面的关闭按钮部分。

两个 Image Map 部件的属性如下表所示。

名 称	部件种类	坐 标	尺 寸
无	Image Map	X0：Y0	W25：H300
无	Image Map	X0：Y300	W25：H48

对于第一个 Image Map，我们添加两个事件，如下表所示。

Label 部件名称	无
部件类型	Image Map
动作类型	OnMouseEnter
所属页面	Home
所属面板	leftBanner
所属面板状态	State1
动作条件	
If visibility of panel pizzahut does not equals true	
动作类型	动作详情
Show Panel(s)	Show pizzaHut, closePizzahut
Wait Times(ms)	Wait 10000ms
Hide Panel(s)	Hide pizzaHut, closePizzahut

我们要添加一个条件的原因是，我们只能在 pizzaHut 不可见的情况下，再次展开并且播放 pizzaHut 广告。如果已经可见并且在播放了，我们就不能也不用再次打开了。

Label 部件名称	无
部件类型	Image Map
动作类型	OnClick
所属页面	Home
所属面板	leftBanner
所属面板状态	State1
动作类型	动作详情
Open Link in New Window/Tab	Open http://www.pizzaHut.com.cn/ in New Window/Tab

用户这个时候单击了广告，自然我们要带他们去必胜客的网站了。

对于第二个 Image Map 部件，我们设定如下的事件。

Label 部件名称	无
部件类型	Image Map
动作类型	OnClick
所属页面	Home
所属面板	leftBanner
所属面板状态	State1
动作类型	动作详情
Hide Panel(s)	Hide leftBanner

完成之后，复制一个 leftBanner，将新复制出来的动态面板命名为 rightBanner，然后移动到坐标为 X1234：Y0 的位置。然后，我们要修改一个地方，因为 leftBanner 和 rightBanner 总是同时被关闭的，所以我们要把关闭的事件修改为同时关闭这两个面板，如下表所示。

Label 部件名称	无
部件类型	Image Map
动作类型	OnClick
所属页面	Home
所属面板	leftBanner
所属面板状态	State1
动作类型	动作详情
Hide Panel(s)	Hide leftBanner, rightBanner

续表

Label 部件名称	无
部件类型	Image Map
动作类型	OnClick
所属页面	Home
所属面板	rightBanner
所属面板状态	State1
动作类型	动作详情
Hide Panel(s)	Hide leftBanner, rightBanner

步骤 6　Flash 广告自动关闭

现在我们来解决广告自动关闭的问题。我们知道，打开新浪页面后，必胜客广告会自动播放一遍，然后自动关闭，只有两个侧边栏仍然显示。如果用户鼠标悬停在侧边栏上，广告就会再次播放；如果用户点击侧边栏，就会直接到达广告的目标页面。

自动关闭的效果，我们可以使用 Home 页面的 OnPageLoad 事件实现，在这个事件中，我们等待一段时间，让广告播放完毕，然后就关闭。事件如下表所示。

Label 部件名称	Home
部件类型	Page
动作类型	OnPageLoad
所属页面	Home
所属面板	无
所属面板状态	无
动作类型	动作详情
Wait Time(ms)	Wait 10000ms
Hide Panel(s)	Hide pizzaHut, closePizzahut

好了，至此，必胜客广告完成了。

对于中国移动的广告，制作方式也是一样的。唯一需要注意的就是，我们要 Wait 多少秒，是根据广告的长度来设定的，最好的情况就是如果你的 Flash 广告是 10 秒的，那你就 Wait 10000 毫秒。如果是 30 秒的，那就 Wait 30000 毫秒。

另外，在 Axure RP 里面引用 Flash，不能够支持透明的效果。也就是说，如果你原来的 Flash 广告里面有透明的效果，当引入到 Axure RP 中后，透明的部分就变成白色了。

总结

引用 Flash 是一个很强大的功能，它能够让我们在页面中使用很多非常好的素材。大部分的建模软件是不能在模型当中演示 Flash 的。这个功能对于广告公司的朋友来说实在太好了。比如说如果要演示如何将客户的产品在新浪首页投放，那么将客户的 Flash 广告放置在这样一个基于新浪首页的原型中进行演示就非常的生动。

本节所用的素材请在素材库的相关路径获得。

案例4——淘宝首页导航鼠标悬停效果

总步骤：4　难易度：易

1.效果页面描述

有很多网页的元素，导航或者是模块，当鼠标悬停的时候会改变背景色以给用户一个明确的提示。提示用户当前的选择区域。我们可以在淘宝的首页看到很多对于这种方式的运用，如下图所示。

图中红色框中的内容都是可以在鼠标悬停时改变背景色的。

下面我们就以淘宝首页的导航为例，来说明如何在 Axure RP 中实现一个鼠标悬停改变背景色的效果。

目标效果网站：http://www.taobao.com

目标效果网站简介：淘宝网首页

2.效果页面分析

在 Axure RP 中，我们有 3 种方式可以实现鼠标悬停改变背景色的效果。一种当然是使用 OnMouseEnter 事件，在 OnMouseEnter 事件中改变部件的状态。但是我们知道在事件中，我们只能改变部件的文本或者动态面板的状态。所以，第一种方式是使用动态面板。比如状态 1 中，我们让部件的背景色是红色的，而在状态 2 中，我们让部件的背景色是蓝色的。然后在 OnMouseEnter 中，让面板的状态发生改变，从而改变部件的背景色。

第二种是使用 Image 部件。Image 部件有几个特殊的效果，其中一个就是允许用户在鼠标悬停的时候，指定另外一张图片来代替当前的图片。所以，我们可以制作两张图片切换的效果。一个 Image 部件可以承载 5 张图片，一张是正常时候显示的，一张是鼠标悬停时候显示的，一张是鼠标悬停然后按下的时候显示的，一张是部件被选中时候显示的，一张是部件被禁用之后显示的。所以如果我们需要这些效果，就制作相应的图片就可以了。

第三种是使用矩形部件。矩形部件允许在正常的时候有一个样式，而在鼠标悬停的时候指定另外一个样式。比如改变的背景颜色、边框颜色、边框的宽度，等等。矩形部件与图片部件是一样的。也可以有 5 种状态。只是不能添加图片而已。

下面我们先用第 3 种方式来实现淘宝首页的导航条的制作。

步骤 1 准备背景图

我们新建一个 Axure RP 项目，然后我们用 Snagit，将淘宝首页的导航条区域截图，粘贴到 Home 页面中，如下图所示。

然后，我们向页面中拖曳两个矩形部件，都是白色填充和白色边框的，把所有导航的文字都覆盖起来，如下图所示。

然后，我们按 Ctrl+A 键，把图片和矩形部件都选中，将它们锁定。只要在选中它们后，单击工具栏上的锁定图标就可以了，如下图所示。

这主要是为了防止我们在做如下操作的时候，误选到这两个部件或者移动了它们。

步骤 2　制作导航菜单

接下来，我们拖曳一个矩形部件到页面中，属性如下表所示。

名　称	部件种类	坐　标	尺　寸	填 充 色
TMall	Rectangle	X319：Y173	W60：H23	#FFFFFF
边　框	字　体	字体大小	字体颜色	字体属性
#FFFFFF	宋体	16	#FF4400	黑体

然后双击它，添加文字"天猫"。字体颜色是与天猫的链接颜色一样的。可以通过 Axure 自带的取色器来获取。

接下来我们右键单击 TMall 部件，选择"Interaction Styles"，弹出如下图所示。

在这个窗口里面，我们可以设置在鼠标悬停【MouseOver】的时候，矩形部件的新样式。可以设置的选项有很多，比如字体、字体大小、颜色，等等。我们在这里先选中 Fill Color 前边的复选框，然后选择颜色 #F4FF440。再选中 Line Color 前面的复选框，然后选择颜色 #F4FF440。如右下图所示，然后单击"OK"。这样，当鼠标悬停的时候，就会改变填充颜色和边框的颜色了。

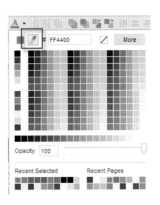

然后，我们拖动矩形左上角的小三角形，将这个矩形变成一个圆角矩形。拖动三角形到半径为 4 即可。

这个时候，我们看见 TMall 部件已经变成了这个样子，如下图（左）所示。

当鼠标悬停在淘宝商城左上角那个小折角的时候，画面看起来是这个样子的，如下图（中）所示。

看，已经跟淘宝首页的效果是一样的了。下图（右）是淘宝首页的截图。

然后，我们以同样的方式，分别制作其他的导航链接。注意调整不同链接之间的尺寸和间距，以使其看起来跟淘宝的首页一致。

全部完成后，如下图所示。

好了，现在我们生成项目后，在浏览器中查看，可以看到，效果跟淘宝首页的一模一样。

我们忘了给每个导航链接添加链接了。这个很简单，我们只要给每个矩形部件添加一个 OnClick 事件就可以了。比如天猫的事件如下表所示。

Label 部件名称	TMall
部件类型	Rectangle
动作类型	OnClick
所属页面	Home
所属面板	无
所属面板状态	无
动作类型	动作详情
Open Link in New Window/Tab	Open http://www.tmall.com

步骤 3　另外一种方式

用矩形部件实现淘宝的首页效果是很容易的。下面我们使用 Image 部件来达到相同的目的。我们回到上一节的这一步，就是将淘宝首页当作背景添加了进来，然后用两个白色的矩形部件覆盖了所有的导航链接，如下图所示。

然后，我们用 Snagit 软件，在淘宝的首页，为天猫这个链接截图，如下图（左）所示。

尺寸为 W75：H35，然后，在同样的位置，注意一定要在同样的位置，以同样的尺寸，我们要再截一下鼠标悬停后的页面效果图，如下图（右）所示。

天猫　　　天猫

　　我们把这两张图片分别保存为 tmall1.jpg 和 tmall2.jpg。然后，我们拖曳一个 Image 部件到页面中，双击 Image 部件，在文件浏览器中找到 tmall1.jpg，选中它。这个时候，Image 部件已经发生了改变。然后，我们把 Image 部件的坐标修改为 X311：Y164。

　　然后右键单击 Image 部件，选择 "Set Interaction Styles"，弹出如下的窗口。

　　我们选中 Image 前边的复选框，然后单击 Import 按钮打开文件浏览器，在浏览器中本节的目录中选择 tmall2.jpg，然后单击 "OK"。这个时候，我们看到页面中的 Image 部件也有了折角，跟我们刚才用矩形部件达到的效果一样，鼠标悬停在折角上的时候，看起来是这样的，如下图所示。

　　接下来，就是用同样的方法制作其他的导航链接了。难度就在于鼠标悬停和鼠标不悬停的时候截图的位置一定要一致，并且尺寸也要一致。如果一个 Image 部件的普通图片和鼠标悬停图片的尺寸不一致，就会出现图片变形的现象。

　　在这个例子中，显然使用矩形部件的难度要远低于使用 Image 部件的难度。但是对于一些复杂的效果，我们无法通过改变矩形部件的样式来达到。比如导航是一个青蛙，鼠标悬停的时候是一只张开嘴的青蛙（哪个网站导航上有这个来着），那么就只能用图片来达到这个效果了。

步骤 4　进一步的可能性

　　对于这个例子，没有必要使用动态面板了。因为即使使用动态面板，也是创建两个 State，然后用 OnMouseEnter 和 OnMouseOut 事件来实现面板状态的切换。对于这个例子，只是每个状态里面放置一个 Image 部件，实在是没有必要。

　　那么在什么情况下使用动态面板来处理鼠标悬停改变样式呢？当你鼠标悬停的时候，不仅仅是改变图片或者样式的时候，都需要使用动态面板。比如以下几种情况。

　　（1）鼠标悬停的时候播放一段动画。

　　（2）鼠标悬停的时候改变尺寸，比如那些鼠标悬停时就变大的广告。

　　（3）鼠标悬停的时候，出现伸缩的菜单。

　　（4）鼠标悬停的时候，部件的位置发生变化。比如有一个明显的位移。

　　（5）鼠标悬停的时候，不单改变了自己的状态，还改变了其他部件的状态。

总结

在 Axure RP 中，Image 和矩形部件有很多特殊的功能，因为它们经常被当作链接的载体使用，而不仅仅是使用文字链接，比如 Hyperlink 部件。所以，Axure RP 本身为它们添加了一些功能，让在鼠标悬停或选中的时候，可以改变状态，甚至在禁用的时候，也可以改变状态。

本节所用的素材请在素材库的相关路径获得。

案例5——点评网的打分效果

总步骤：6 难易度：中

1.效果页面描述

打分是一种在各个网站非常常见的用户互动功能，比如餐饮网站点评网中用户为餐饮商家的打分，淘宝购物交易后给店家的点评，等等。一般要求用户在 1 分到 5 分之间对服务或商品进行评价，分值有时候对应到几颗心，有时候对应到几颗星，这只是为了展现地更加生动。用户鼠标在打分区域上方滑动的时候，分值也会变化。用户确定分值后按下鼠标，那么打分就完成了。具体的效果可以参考如下网站。

大众点评网：http://www.dianping.com/shop/8912718/review

下面我们就以大众点评网为例，来制作一个高保真的打分效果。

2.效果页面分析

首先，这个区域要能够响应鼠标的悬停，并且能够改变若干颗星星的颜色，我们管这些星星叫"点亮的星星"，如果用户没有打分就结束了鼠标悬停，那么 5 颗星星要都"灭"掉。但是如果用户单击了某颗星星完成了打分，那么在鼠标结束悬停后，就要有对应用户分值的星星"亮"起来。如果用户重复打分，那么就要重复上述过程。在切换亮起的星星的个数的过程中，也要更新相应的文字。

经过上述的分析，我们可以断定打分区域是一个动态面板，这个动态面板有 6 个状态，分别是：

（1）没有打分的时候

（2）一颗星的时候

（3）二颗星的时候

（4）三颗星的时候

（5）四颗星的时候

（6）五颗星的时候

这六个状态的切换是由每个状态里 5 颗星星的 OnMouseEnter 事件来控制的，而每个星星的 OnMouseEnter 事件，我们可以使用一个 Image Map 部件来实现。比如，当鼠标悬停在中间的第三颗星星上方的时候，我们在第三颗星星的 Image Map 中添加的 OnMouseEnter 事件就会将动态面板切换到三颗星的面板。这样，就可以实现想要的功能了。

但是还有一个特殊的地方需要处理，就是如果用户打分了，那么当用户结束鼠标悬停的操作后，我们要按照用户打分的分值来设定面板的状态。也就是说，我们需要一个方法来"记住"用户打分的分值。并且如果用户多次打分，那么我们就要不断地"记住"用户最新的一次打分，而"忘掉"用户的上一次打分。要实现这个功能，我们需要用到 Axure RP 中的 Variable【变量】功能。熟悉编程的用户对变量不会陌生，Axure RP 对于变量的使用做了很好的支持。不熟悉编程的用户，只要想想在学校里面我们解方程的时候用到的 X 就可以了，我们要做的，就是在打分的时候给 X 赋值，比如让 X=3，然后在显示的时候，根据 X 的值来设定面板状态就可以了。所以，我们要在每个 Image Map 的 OnClick 事件中添加一个动作来设定一个变量的值，并且在 Image Map 的 OnMouseOut 事件中根据变量的值来设定面板的状态。

所以，为了实现这个功能，动态面板的所有状态的结构图如下，一共有 6 个状态，供大家参考。

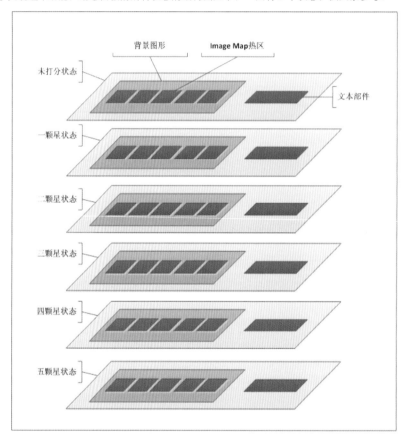

步骤 1　准备星星的图片

我们从部件区域中拖曳一个动态面板部件到 Home 页的页面区域中，属性如下表所示。

名　称	部件种类	坐　标	尺　寸
valuation	Dynamic Panel	X20：Y20	W310：H40

当然这个部件的大小大家可以自由设置，我们的尺寸是按照与点评网同样的大小来确定的。我们为它添加 6 个状态，分别命名为：

(1) zeroStar

(2) oneStar

(3) twoStar

(4) threeStar

(5) fourStar

(6) fiveStar

接着，我们要准备要用到的图片。我们需要 6 张背景图片，分别是 5 颗星星都是灭的，1 颗星星是亮的，2 颗星星是亮的，3 颗星星是亮的，4 颗星星是亮的，5 颗星星是亮的。分别用来标识不同的打分情况。这里我们借用一下点评网的图片。首先我们在 Google 的 Chrome 浏览器中（注意一定要是 Chrome）打开如下的页面。

http://www.dianping.com/shop/8912718/review

然后在我们想要"借用"的图片上右键单击，选择"审查元素"，如下图所示。

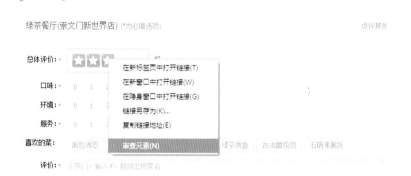

然后，页面下方就会出现一个工具栏窗口，我们在其中选择"Resource"标签页。然后在这个标签页的左侧列表中，选择 Images。这里会列出当前页面使用的所有图片。我们在其中找到如下这样一张图片。

然后单击右侧标红的 URL，在一个单独的浏览器窗口中打开这张图片，如下图所示。

我们需要的是这 6 张图片，如下图所示。

我们可以在 Photoshop 工具中将这 6 张图片拆开，每张图片的尺寸均是 W128 ：H24。我们将这 6 张图片分别命名为 zerostar.jpg、onestar.jpg、twostar.jpg、threestar.jpg、fourstar.jpg、fivestar.jpg。大家可以在本节的素材下载中找到这些图片。当然，大家也可以自己制作自己想要的效果和图形。比如可以用😡的个数来代表打分——红色猪头相当于"亮"的星星，灰色猪头相当于"灭"的星星。

准备好以上素材后，我们进入下一个步骤。

步骤 2　准备动态面板的状态

我们先双击 valuation 面板，然后选择编辑 zeroStar 状态。我们先向页面区域中拖曳一个矩形部件作为打分区域的背景，属性如下表所示。

名　称	部件种类	坐　标	尺　寸	填充色	边框
无	Rectangle	X0：Y0	W153：H40	#FFF9F1	#EFE0D7

然后，为了避免在编辑过程中误选这个矩形部件，我们在选中它的状态下，单击工具栏上的锁定按钮，如下图所示。

这样，这个矩形就被锁定在页面里了，之后我们操作它上面的其他部件时，就不会误选到它了。

我们向页面区域中拖曳一个 Image 部件，命名为 zeroStarImage，然后双击它，选择我们准备好的图片 zerostar.jpg，这个时候一般会弹出如下的对话框，问你是否要自动改变图片的大小，我们选择"是"。这样，Image 部件的尺寸就会自动变得跟 zerostar.jpg 一样大了。

然后，我们把 zeroStarImage 的坐标修改为 X12：Y8，刚好位于矩形背景中间的位置。接下来我们向页面区域中添加一个 Image Map 部件。我们先处理好一个 Image Map 部件的属性和各种事件，然后再将它复制 4 个就可以了，这样可以提高工作效率。

我们把这个 Image Map 部件的属性调整如下。

名　称	部件种类	坐　标	尺　寸
Star1	Image Map	X12：Y8	W23：H24

这个尺寸大家也可以自己调整，要求就是能够覆盖背景图片上的一颗星星那么大的位置。我们把 Star1 放置在 X12：Y8 的位置上，刚好覆盖住坐标为 X12：Y8 的 zeroStarImage 上的左侧第一颗星星。完成后如下图所示。

步骤 3　让"星星闪亮"

我们首先为 Star1 添加 OnMouseEnter 和 OnClick 事件。我们知道，当鼠标在 Star1 的上方悬停时，要有一颗星星亮起来，而对应一颗星亮起来的是 valuation 面板的状态 2：oneStar。所以 OnMouseEnter 事件的设置如下表所示。

Label 部件名称	Star1
部件类型	Image Map
动作类型	OnMouseEnter
所属页面	Home
所属面板	valuation
所属面板状态	zeroStar
动作类型	动作详情
Set Panel state(s) to State(s)	Set valuation (Dynamic Panel) state to oneStar

我们虽然还没有处理 oneStar 这个状态，但是可以先添加动作。之后我们会添加。这样，当鼠标悬停在第一颗星星上的时候，动态面板的专题就会被切换到 oneStar 状态，而 oneStar 状态中刚好是那张第一颗星星亮起来的图片。效果看起来就是，当鼠标悬停在 Star1 这张图片上的时候，星星亮了起来。

然后我们处理 OnClick 事件，前面分析的时候说过，我们需要在 OnClick 事件中为一个 "X" 变量赋值，这样 Axure RP 才能"记住"我们打了几分。所以我们为 Star1 添加如下的事件（事件的添加方式仍然查看"基础操作"一章中的"为部件添加事件"一节）。

Label 部件名称	Star1
部件类型	Image Map
动作类型	OnClick
所属页面	Home
所属面板	valuation
所属面板状态	zeroStar
动作类型	动作详情
Set Variable/Widget value(s)	Set value of variable score equal to "1"

这里，我们新建了一个新的变量，不叫作 "X"，而是把它更友好地叫作 "score"。

步骤 4　打分完成后显示分数

最后一个，也是最复杂的，就是 OnMouseOut 事件。上一节说过，在鼠标离开的时候，我们要根据当前 score 变量的值来设定 valuation 动态面板的状态。

如果 score=0，那么 valuation 的状态为 zeroStar

如果 score=1，那么 valuation 的状态为 oneStar

如果 score=2，那么 valuation 的状态为 twoStar

如果 score=3，那么 valuation 的状态为 threeStar

如果 score=4，那么 valuation 的状态为 fourStar

如果 score=5，那么 valuation 的状态为 fiveStar

这里，我们要用到用例编辑器中的条件功能。请大家再仔细复习一下"基础操作"一章的"为部件添加事件"一节的内容，我们就不在每节中赘述了。当 score=0 时，我们为 Star1 添加如下的动作。

Label 部件名称	Star1
部件类型	Image Map
动作类型	OnMouseOut
所属页面	Home
所属面板	valuation
所属面板状态	zeroStar
动作条件	
If value of variable score equals "0"	
动作类型	动作详情
Set Panel state(s) to State(s)	Set valuation state to zeroStar

好，这个事件处理了 score=0 的情况下要做的动作，接下来我们分别添加 score=1、2、3、4、5 时，相应的动作。要添加 score=1 的用例，只需要再次双击 OnMouseOut 事件，这个时候用例编辑器中会在 Step3 中自动添加一个 "else if" 的前缀。说明这个新添加的用例是用来处理 score 不等于 0 时的情况的。如果 score=0，那么其他的任何一个用例都不会被执行。添加 score=1 用例的过程与 score=0 一模一样，先编辑条件，然后编辑动作。我们就不再赘述了。

完成后，Star1 的部件属性区域的事件，如右图所示。

这个时候我们生成一下项目，在浏览器中测试一下页面，发现第一颗星星在鼠标悬停的时候会"亮"起来，在打分之后结束悬停，第一颗星星也会保持"亮"的状态。这正是我们想要的。接下来的工作，就是让每个星星都"亮"起来。

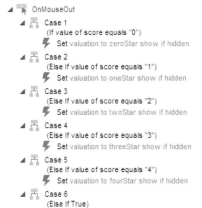

步骤 5　满天都是小星星

仍然在 zeroStar 状态中，我们将 Star1 复制 4 份儿，分别命名为 Star2、Star3、Star4 和 Star5. 然后将它们覆盖在剩余的 4 棵星星上。

然后，我们要将每个 Star 所涉及到的 OnMouseEnter 和 OnClick 事件分别修改为处理对应的 valuation 面板的状态。

OnMouseOut 不用修改，因为每个 Image Map 的都是一样的。我们把除了 Star1 外其他几个 Star 的事件罗列在下表中。

Label 部件名称	Star2
部件类型	Image Map
动作类型	OnMouseEnter
所属页面	Home
所属面板	valuation
所属面板状态	zeroStar
动作类型	动作详情
Set Panel state(s) to State(s)	Set valuation (Dynamic Panel) state to twoStar

Label 部件名称	Star2
部件类型	Image Map
动作类型	OnClick
所属页面	Home
所属面板	valuation
所属面板状态	zeroStar
动作类型	动作详情
Set Variable/Widget value(s)	Set value of variable score equal to "2"

Label 部件名称	Star3
部件类型	Image Map
动作类型	OnMouseEnter
所属页面	Home
所属面板	valuation
所属面板状态	zeroStar
动作类型	动作详情
Set Panel state(s) to State(s)	Set valuation (Dynamic Panel) state to threeStar

Label 部件名称	Star3
部件类型	Image Map
动作类型	OnClick
所属页面	Home
所属面板	valuation
所属面板状态	zeroStar
动作类型	动作详情
Set Variable/Widget value(s)	Set value of variable score equal to "3"

Label 部件名称	Star4
部件类型	Image Map
动作类型	OnMouseEnter
所属页面	Home
所属面板	valuation
所属面板状态	zeroStar
动作类型	动作详情
Set Panel state(s) to State(s)	Set valuation (Dynamic Panel) state to fourStar

Label 部件名称	Star4
部件类型	Image Map
动作类型	OnClick
所属页面	Home
所属面板	valuation
所属面板状态	zeroStar
动作类型	动作详情
Set Variable/Widget value(s)	Set value of variable score equal to "4"

Label 部件名称	Star5
部件类型	Image Map
动作类型	OnMouseEnter
所属页面	Home
所属面板	valuation
所属面板状态	zeroStar
动作类型	动作详情
Set Panel state(s) to State(s)	Set valuation (Dynamic Panel) state to fiveStar

Label 部件名称	Star5
部件类型	Image Map
动作类型	OnClick
所属页面	Home
所属面板	valuation
所属面板状态	zeroStar
动作类型	动作详情
Set Variable/Widget value(s)	Set value of variable score equal to "5"

最后，我们在矩形的右侧放置一个 Label 部件，然后将它的文字修改为"点击星星为商户打分"。至此，zeroStar 状态我们就准备好了，下面的步骤我们要处理 oneStar—fiveStar 的状态。你会发现，处理它们惊人的简单，基本只是重复。

步骤6 Baby One More Time

我们把 zeroStar 中的所有元素复制一下，然后粘贴在 oneStar 状态中。做法是在 zeroStar 中按键盘上的 Ctrl+A 键【全选】，然后按 Ctrl+C 键【复制】，再打开 oneStar 状态按 Ctrl+V 键【粘贴】就可以了。粘贴完成后，我们要把一些部件的名称修改一下，比如 zeroStarImage 修改为 oneStarImage。然后，我们双击 oneStarImage（这里注意，因为这个时候 oneStarImage 被 5 个 Image Map 部件完全覆盖，无法双击到，所以我们可以先把一个 Image Map 部件移开，等我们编辑完了 oneStarImage，再将它恢复原位就可以了），将它的背景图片变为 onestar.jpg。最后，把文本的内容修改为"很差"，颜色为红色，大功告成了。

同样的方式，我们把所有的元素复制到 twoStar 状态中，修改部件名称，更换背景图为 twostar.jpg，将文本修改为"差"。就这样一直重复下去，直到我们将 fiveStar 状态也修改完毕。

最后我们回到 Home 页面中，在页面区域下方的 Page Interaction 区域的 OnPageLoad 事件中，我们要添加一个用例，这个用例用来在页面初始化的时候，将 score 变量的值设置为 0。这样，在页面刚打开的时候，我们面对的就是一个等待打分状态的打分页面了，事件如下表。

Label 部件名称	Home
部件类型	Page
动作类型	OnPageLoad
所属页面	Home
所属面板	无
所属面板状态	无
动作类型	动作详情
Set Variable/Widget value(s)	Set value of variable score equal to "0"

生成项目，测试，跟真的一模一样。

总结

如果我们要在一个页面中使用多个打分的功能，那么我们要为每个打分功能设置不同的变量，否则会产生冲突。在本例中对于 Image Map 的这种使用，是一种很常见的事件处理方式，就是在 Image Map 的下面放一个背景，背景可以是各种内容，然后在 Image Map 中处理事件。大家要多了解一下，以达到融会贯通之境界。

其实我很想做一个猪头版本的打分……

本节所用的素材请在素材库的相关路径获得。

案例6——360网站的蒙版效果

总步骤：4 难易度：中

页面地址：http://12306.360.cn/2014qp.html

1.效果页面描述

有时打开一些网站的时候，为了让用户进行一些核心的操作，会在提示用户进行下一步的时候，使用一个全屏的蒙版来将页面的其他部分都覆盖起来。这样用户就可以不被打扰地进行下一步的核心操作。比如我们看到的这个 360 抢票网站的效果。当用户来到这个页面的时候，页面就会自动弹出一个蒙版，让用户进行软件的下载，如下图所示。

这个时候，用户除了单击下载外，不能点击页面的其他部分。因为其他部分都被蒙版覆盖了。

2.效果页面分析

首先，我们有一个原始的页面，这个页面就是一个正常的火车票的搜索页面。然后，我们要制作一个蒙版。大家可以看出这个蒙版其实就是一个动态面板。只不过这个动态面板是具有半透明的背景。这样用户仍然可以看到被覆盖的页面。然后在这个动态面板的中间，有一些页面元素，比如一个矩形部件或一个按钮。当用户点击按钮的时候，可以进行一些操作。而当用户选择不单击按钮，而是关闭蒙版的时候，就显示原先的火车票搜索页面。

步骤 1　准备搜索火车票的背景页面

首先，我们要准备那个将要被覆盖的页面。但是我们并不真的制作这个页面，而是用一张图片作为背景就好了。为此我们打开这个页面 http://pc.huochepiao.360.cn/ 如下图所示。

我们把这张图整个地复制粘贴到 Axure 中。放置在 X0 ： Y0 的位置。

步骤 2　制作蒙版

我们之前分析过，蒙版是一个动态面板部件。所以我们拖曳一个动态面板部件到页面中。将它放置在 X0 ： Y0 的位置，将尺寸设置为刚好可以覆盖到整个页面。W1511 ： H1259，然后将它命名为 dpCover。之后我们双击这个动态面板部件，开始编辑它的 State1。在 State1 里面，我们拖曳一个矩形部件，属性如下表所示。

名　称	部件种类	坐　标	尺　寸	填充色／边框色
无	Rectangle	X0 ： Y0	W1511 ： H1259	#666666

重要的是，我们要把这个矩形的填充色和边框色的透明度都设置为 50%，如下图所示。

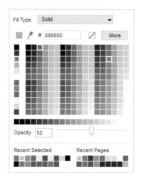

完成后，我们回到 Home 页面中，现在的页面看起来是这样的，如下图所示。

现在已经有我们想要的蒙版效果了，对吗？

接下来，我们将下图所示的截图放置在动态面板 State1 的中间。

您需要安装360安全浏览器抢票专版才能进行抢票

完成后页面看起来是这样的，如下图所示。

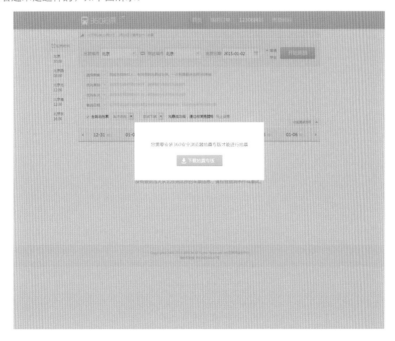

步骤 3　让蒙版中的按钮渐渐显现

在原始网站的效果中，蒙版中间的按钮区域并不是一下子就出现的。而是有一个加载的过程。在加载的过程中，我们会看到下图所示的画面。

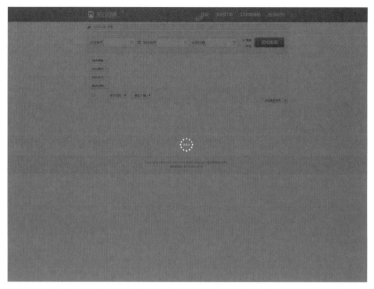

然后蒙版中间的按钮区域才会出现。我们在本节中来制作这个效果。首先我们从原始页面中获得下图所示的 GIF 动画图片。

我们先把按钮部分移开。然后，把这个 GIF 图片放置在蒙版的中间。放置好后，如下图所示。

我们将这个加载的图片命名为 imageLoading。

然后，我们将按钮区域的图片命名为 imageButton，并将它覆盖在 imageLoading 的上方。接着，我们右键单击

imageButton，选择"Set Hidden"，将它隐藏，如下图所示。

然后回到 Home 页面，同样右键单击选中动态面板部件，也将它隐藏。

步骤4　让页面动起来

所有的元素都已经就位，我们现在来添加事件让它们动起来。

第一步是在页面加载后，让蒙版和加载的图片出现。我们重新回到 Home 页面。在页面中，如果页面属性区域没有显示出来，那么我们单击 Home 页面下方区域中的箭头，如下图所示。

打开页面属性区域后，整个页面看起来如下所示。

在页面属性区域，我们双击 OnPageLoad 事件。这个事件是在页面加载后立刻执行的事件。所以我们需要这个事件来控制部件的显示顺序。

我们要做的第一件事当然是让动态面板 dpCover 显示出来。所以我们在用例编辑器左侧的事件区域选择 Show 事件。然后在最右侧选中 dpCover。

这样，当页面一加载完毕，dpCover 蒙版就会显示出来。dpCover 蒙版中的内容也会显示出来。这个时候需要显示的是什么呢？就是那个加载的图形。我们要让那个图形显示一会儿，模拟出加载的模样。然后再将 imageButton 显示出来。所以，我们需要添加一个等待 5 秒钟的事件。为此，我们在左侧选择 Wait 事件，然后在右侧输入 5000 毫秒，如下图所示。

5 秒钟后，我们要让 imageButton 显示出来。所以，我们需要再选择一个 Show 事件，然后在右侧选择 imageButton。

全部完成后，Home 页面的事件看起来是这样的。

运行我们的原型，发现它确实实现了我们需要的效果。

总结

本节中的内容十分简单，主要是通过 Show 事件实现了一些页面中经常看到的蒙版效果。在本节中我们没有提供一个关闭蒙版的按钮。在实际应用中，需要在 imageButton 上面添加一个"叉子"来关闭蒙版效果。关闭蒙版效果后，其实就是隐藏了 dpCover，用户就可以使用蒙版下面的原始页面了。

案例7——Apple Store 首页的半透明导航效果

总步骤：3 难易度：中
页面地址：http://store.apple.com/cn

1.效果页面描述

我们可以看到，在 Apple Store 首页，最上面的黑色导航条和中间的灰色导航条都是半透明的，透出了下面的一整张的页面背景图片。从而加强了整个页面的主题氛围。这不是 Apple 第一次使用这种方式来凸显节日气氛了。下面，我就学习如何实现这个页面效果。

2.效果页面分析

首先，整个背景是一张大的，静态的图片。这个没有什么疑惑的。

其次，最上面的黑色导航条，我们可以用一个矩形来替代，通过设置矩形的透明度，就可以实现它的半透明效果。然后，在矩形上面分别添加 Apple Logo 和其他的文字链接。接着，对于下面的灰色导航条，处理的方式也是一样的。

步骤 1 获取页面素材

打开如下的页面：http://store.apple.com/cn，在背景图片上右键单击，选择"审查元素"，如下图所示。

然后在页面下方打开的区域中，选择"Resources"，然后在左侧的垂直导航栏中选择"Frames"→"Images"，在出现的 Images 下拉列表中找到背景图片，如下图所示。

在这张图片的下方，我们能够看到它的地址，如下图所示。

我们单击这个地址，会在新的浏览器窗口中打开这张图片。然后我们右键单击这张图片，选择"另存为"。

步骤 2　创建新项目

首先，创建一个新的 Axure RP 项目，然后拖曳一个 Image 部件到页面中。双击它，选择我们刚才保存的那张图片。然后把这个 Image 部件的坐标设置为 X0：Y0。

然后，我们放置如下的矩形部件到页面中。

名　称	部件种类	坐　标	尺　寸	填充色/边框色
rectFirstNavi	Rectangle	X0：Y0	W1440：H46	#000000

然后，我们把填充色和边框色的透明度都设置为 70%，如下图所示。

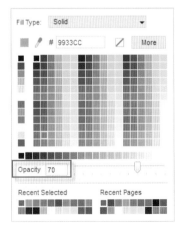

现在页面看起来是这个样子的，如下图所示。

原网站的是这样的，如下图所示。

是不是看起来很相似了？

接下来我们处理主导航上的 Apple Logo，在线商店，Mac 这些文字链。首先，我们处理文字链，每个文字链如下表所示。

名　称	部件种类	坐　标	内　容	颜色／字体大小／字体
无	Label	X344：Y15	在线商店	#FFFFFF/14/Arial
无	Label	X459：Y15	Mac	#FFFFFF/16/Myriad Set
无	Label	X544：Y15	iPhone	#FFFFFF/16/Myriad Set
无	Label	X650：Y15	Watch	#FFFFFF/16/Myriad Set
无	Label	X753：Y15	iPad	#FFFFFF/16/Myriad Set
无	Label	X839：Y15	iPod	#FFFFFF/16/Myriad Set
无	Label	X927：Y15	iTunes	#FFFFFF/16/Myriad Set
无	Label	X1027：Y15	技术支持	#FFFFFF/14/Arial

Myriad Set 是一种 Apple 专有的字体。

对于 Apple Logo 和搜索的放大镜图标，因为 Apple 在页面上使用了特殊的图片格式 SVG，所以我们没有办法直接将图片另存来使用。所以对于这两个图标我们需要使用一点儿 Photoshop 来去掉背景。幸运的是，笔者已经做好了。在本节的素材库中大家可以找到 Apple Logo.png 和 Amplifer.png。

完成之后，现在的页面看起来是这样的，如下图所示。

步骤 3 创建第二个导航

与上一个步骤类似，我们首先加入的是一个矩形部件，属性如下表所示。

名　称	部件种类	坐　标	尺　寸	填充色／边框色
rectSecondNavi	Rectangle	X0：Y46	W1440：H135	#FFFFFF

同样的，我们要把填充色和边框色的透明度设置为 70%。

现在页面看起来是这样的，如下图所示。

然后，我们来处理那些文字和 Logo。幸运的是，"选购 Mac" "选购 iPhone" 这些图标都是图片，我们可以直接在页面上右键单击它们，选择"复制图片"，如下图所示。

然后到 Home 页面中，进行粘贴就可以了。

之后，我们处理下表中的 Label 部件。

名　称	部件种类	坐　标	内　容	颜色／字体大小／字体
无	Label	X274：Y61	Apple Store	#333333/13/Arial
无	Label	X764：Y62	查找零售店	#333333/11/Arial
无	Label	X848：Y62	学习	#333333/11/Arial
无	Label	X893：Y62	企业	#333333/11/Arial
无	Label	X947：Y62	获得帮助	#333333/11/Arial

最后，我们要用与处理 Apple Logo 和放大镜图标的同样的方式来处理那个人头的图标和购物车的图标。读者可以在素材库中找到 User.png 和 Cart.png 这两张图片。还有一张箭头的图片。

全部完成后，现在页面是这样的，如下图所示。

还有"一份薄礼，精彩重重"。

总结

在本节中，我们学习了如何使用半透明的矩形部件来制作很酷的导航条。并且也学会了如何从页面上下载一些小的Logo 来装饰我们的原型。

案例8——谷歌搜索提示效果

总步骤：7 难易度：中

1.效果页面描述

大家打开百度或者谷歌搜索的首页，随便输入一个关键字进行查询，就会发现输入框的下方会出现一个面板，提示用户 10 个跟用户输入的关键词相关的关键词。这个功能，对用户不知道如何选择关键词，或输入了有错别字的关键词有很大的帮助。

具体效果参考

百度首页：http://www.baidu.com/

谷歌首页：http://www.google.com/

我们下面就以谷歌首页为例，来教大家如何实现搜索提示效果。

2.效果页面分析

首先，搜索框是一个 Text Field 部件，这个很容易处理。我们要实现的，就是随着用户的输入，展现一个搜索提示的面板，并且这个面板中的内容是跟用户的输入内容相关的。这个面板毋庸置疑是一个可以显示隐藏的动态面板。但是内容会随着用户的输入而改变，如果不限制用户的输入，我们是无法按照用户的输入来改变面板内容的。谷歌能够做到是因为谷歌拥有所有的互联网用户的搜索信息，所以无论用户输入什么，都可以有提示出来。（我们不行啊！记住，我们只是在做一个原型）

所以为了简化，我们假设用户最终要输入查询的关键词是"苹果 6 手机"（咱们也与时俱进一下），随着用户一个字一个字的输入，动态面板中的内容会不断变化，提示用户可以选择的关键词。我们先准备好用户的输入内容和提示面板中词的对应关系，如下表所示。

用户输入	面板提示词（以逗号分隔）
无	面板隐藏
苹	苹果，苹果 6，苹果官网，苹果 6 Plus，苹果手机，苹果 6 代手机图片，苹果 6 代，苹果 6 代手机报价，苹果笔记本
苹果	苹果 6，苹果官网，苹果 6 Plus，苹果手机，苹果 6 代手机图片，苹果 6 代，苹果 6 代手机报价，苹果笔记本，苹果电脑
苹果 6	苹果 6 代手机图片，苹果 6 代手机报价，苹果 6 代，苹果 6 发布会，苹果 6 什么时候上市，苹果 6 什么时候在中国上市，苹果 6 报价，苹果 6 多少钱，苹果 6 价格，苹果 6 视频
苹果 6 手	苹果 6 手机，苹果 6 手机报价，苹果 6 手机图片，苹果 6 手机功能，苹果 6 手机多少钱，苹果 6 手机什么时候上市，苹果 6 手机价格，苹果 6 手机官网，苹果 6 手机套
苹果 6 手机	苹果 6 手机报价，苹果 6 手机图片，苹果 6 手机功能，苹果 6 手机多少钱，苹果 6 手机什么时候上市，苹果 6 手机价格，苹果 6 手机官网，苹果 6 手机套
苹果 6 手机 x	面板隐藏

大家看到这个表，肯定就笑了。这又是一个有多个状态的动态面板部件，随着用户在 Text Field 中的输入而改变面板的不同状态。Text Field 部件有一个特殊的事件，叫作"OnKeyUp"【按键弹起】，这个事件，在用户通过键盘输入时每次键盘按键弹起的时候触发。所以，用户每输入一个字，就必定会触发这个事件，我们通过这个事件去判断用户的输入，然后匹配内容，改变面板状态即可。

步骤 1　准备背景

我们新建一个 Axure RP 项目，然后在 Home 页的页面区域拖曳一个 Text Field 输入框部件，命名为 keyword；之后再拖曳两个动态面板部件，一个动态面板部件命名为 background；另一个动态面板部件命名为 tips。

首先，我们准备图片，在 IE 中打开 http://www.google.com/，然后用鼠标右键单击谷歌的 Logo，选择"复制"，如下图所示。

接着，我们回到 Home 的页面区域，然后右键单击鼠标选择"粘贴"，接着我们就会看到在谷歌的 Logo 被粘贴到页面区域中。我们可以用这个简单而取巧的方式去"借"用其他网站的图片来做示范使用。但是在真正的商业项目中，还是要自己进行设计。

我们单击这个新添加进来的谷歌 Logo，会发现它是一个 Image 部件。我们把它命名为 Logo。

步骤 2　准备搜索框

然后，我们要制作两张矩形图片用作输入框的背景，因为我们发现，谷歌的输入框默认是有一个灰色边框的，当你点击输入框获得焦点的时候，输入框的边框变为蓝色。所以我们制作了如下两张图片（或者说，我们不小心从谷歌首页借用了这两张图片），如下图所示。

这两张图片的尺寸为 W512 ：H32，将作为 Text Field keyword 的背景，被添加到 background 动态面板中。

我们将动态面板 background 的尺寸修改得与以上两张图片一样，并将它的 State1 状态的名称修改为 lostFocus，然后添加一个新的状态，并命名为 onFocus。我们双击 lostFocus 开始编辑这个状态。将灰色边框的图片添加到 lostFocus 中，坐标设置为 X0 ：Y0。同样，双击 onFocus，将蓝色边框的图片添加到 onFocus 中。然后，我们把 background 放置在 Logo 的下方，让它两个的中部对齐。对齐的方式很简单，我们同时选中这两个部件，然后在工具栏中单击"居中对齐" ⬚ 按钮。

然后，我们把 keyword 输入框的尺寸修改为 W506 ：H27，刚好比 background 在宽方面少 6 个像素，在高方面少 5 个像素。然后把 keywords 的位置放置在 background 的 X+3，Y+4 的位置。在本案例中，background 在与 Logo 对齐后的位置为 X216 ：Y178。所以 keyword 的位置就是 X219 ：Y182。接着右键单击 keyword，选择"Edit Text Field Toggle Border"【离合边框】，这样 Text Field 的默认边框就不见了。因为我们要用 background 来做边框，所以我们不需要 Text Field 原本的边框。接着我们把 keyword 输入框的字体改为宋体，大小改为 18。

目前的页面如右图所示。

步骤 3 准备提示框

接着，我们把 tips 动态面板的坐标设置为 X216 ：Y209，刚好位于 background 部件的下方，并且我们还需要使 tips 部件在 Z 轴方向位于 background 部件的上方，这样，当 tips 部件出现时，它的上部边框会刚好覆盖到 background 部件的下部边框，这样结合得更加好。为此，我们在选中 tips 部件的时候，单击工具栏上的"置于顶层" 按钮即可。

然后，我们把 tips 的尺寸设置为 W511 ：H290。为什么是 511 像素而不是 512 像素？如果设置为 512 像素，那么在浏览器中查看的时候就会发现当 tips 出现的时候，右侧会比 background 要宽一点儿，不是很美观，所以这里我们少设置一个像素。一切以实际美观为准。

放置好后，我们双击 tips，把 State1 状态的名称修改为"苹"，然后再添加 4 个状态，分别命名为"苹果"、"苹果 6"、"苹果 6 手"和"苹果 6 手机"。

步骤 4 处理 tips 动态面板的状态

我们双击 tips 的"苹"状态开始编辑。

向"苹"状态的页面区域中拖曳一个矩形部件，属性如下表所示。

名 称	部件种类	坐 标	尺 寸	填充色	边 框
无	Rectangle	X0 ：Y0	W511 ：H290	无	#A2BFF0

这个矩形部件就是 tips 的区域边框。也就是在谷歌搜索页面出现提示的时候，围绕在提示文字周围的那一圈儿蓝色的边框。谷歌的边框在右侧和下侧采用了更深的颜色以有一种阴影的感觉，我们为了简单就采用一致的颜色。接下来向矩形区域内拖曳另外一个矩形部件，属性如下表所示。

名 称	部件种类	坐 标	尺 寸	填充色	边 框
无	Rectangle	X1 ：Y1	W509 ：H20	#FFFFFF	无

接下来我们设置这个矩形部件在鼠标悬停时候的颜色，因为在谷歌首页中我们可以看到，当鼠标悬停在提示的关键词上方的时候，关键词的背景会变成一种淡淡的蓝色。我们右键单击矩形，选择"Set Interaction Styles"，在弹出的窗口中，选中 Fill Color 复选框，然后在颜色中输入 #D5E2FF，如下图所示。

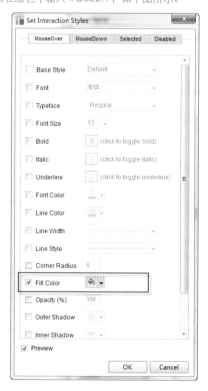

　　单击"OK"后，我们会看到矩形部件的左上角出现一个折角，这个就是提示该矩形部件有一个鼠标悬停的效果。我们把鼠标移动到折角的上方，就可以看到该矩形部件的填充颜色变成了我们需要的淡蓝色。

　　接着，我们双击矩形，输入文字"【空格】苹果"。然后我们选中这个空格，并且把字的尺寸设置为5，然后选中"苹果"两个字，将字体设置为宋体，字体尺寸设置为18。

　　为什么我们要在"苹果"两个字前面加入了一个空格？这么做的原因是希望"苹果"两个字出现的时候，其左侧能够与用户在 keyword 中输入的关键词的左侧在视觉上对齐。如果我们不加一个空格，那么在输入"苹"的时候，页面是这个样子的，如下图所示。

明显地左侧没有对齐。但是加入一个大小为 5 的空格之后，就对齐了，如下图所示。

这样就美观多了。

　　接下来，我们为矩形部件添加一个 OnClick 事件，用以模拟用户单击提示关键词后的页面跳转，我们简单地让页面跳转到 Page1 页面就可以了。所要添加的部件见下表所示。

Label 部件名称	无
部件类型	Rectangle
动作类型	OnClick
所属页面	Home
所属面板	tips
所属面板状态	苹
动作类型	动作详情
Open Link in Current Window	Open Page 1 in Current Window

　　这样，我们就创建了第一个提示关键词。接下来要做的，就是把这个关键词的矩形复制 N 多份儿。

步骤 5　其他的关键词

　　我们将"苹果"这个矩形部件进行垂直复制。垂直复制就是我们按住键盘上的 Shift+Ctrl 键，然后用鼠标左键按住"苹果"在垂直方向上进行拖动。这个时候大家会发现我们只能进行垂直和水平方向的拖曳，这就是 Shift 键的作用。

　　复制完后，将新矩形部件的文字"苹果"，修改为"苹果 6"。坐标位置修改为上一个矩形的 X 不变，Y+20 的位置。修改后如下图所示。

然后，我们重复上述过程，把属于"苹"的所有提示关键词都添加到页面区域中。添加完后如下图所示。

然后我们按照如下表格中的内容，分别为 tips 动态面板的"苹果"状态，"苹果 6"状态，"苹果 6 手"状态和"苹果 6 手机"状态添加关键词。如下表所示。

动态面板状态名称	面板提示词
苹	苹果，苹果 6，苹果官网，苹果 6 Plus，苹果手机，苹果 6 代手机图片，苹果 6 代手机报价，苹果笔记本。
苹果	苹果 6，苹果官网，苹果 6 Plus，苹果手机，苹果 6 代手机图片，苹果 6 代，苹果 6 代手机报价，苹果笔记本，苹果电脑
苹果 6	苹果 6 代手机图片，苹果 6 代手机报价，苹果 6 代，苹果 6 发布会，苹果 6 什么时候上市，苹果 6 什么时候在中国上市，苹果 6 报价，苹果 6 多少钱，苹果 6 价格，苹果 6 视频
苹果 6 手	苹果 6 手机，苹果 6 手机报价，苹果 6 手机图片，苹果 6 手机功能，苹果 6 手机多少钱，苹果 6 手机什么时候上市，苹果 6 手机价格，苹果 6 手机官网，苹果 6 手机套
苹果 6 手机	苹果 6 手机报价，苹果 6 手机图片，苹果 6 手机功能，苹果 6 手机多少钱，苹果 6 手机什么时候上市，苹果 6 手机价格，苹果 6 手机官网，苹果 6 手机套

步骤 6　让搜索提示出现

好了，现在所有的部件都准备好了，我们开始给这些部件添加事件。

首先是 keyword 文本输入框的事件，我们先为它添加如下两个事件，用于在鼠标选中 keyword 的时候更改背景。

Label	部件名称	keyword
部件类型	Text Field
动作类型	OnFocus
所属页面	Home
所属面板	无
所属面板状态	无
动作类型	动作详情
Set Panel state(s) to State(s)	Set background state to onFocus

Label	部件名称	keyword
部件类型	Text Field
动作类型	OnLostFocus
所属页面	Home

所属面板	无
所属面板状态	无
动作类型	动作详情
Set Panel state(s) to State(s)	Set background state to Lost Focus

我们生成一下项目，然后在浏览器中，我们可以看到，当选中文本输入框的时候，边框会变成蓝色，而当文本输入框失去焦点的时候，边框会变成灰色。

接着，我们添加 keyword 的 OnKeyUp 事件。这里，我们再分析一下改变 tips 面板的一些逻辑。

当用户输入"苹"的时候，我们要将 tips 面板的状态设置为"苹"状态；当用户输入"苹果"的时候，我们要将 tips 面板的状态设置为"苹果"状态……这些逻辑很容易就可以确定，但是现在的问题是，我们怎样知道用户输入的是"苹"字呢？如果用户输入了"天"字，我们是不应该展现提示面板的。

所以，这里我们又要在用例编辑器中设定使用条件，如果用户输入的是"苹"字，那么就展现"苹"状态，如果不是，就什么也不做。事件如下表所示。

Label 部件名称	keyword
部件类型	Text Field
动作类型	OnKeyUp
所属页面	Home
所属面板	无
所属面板状态	无
动作条件	
If Text on Widget keyword equals "苹"	
动作类型	动作详情
Set Panel state(s) to State(s)	Set tips state to 苹
Show Panel(s)	Show tips

好了，用户输入"苹"的时候我们解决了，下面我们处理用户输入"苹果"时候的事件。再次双击 keyword 的 OnKeyUp 事件，然后同样地添加事件。

以同样的方式处理完用户所有的可能输入后，OnKeyUp 事件的列表如下所示。

我们在最后加了一个 Case6，表示如果用户输入了其他的关键词，那么就将 tips 面板隐藏起来。

keyword 输入框的 OnKeyUp 事件的最终列表如下表所示。

Label 部件名称	keyword
部件类型	Text Field
动作类型	OnKeyUp
所属页面	Home
所属面板	无

所属面板状态	无
动作条件	
If Text on Widget keyword equals "苹"	
动作类型	动作详情
Set Panel state(s) to State(s)	Set tips state to 苹
Show Panel(s)	Show tips
动作条件	
If Text on Widget keyword equals "苹果"	
动作类型	动作详情
Set Panel state(s) to State(s)	Set tips state to 苹果
Show Panel(s)	Show tips
动作条件	
If Text on Widget keyword equals "苹果 6"	
动作类型	动作详情
Set Panel state(s) to State(s)	Set tips state to 苹果 6
Show Panel(s)	Show tips
动作条件	
If Text on Widget keyword equals "苹果 6 手"	
动作类型	动作详情
Set Panel state(s) to State(s)	Set tips state to 苹果 6 手
Show Panel(s)	Show tips
动作条件	
If Text on Widget keyword equals "苹果 6 手机"	
动作类型	动作详情
Set Panel state(s) to State(s)	Set tips state to 苹果 6 手机
Show Panel(s)	Show tips
动作条件	
Else if true	
动作类型	动作详情
Hide Panel(s)	Hide tips

最后，我们还要在 keyword 的 OnLostFocus 事件中添加一个动作，就是将 tips 面板隐藏起来。因为在 keyword 输入框失去鼠标焦点的时候，我们也不再显示提示。这个时候有可能用户要进行其他的操作。

这个时候我们生成一下项目，在浏览器中测试，我们已经实现了针对搜索关键词"苹果 6 手机"的搜索提示啦。

步骤 7　让页面完整

还漏掉一个很重要的部分，我们目前的搜索页面还没有搜索按钮！！为此，我们还需要"借用"如下 4 张图片，分别命名如下。

手气不错　lucky.jpg

手气不错　luckyHover.jpg

Google 搜索　google.jpg

Google 搜索　googleHover.jpg

然后，我们向 Home 页的页面区域拖曳两个 Image 部件，分别命名为 lucky 和 google。我们先选中 google，然后双击它，在文件浏览器中选择 google.jpg，单击"OK"确定。这个时候我们看到 Google 搜索的图片已经显示出来了。我们右键单击 google，在弹出的右键菜单中选择"Set Interaction Style"然后弹出如下的窗口。

我们选中 Image 前面的复选框，并且单击 Import 按钮，在弹出的文件选择器中选择 googleHover.jpg 作为鼠标悬停时候使用的图片。这个时候，如果你选中 Preview 前面的复选框，那么在页面区域中可以马上看到 google 这个 Image 部件的显示图片变成了 googleHover.jpg。这个按钮是让大家在单击 "OK" 之前能够先检查一下鼠标悬停时候的效果。

完成后单击 "OK" 确定，会看到 google 现在多了一个折角的效果。用同样的方式，我们制作好 lucky 按钮。这时候再看看页面，已经跟谷歌的首页一模一样了。

最后，我们观察到当 tips 面板出现的时候，google 和 lucky 两个按钮会移动到 tips 面板的下方去。为此，我们同时选中 google 和 lucky 两个 Image 部件，然后复制它们，再粘贴到 tips 面板的每一个状态中去。这样，无论是面板的哪个状态出现，都不会影响按钮的使用。最终制作完成后，在浏览器中，当我们输入 "苹果" 两个字的时候，页面是这个样子的，如下图所示。

是不是一个可以以假乱真的谷歌首页？

总结

挺好的，没啥可总结的了。如果读者要在自己的网站上使用搜索提示功能的话，改变尺寸和图片就可以了。不过搜索提示功能的前端显示很容易实现，但是后端的处理非常复杂。原因在于提示词是随着大量用户的每日搜索而动态改变的。比如最近苹果产品降价了，用户搜索 "苹果降价" 的次数暴涨，那么在用户输入 "苹" 字的时候，"苹果降价" 这个词就应该排在搜索提示词的第一位。这个自动更新的功能，要靠算法每天大量地分析用户的搜索行为而实现的。所以，好的搜索功能和搜索提示要比一个简单的搜索框复杂得多，在设计搜索相关的功能前，一定要跟技术人员充分地沟通。

本节所用的素材请在素材库的相关路径获得。

案例9——凡客首页的跑马灯文字链

总步骤：5 难易度：难

1.效果页面描述

在很多新闻资讯网站或者电商网站，我们可以看到滚动的新闻文字链和商品文字链。用户单击后可以到达相应的页面，便于在比较狭窄的空间中放入更多的内容。这一节我们来学习如何在 Axure RP 中制作滚动的文字链。

我们参考凡客诚品网站首页的商品文字链，如下图所示。

这个文字链在页面打开的时候就会自动开始循环滚动，生生不息。一旦用户鼠标悬停在某个文字链上，滚动就会停止，当鼠标离开的时候，文字链就又会开始继续滚动。

2.效果页面分析

这些滚动的内容是一些文字链，这个在 Axure RP 中很容易实现。我们可以把所有这些文字链放在同一个动态面板中，然后去移动这个动态面板就可以了。

可是这样不行，如果我们用一个 Move 动作去处理动态面板的话，因为整个动作是一体的，所以无法在鼠标移入移出的时候暂停或继续。所以，我们需要一个循环，这个循环以很小的单位，一点一点地移动整个面板，一旦用户鼠标进入了面板，就停止这个循环；而当鼠标移出面板的时候，我们就再次启动这个循环。而且，我们移动面板的过程并非是一成不变的。因为面板的长度是有限的，一旦面板移动到了尽头，我们就需要把面板重新复位，然后再继续移动。这个过程说起来有点儿复杂，我们看如下的图示就能明白了。

这是开始状态，我们看到的舞台区域，也就是包括广告和部分文字链的区域，这是用户可以看到的区域。而文字链区域，我们用两种状态来标示，灰色实心边框的部分是用户可以看到的，虚线边框的部分是暂时在后台的，用户看不到的，随着文字链向左移动而慢慢展示的部分。

在移动的某个过程中，如果我们的鼠标悬停在文字链部分的上方，我们希望移动停止下来，这个时候画面是这样的，如下图所示。

然而，文字链是有固定宽度的，我们不能制作一个无限宽的文字链然后让它向左移动。我们要做的是，当文字链完全移动到左侧的时候，再把它"恢复"到右侧去，然后再重复以上的循环。好，那么，我们要在什么时候"恢复"文字链呢？是在下图所示的这个时候吗？显然不是。

因为如果在这个时候切换，用户在视野中会看到从文字链2的位置突然出现了文字链1。

是在下图所示的这个时候吗？也显然不是！

因为这个时候，用户的视野中，文字链广告已经出现了移动的断层。用户发现文字链广告不见了。显然，我们在观察凡客的文字链的时候，它们是很流畅地移动的。也就是说，当文字链8完全进入舞台后，文字链1就又跟着进来了，如下图所示。

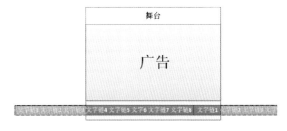

所以，我们需要准备两套一模一样的文字链，让一组跟在另外一组的后面。只有当第二组的文字链1到达循环开始

的时候，即第一组的文字链1在开始状态时所处的位置的时候，才是我们"恢复"两组文字链位置的时候，也就是下图所示的这个时候。

恢复后，用户在舞台中的视野是这样的，如下图所示。

我们看到，虽然后台是不一样的，但是对于用户来说，舞台当中的内容是一样的，从一个移动的过程切换到了另外一个移动的过程，没有出现断层。只要我们重复上述过程，就会出现我们想要的循环。

移动文字链面板和恢复文字链面板位置的时机，我们已经掌握了。问题是，我们怎样在 Axure RP 中创造一个无限的循环？要知道，在 Axure RP 中可没有编程语言中的 while do 和 for 循环这类的东西。我们该怎么办呢？

好的是，我们可以取巧。用的是动态面板部件的一个事件，叫作 OnPanelStateChange。我们知道，对于一个动态面板部件，它可以有很多个状态，可以通过事件来动态切换动态面板的状态。这个 OnPanelStateChange 事件，就是在每次动态面板状态切换的时候被触发。设想我们创建一个动态面板部件，叫作 timer。然后为它添加两个状态，分别叫作 State1 和 State2。然后呢，我们为它的 OnPanelStateChange 事件添加如下的事件

Label 部件名称	timer
部件类型	Dynamic Panel
动作类型	OnPanelStateChange
所属页面	Home
所属面板	timer
所属面板状态	无
动作条件	
If state of panel Timer equals State1	
动作类型	动作详情
Set Panel state(s) to State(s)	Set timer State to State2
动作条件	
If state of panel Timer equals State2	
动作类型	动作详情
Set Panel state(s) to State(s)	Set timer State to State1

然后，我们为页面 Home 的 OnPageLoad 添加如下的事件。

Label 部件名称	Home
部件类型	Page
动作类型	OnPageLoad
所属页面	Home
所属面板	无
所属面板状态	无
动作类型	动作详情
Set Panel state(s) to State(s)	Set timer State to State2

好，下面我们看看这两个事件到底干了些什么。

当页面被加载的时候，通过 Home 页面的 OnPageLoad 事件，我们把 timer 面板的状态设置为 State 2，由于 timer 面板的默认状态是 State 1，所以此时发生了面板状态切换，所以就触发了 timer 面板的 OnPanelStateChange 事件，在这个事件中，我们对面板状态进行了判断，当面板状态为 State 1 时，我们就把面板状态设置为 State 2；当面板状态为 State 2 时，我们就把面板状态设置为 State 1。

所以，在这个时候，面板状态为 State 2，通过 OnPanelStateChange 就被设置为了 State 1。

面板状态发生变化，触发了 OnPanelStateChange 事件，

这个时候面板状态为 State 1，所以被设置为了 State 2，

面板状态发生变化，触发了 OnPanelStateChange 事件，

这个时候面板状态为 State 2，所以被设置为了 State 1，

面板状态发生变化，触发了 OnPanelStateChange 事件，

这个时候面板状态为 State 1，所以被设置为了 State 2，

面板状态发生变化，触发了 OnPanelStateChange 事件，

这个时候面板状态为 State 2，所以被设置为了 State 1，

……

生生不息。

我们可以看到，通过在 Home 页面的 OnPageLoad 事件中触发了 timer 的 OnPanelStateChange 事件，然后在 OnPanelStateChange 事件中不断地交叉变换 timer 的状态，我们让 OnPanelStateChange 事件不断地自我触发，从而人为地制造了一个无限的循环。

这种利用动态面板的 OnPanelStateChange 事件创建无限循环的方式，并不仅限于这个例子，任何时候需要无限循环的时候，我们都可以使用。请记住这个 timer 部件，我们在之后的例子当中还会不时地"祭出"它的。

回到这个例子，我们只要在 timer 的 OnPanelStateChange 事件中，在更换面板状态之前，移动我们的文字链面板，就可以实现文字链面板的移动了。

而对于鼠标悬停的时候终止循环的实现，其实很简单。我们通过一个变量 isMoving 来控制循环。我们在 OnPanelStateChange 中添加一个判断条件，当 isMoving 变量为 1 的时候，就移动文字链面板，如果为 0，就只改变 timer 面板的状态，而不移动文字链面板。

然后，当鼠标悬停在文字链上方的时候，我们在文字链的 OnMouseEnter 事件中将 isMoving 变量设置为 0，然后在 OnMouseOut 事件中再将 isMoving 变量设置为 1。由于 OnPanelStateChange 的无限循环并没有终止，而是一直进行着，所以当 isMoving 又被设置为 1 的时候，文字链面板就又开始移动了。

最后，就是如何"恢复"文字链面板的位置了。读者会说，当文字链面板移动到了某个 X Y 坐标的时候，把它的位置恢复不就可以了？但是在 Axure RP 中，我们无法直接获得一个部件的坐标信息。但是，我们有一种很容易的方式来判断两个部件是否重叠。这给了我们一个很好的解决位置问题的办法。我们在舞台右侧后台区域的一个合适的位置，放置一个用作标志的 Image Map 部件，让它跟文字链面板重合。

这个合适的位置，就是当第二组文字链的文字链 1 到达开始状态时第一组文字链的文字链 1 的位置的时候，文字链面板刚好与 Image Map 部件不再重合。这个不再重合的时机，就是我们恢复文字链面板位置的时机。在 Axure RP 中，我们虽然不能获得部件的坐标信息，但是我们可以通过条件来判断两个部件是否重合。所以，当文字链部件与标志不再重合的时候，就是我们恢复文字链位置的时机。

步骤 1 准备页面元素

好了，经过上述分析，我们已经知道如何来制作这个无限的、自动滚动的文字链了。我们打开 Axure RP，新建一个项目。

我们先向 Home 页面中拖曳一个动态面板，属性如下表所示。

名　称	部件种类	坐　标	尺　寸
stage	Dynamic Panel	X30 : Y30	W740 : H400

然后，我们再向页面中拖曳一个动态面板，属性如下表所示。

名　称	部件种类	坐　标	尺　寸
timer	Dynamic Panel	X800 : Y140	W200 : H200

这个动态面板，就是我们在效果页面分析中提到的用来做无限循环的 timer 面板。其实它的尺寸和位置可任意设置，因为最终我们需要将它隐藏。它只是作为一个辅助的部件出现在页面中，并不承担任何显示的功能。

然后，我们双击 timer，为它添加两个状态，分别是 State1 和 State2，并且在每个 State 中，我们都放置一个 Label 部件，State1 中的 Label 部件的文字是"状态 1"，而 State2 中的 Label 部件的文字是"状态 2"，这只是为让读者在整个项目的过程中能够看到 timer 的状态是如何切换的。在实际的应用中，我们不需要这么做。

然后再拖曳一个 Label 部件到页面中，属性如下表所示。

名　称	部件种类	坐　标	尺　寸
debugMsg	Label	X30：Y454	W150：H16

刚好位于舞台的下方。这个部件是用来在制作过程中显示调试信息的。因为这个例子的逻辑比较复杂一些。所以我们使用 debugMsg 来实时地显示逻辑的执行状况。等大家熟悉了这个过程之后，就不需要这个功能了。

步骤 2　编辑舞台面板

我们双击 Stage 面板，然后开始编辑 State1。我们在浏览器中打开真实的凡客诚品的首页，在首页幻灯片上面某一帧上单击鼠标右键，在弹出的右键菜单中选择"复制"，如下图所示。

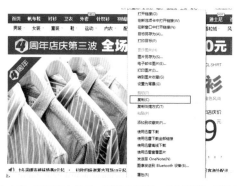

然后，回到 Stage 面板的 State1 中，在页面中粘贴。页面会弹出一个对话框，问是否要优化这张图片。如果选择优化，Axure RP 会自动对这个图片进行压缩，如果选择不优化，那么这张图就跟凡客首页的那张图一样清晰，如下图所示。

这样，我们就把这个图片粘贴到 Axure RP 中了。然后将它的坐标设置为 X0：Y0。

然后，我们在当前页面中添加一个动态面板，属性如下表所示。

名　称	部件种类	坐　标	尺　寸
rollingAds	Dynamic Panel	X9：Y364	W2350：H16

这个动态面板的尺寸，必须要容纳所有的文字链才行。所以，会很宽。

然后双击 rollingAds 面板，打开它的状态 State 1 进行编辑。

在 rollingAds 的 State 1 中，我们按照凡客首页的文字链的内容和顺序，添加若干条文字链，并且调整每个的尺寸，让它们首尾相连。请注意，我们需要添加一模一样的两组。第二组接在第一组的后面。我们先不给它们添加任何事件。然后关闭 rollingAds 面板的 State 1 页面。回到 Stage 面板的 State1 状态中，这个时候看起来是这个样子的，如下图所示。当然，我们调整了页面的显示尺寸，从而让读者可以看到整个页面的状态。

那一行很小的字就是所有的文字链。注意，大部分文字链是在动态面板的蓝色边框外面的，所以在文字链移动前，它们是不会显示出来的。

文字链的属性如下表所示，其他的我们就不赘述了，只要在横向上对齐就可以了。

名　称	部件种类	坐　标	尺　寸	字　体	字体大小	字体颜色
无	Label	X0 ： Y0	W240 ： H16	宋体	14	#333333

然后，我们添加最隐秘的一个部件，也就是我们之前提到的那个用作标示的部件。从部件区域中拖曳一个 Image Map 部件到页面区域中，属性如下。

名　称	部件种类	坐　标	尺　寸
mileStone	Image Map	X1030 ： Y349	W50 ： H50

这个部件就是我们在上一节中讨论的那个用来确定恢复时机的部件。所以它的坐标非常重要。我们通过拖动 rollingAds 动态面板，发现当 rollingAds 动态面板的坐标为 X-1320 ： Y364 的时候，rollingAds 面板中第二组文字链的第一条，也就是"秋季多彩运动夹克"这一条，刚好到达了第一组文字链中第一条在开始状态时的位置。

因为 rollingAds 的宽度是 2350 个像素，所以这个时候 rollingAds 右上角的坐标为 2350-1320=1030。所以，我们就把 mileStone 放置在 X1030 ： Y349 的地方，如下图所示。

图中选中的部分就是 mileStone 部件。这样，当第二组文字链的第一条移动到第一组文字链的第一条在开始状态时所在的位置的时候，文字链区域刚好与 mileStone 分开。

> 注意：在 Axure RP 中，你不能把 X 坐标直接设置为比 -1000 更小的数值。比如读者把 X 设置为 -1500，然后就会发现当你单击"OK"确定以后，Axure RP 会自动把它修改为 -1000，所以只能通过拖曳的方式来做到。

现在所有要使用的部件都已经添加好了，现在我们开始给这些部件添加事件吧。

步骤 3　为文字链添加链接

我们先为所有的文字链添加事件，为了简化，我们假设所有的文字链的链接都是去凡客诚品首页的。因为所有的文字链除了文字之外，事件都是一模一样的，所以我们只需要示范一个文字链的内容就好了。首先添加 OnClick 事件，如下表所示。

Label 部件名称	无
部件类型	Label
动作类型	OnClick
所属页面	Home
所属面板	Stage rollingAds
所属面板状态	State1
动作类型	动作详情
Open Link in New Window/Tab	Open http://www.vancl.com in New Window/Tab

然后添加 OnMouseEnter 事件，我们在之前的分析中说明过，在 OnMouseEnter 事件中，我们需要将 isMoving 变量设置为 0。isMoving 是我们在全局中控制是否要移动文字链的变量。当 isMoving=1 的时候，证明用户没有在文字链上进行鼠标悬停，所以我们移动文字链；当 isMoving=0 的时候，证明用户将鼠标悬停在了文字链上，所以我们不应该再移动文字链了。但是现在 isMoving 变量还没有被添加，所以我们在这里先添加这个变量。为此，我们双击 OnMouseEnter 事件，打开用例编辑器，在左侧中选择 Set Variable Value，然后单击右侧的 Add Variable，打开赋值编辑器。

在这里，我们可以看到所有目前已经添加的变量。我们单击绿色的加号，添加一个新的变量，将它命名为 isMoving，如下左图所示。

然后单击"OK"关闭变量管理器。在界面中，将新添加的 isMoving 变量的值设置为 0，如下右图所示。

然后单击"OK"。回到用例编辑器中，再单击"OK"就可以了。整个事件的动作如下表所示。

Label 部件名称	无
部件类型	Label
动作类型	OnMouseEnter
所属页面	Home
所属面板	Stage rollingAds
所属面板状态	State1
动作类型	动作详情
Set Variable/Widget value(s)	Set value of variable isMoving equal to "0"

同样的，每个文字链的 OnMouseOut 事件如下表所示。

Label 部件名称	无
部件类型	Label
动作类型	OnMouseOut
所属页面	Home
所属面板	Stage rollingAds
所属面板状态	State1
动作类型	动作详情
Set Variable/Widget value(s)	Set value of variable isMoving equal to "1"

每个文字链都是一样地设置如上 3 个事件。

步骤 4 无限循环

下面我们的工作就是本节之中最复杂的部分了，给 timer 动态面板部件的 OnPanelStateChange 事件添加动作。

首先，决定我们是否移动 rollingAds 面板，如何移动 rollingAds 面板，如何处理 timer 面板的先决条件，有 3 个。分别如下：

（1）isMoving 变量的值，是 1 还是 0？

（2）timer 面板部件的状态，State1 还是 State2？

（3）rollingAds 面板和 mileStone 面板是否重合？

根据这三个条件的不同搭配，我们要处理 2x2x2=8 种情况下的动作组合。我们先列一个表，如下所示。

isMoving=1		
条　件	timer 的状态为 State1	timer 的状态为 State2
rollingAds 与 mileStone 重合	1. 向左移动 rollingAds 3 个像素 2. 等待 50ms 3. 将 timer 状态设置为 State2	1. 向左移动 rollingAds 3 个像素 2. 等待 50ms 3. 将 timer 状态设置为 State1
rollingAds 与 mileStone 不重合	1. 恢复 rollingAds 的坐标为开始值 2. 等待 50ms 3. 将 timer 状态设置为 State2	1. 恢复 rollingAds 的坐标为开始值 2. 等待 50ms 3. 将 timer 状态设置为 State1
isMoving=0		
条　件	timer 的状态为 State1	timer 的状态为 State2
rollingAds 与 mileStone 重合	1. 等待 50ms 2. 将 timer 状态设置为 State2	1. 等待 50ms 2. 将 timer 状态设置为 State1
rollingAds 与 mileStone 不重合	1. 等待 50ms 2. 将 timer 状态设置为 State2	1. 等待 50ms 2. 将 timer 状态设置为 State1

可以看到，isMoving=0 的时候，其实只有两个状态。

我们以 50ms 为一个循环周期，这个周期不用设置的太短，否则程序的循环过密，白白浪费系统资源，其实人眼的反应没有那么快。也不能设置的太长，否则程序会有明显地停滞。一般来说，1 秒钟做 24 次循环就足够了。所以每次循环的周期就大约是 50ms。

在 50ms 的周期里面，我们移动 3 个像素。这两个值控制了面板移动的速度。读者可以灵活地掌握。

现在我们双击 OnPanelStateChange 事件，先添加一个如下的用例。

Label 部件名称	timer
部件类型	Dynamic Panel
动作类型	OnPanelStateChange
所属页面	Home
所属面板	timer
所属面板状态	无
动作条件	
If value of variable isMoving equals "1" And area of widget rollingAds is over area of widget mileStone And state of panel timer equals State1	
动作类型	动作详情
Set Variable/Widget value(s)	Set text on widget DebugMsg equal to "case1 executed"
Move Panel(s)	Move rollingAds by (-3,0)
Wait Time(ms)	Wait 50 ms
Set Panel state(s) to State(s)	Set timer state to State2

这就是我们在上面表格中设定的动作。有一点要说明的就是我们加了一个动作，这个动作改变了 debugMsg 部件的文本显示，为的是提供一些调试的信息。

另外，这个几个动作的顺序不能乱。如果 Set timer state to State2 先被执行，那么就在完成本次事件触发被处理之前，又触发了一个 OnPanelStateChange 事件，会造成 rollingAds 面板的移动出现异常现象。所以，我们要在完成所有其他的动作后，再将 timer 面板的状态进行变更。

然后我们再添加第二个用例，这个是处理 rollingAds 跟 mileStone 分开的用例，如下表所示。

Label 部件名称	timer
部件类型	Dynamic Panel
动作类型	OnPanelStateChange
所属页面	Home
所属面板	timer
所属面板状态	无
动作条件	
Else If value of variable isMoving equals "1" And area of widget rollingAds is not over area of widget mileStone And state of panel timer equals State1	

动作类型	动作详情
Set Variable/Widget value(s)	Set text on widget debugMsg equal to "case2 executed"
Move Panel(s)	Move rollingAds to (9,364)
Wait Time(ms)	Wait 50 ms
Set Panel state(s) to State(s)	Set timer state to State2

这里我们把 rollingAds 恢复到了开始时的坐标 X9：Y364。

第三个用例，处理 timer 状态为 State2 的时候，并且 rollingAds 和 mileStone 重合的情况，如下表所示。

Label 部件名称	timer
部件类型	Dynamic Panel
动作类型	OnPanelStateChange
所属页面	Home
所属面板	timer
所属面板状态	无
动作条件	
Else If value of variable isMoving equals "1" And area of widget rollingAds is over area of widget mileStone And state of panel timer equals State2	
动作类型	动作详情
Set Variable/Widget value(s)	Set text on widget debugMsg equal to "case3 executed"
Move Panel(s)	Move rollingAds by (-3,0)
Wait Time(ms)	Wait 50 ms
Set Panel state(s) to State(s)	Set timer state to State1

第四个用例，处理 timer 状态为 State2 的时候，并且 rollingAds 和 mileStone 不重合的情况，如下表所示。

Label 部件名称	timer
部件类型	Dynamic Panel
动作类型	OnPanelStateChange
所属页面	Home
所属面板	timer
所属面板状态	无
动作条件	
Else If value of variable isMoving equals "1" And area of widget rollingAds is not over area of widget mileStone And state of panel timer equals State2	
动作类型	动作详情
Set Variable/Widget value(s)	Set text on widget debugMsg equal to "case4 executed"
Move Panel(s)	Move rollingAds to (9,364)
Wait Time(ms)	Wait 50 ms
Set Panel state(s) to State(s)	Set timer state to State1

现在 isMoving=1 情况下的四个状态我们都处理过了。现在处理 isMoving=0 情况下的两个状态，如下表所示。

Label 部件名称	timer
部件类型	Dynamic Panel
动作类型	OnPanelStateChange
所属页面	Home
所属面板	timer
所属面板状态	无
动作条件	
If value of variable isMoving equals "0" And state of panel timer equals State1	
动作类型	动作详情
Set Variable/Widget value(s)	Set text on widget debugMsg equal to "case5 executed"
Wait Time(ms)	Wait 50 ms
Set Panel state(s) to State(s)	Set timer state to State2

Label 部件名称	timer
部件类型	Dynamic Panel
动作类型	OnPanelStateChange
所属页面	Home
所属面板	timer
所属面板状态	无
动作条件	
If value of variable isMoving equals "0" And state of panel timer equals State2	
动作类型	动作详情
Set Variable/Widget value(s)	Set text on widget debugMsg equal to "case6 executed"
Wait Time(ms)	Wait 50 ms
Set Panel state(s) to State(s)	Set timer state to State1

所有 OnPanelStateChange 的用例如下图所示。

步骤 5 开始无限循环

下面我们要在 Home 页面的 OnPageLoad 事件中来启动这个 timer 的循环。并且，我们需要给 isMoving 变量一个初始的值，如下表所示。

Label 部件名称	Home
部件类型	Page
动作类型	OnPageLoad
所属页面	Home
所属面板	无
所属面板状态	无

续表

动作类型	动作详情
Set Variable/Widget value(s)	Set value of variable isMoving equal to "1"
Set Panel state(s) to State(s)	Set timer state to State2

好了，下面我再次啰嗦一下到底发生了什么：

首先，Home 页面的 OnPageLoad 事件改变了 timer 面板的状态，启动了 timer 面板的 OnPanelStateChange 事件；

然后，在 OnPanelStateChange 事件中，对目前的局势进行判断，如果 isMoving=1，也就是没有人为地暂停文字链的移动，而且文字链也没有移动到位，那么就将文字链向左移动 3 个像素，并且改变 timer 面板的状态；

如果 isMoving=0，也就是用户通过鼠标悬停暂停了文字链的移动，那么这个时候不管是否移动到位了，我们都不再移动文字链，而只是改变 timer 面板的状态；

如果 isMoving=1，而且文字链已经移动到位了，那么就将文字链复位，并且更改 timer 面板的状态。

无论是什么条件，我们都在不停地更改 timer 面板的状态，让 OnPanelStateChange 事件本身触发 OnPanelStateChange 事件。所以这个循环是生生不息的。

就像我们日常生活中遇到的"踢皮球"的局面，A 部门让您找 B 部门解决，B 部门让您找 A 部门解决，如果您是一个，嗯，执着而有体力的人，那么您也将进入一个生生不息的循环，永垂不朽。

我们生成项目后，在 IE 浏览器中查看，如下图所示，我们可以看到，文字链已经很好地移动起来了。timer 面板的状态不停地在"状态 1"和"状态 2"之间进行切换，debugMsg 的文本也在不停地说明着哪个用例被执行了。

在整个的移动过程中，挑剔的用户可能会觉得有点儿跳跃，这个问题可以通过调整移动的步长和间隔来解决，比如把步长设为 1 像素，而间隔设置为 10ms，那么看起来就平滑得多了。在最终生成的项目中，我们把 timer 面板隐藏，并且把 debugMsg 部件删除，就可以了。

总结

这个例子，主要是用于向大家解释如何在 Axure RP 中制作一个无限循环。这是一项非常常用的技能，我们在制作那些不需要用户干预，能够自动切换状态的幻灯片，广告条的时候都需要。但是这个例子本身，是一个"过度原型化"的例子。过度原型化并非是指原型做得比真实的产品还要好，而是指在原型的制作上花费了太多的时间，甚至比真实的产品还要多。对于这个例子，我们完全可以放一个静止的文字链，然后通过文字描述的方式沟通，因为这个滚动文字链是非常容易理解的，并且大家的理解基本上不会有什么偏差。或者，我们也可以放一个文字链面板，但只让它移动一次，用于示例就可以了。

高保真原型，我们会尽力去把它做得跟真的一样，但是最终目的都是为了降低沟通成本，消除理解偏差。所以如果当我们花费了太多时间去琢磨如何制作原型，而忽视了有时候语言和文字反而效果更好的时候，就有点儿得不偿失了。大家会知道什么时候是"过头"了。记住，在大部分项目里面，无论大家是如何抱怨的，如果代码工程师有 2 个月的时间，那么平面设计师最多会有 2～3 周的时间，所以，最多也就只有 2 周的时间进行高保真原型图的制作。而且还要面对很多的修改意见。所以，大家应时刻牢记自己的目的。

最后，跑马灯这种形式已经越来越少地被网站使用了。对于页面上的动态元素，因为影响用户体验的风险比较高，所以现在都被谨慎使用了。

本节所用的素材请在素材库的相关路径获得。

案例10——美团网的倒计时牌

总步骤：4 难易度：中

23：59：59 99

1.效果页面描述

促销了，促销了，最后三天，史上最低价！然后一个倒计时牌在那里疯狂地倒数着。让看的人热血沸腾，恨不得立刻把钱从键盘上塞进去。团购网站们没日没夜的精品团购倒计时，1折，2折，3折……每天我们上网，都能够看到无数的倒计时牌在疯狂地工作着。在这一节中，我们就学习如何在 Axure RP 中制作一个倒计时牌，为我们自己的网页原型添加一丝"刺激"。

2.效果页面分析

为了制造紧张感，我们来做一个精确到百分之一秒的倒计时牌。也就是说，我们要每隔 10 毫秒来更新一下页面上的显示。除了更新显示之外，我们还要处理时，分，秒之间的进位关系。例如，当秒针跳动了 60 下，分针就要跳动一下。我们要做的效果类似美团团购网站的如下图所示的效果。

所以，我们需要 4 个变量来分别存储小时、分钟、秒和百分之一秒。随着倒计时的进行，我们不断更新上面 4 个变量的值，然后再把它们通过部件显示在页面上。

步骤1 时.分.秒.百分之一秒

首先，我们拖曳一个 Label 部件到页面中，属性如下表所示。

名 称	部件种类	坐 标	尺 寸	字 体	字体尺寸	字体颜色
textHour	Label	X66：Y43	W70：H68	Arial Black	48	#CC3300

文本内容设置为 23。然后，我们把这个 Label 复制 5 份儿，组成如下的内容。最后再复制一个，字体尺寸修改为 36。布局如下图所示。

23：59：59 99

我们把第一个显示 23 的 Label 部件命名为 textHour，第一个显示 59 的 Label 部件命名为 textMinute，第二个显示 59 的 Label 部件命名为 textSecond，最后一个显示 99 的 Label 部件命名为 textMilisecond。

步骤2 无限循环

我们再次把上一节使用的 timer 动态面板部件请到页面中来，尺寸为 W60：H60，坐标为 X0：Y0。接着，我们拖曳另外一个动态面板部件到页面中，属性如下表所示。

名 称	部件种类	坐 标	尺 寸
setTime	Dynamic Panel	X0：Y150	W40：H40

　　这个动态面板是我们要用来实现"虚拟移动"的动态面板。也就是我们之前说过的，在 Axure RP 中引入类似"函数过程"方法的一种取巧的办法。

　　接下来，我们为 timer 的 OnPanelStateChange 事件添加内容，如下表所示。

Label 部件名称	timer
部件类型	Dynamic Panel
动作类型	OnPanelStateChange
所属页面	Home
所属面板	无
所属面板状态	无
动作条件	
if value of variable hour equals　"0" and value of variable minute equals　"0" and value of variable second equals　"0" and value of variable millisecond equals　"0"	
动作类型	**动作详情**
Open Link in Current Window	Open Page 1 in Current Window
动作条件	
If value of variable minute equals　"0" and value of variable second equals　"0" and value of variable millisecond equals　"0"	
动作类型	**动作详情**
Wait Time(ms)	Wait 10ms
Set Variable/Widget value(s)	Set value of variable hour equal to　"[[hour-1]]"，and Value of variable minute equal to　"59"，and Value of variable second equal to　"59"，and Value of variable millisecond equal to　"99"
Move Panel(s)	Move setTime by (0,0)
动作条件	
If value of variable second equals　"0" and value of variable millisecond equals　"0"	
动作类型	**动作详情**
Wait Time(ms)	Wait 10ms
Set Variable/Widget value(s)	Set value of variable minute equal to　"[[minute-1]]"，and Value of variable second equal to　"59"，and Value of variable millisecond equal to　"99"
Move Panel(s)	Move setTime by (0,0)
动作条件	
If value of variable millisecond equals　"0"	
动作类型	**动作详情**
Wait Time(ms)	Wait 10ms
Set Variable/Widget value(s)	Set value of variable second equal to　"[[second-1]]"，and Value of variable millisecond equal to　"99"
Move Panel(s)	Move setTime by (0,0)
动作条件	
Else if true	
动作类型	**动作详情**
Wait Time(ms)	Wait 10ms
Set Variable/Widget value(s)	Set value of variable milisecond equal to　"[[milisecond-1]]"
Move Panel(s)	Move setTime by (0,0)

　　注意，我们在 OnPanelStateChange 当中，并没有像上一节的 timer 一样，在每个动作的最后，根据 timer 当前的状态情况来改变 timer 的状态。我们来解释一下发生了什么。

　　Hour、minute、second 和 milisecond 是我们在 Axure PR 中创建的四个变量，分别用来记录当前倒计时所剩下的小时、分钟、秒和百分秒。

　　当 hour、minute、second 和 milisecond 都为"0"的时候，肯定就是时间已经好耗尽了，也就是倒计时结束了。

这个时候呢，我们就把页面跳转到 Page 1，然后我们在这里告诉用户倒计时结束了。当然，我们也可以做其他的事情。比如提示用户、弹出窗口、显示动态面板，等等。

然后，当 hour 不等于 "0"，而 minute、second 和 milisecond 为 "0" 的时候，就是类似 23：00：00 00 出现的时候，这个时候呢，我们先让程序等待 10 毫秒，因为我们是以 10 毫秒为一个周期来进行倒计时的（也就是百分之一秒）。接下来我们要把 hour 减 1。然后，我们要把 minute 恢复为 "59"，second 恢复为 "59"，milisecond 为 "99"，也就是说，新的一个小时的循环开始了。处理完变量后，我们调用 Move setTime 动态面板的动作。在这个动作中，我们会更新页面显示。但是大家注意，我们在 Move Panel(s) 动作中的参数是 Move setTime by (0,0)，因为 X 和 Y 方向上都是 0，所以我们其实上没有移动这个面板，而只是通过这种方式，调用了 setTime 动态面板的 OnMove 事件而已（即使没有真实的物理移动，OnMove 事件也会被调用。我们把这个办法称为 "虚拟移动"）。我们在 setTime 的 OnMove 事件中添加了很多额外的动作。用 Move setTime by (0,0) 这个方法，就好像调用了一个函数一样。

然后，当 hour 不等于 "0"，minute 不等于 "0"，而 second 和 milisecond 为 "0" 的时候，也就是类似 23：30：00 00 出现的时候，等待 10 毫秒后，我们要把 minute 减 1，然后把 second 设置为 "59"，miliseccond 恢复为 "99"。新的一分钟的循环开始了。

接着，当 hour 不等于 "0"，minute 不等于 "0"，second 不等于 "0"，而 milisecond 等于 "0" 的时候，这个时候是类似 23：30：15：00，这个时候我们要把 second 减 1，然后把 milisecond 再次设置为 "99"。新的一秒钟循环开始了。

如果以上所有的变量都不等于 "0"，那么现在的时间一定是类似 23：23：45 67 这样的时间。这个时候，在等待 10 毫秒后，我们把 milisecond 减 1 就好了。

步骤 3 OnMove 函数

在每种情况下，我们在最后都调用了 Move setTime by (0, 0) 这个动作。那么接下来我们看看 setTime 动态面板的 OnMove 事件是什么样子的，如下表所示。

Label 部件名称	setTime
部件类型	Dynamic Panel
动作类型	OnMove
所属页面	Home
所属面板	无
所属面板状态	无
动作条件	
If state of panel timer equals State1	
动作类型	动作详情
Set Variable/Widget value(s)	Set text on widget textHour equal to "[[hour]]"，and Text on widget textMinute equal to "[[minute]]"，and Text on widget textSecond equal to "[[second]]"，and Text on widget textMilisecond equal to "[[millisecond]]"
Set Panel state(s) to State(s)	Set timer state to State2
动作条件	
Else if true	
动作类型	动作详情
Set Variable/Widget value(s)	Set text on widget textHour equal to "[[hour]]"，and Text on widget textMinute equal to "[[minute]]"，and Text on widget textSecond equal to "[[second]]"，and Text on widget textMilisecond equal to "[[millisecond]]"
Set Panel state(s) to State(s)	Set timer state to State1

在这个事件中，我们将页面中的几个 Label 的显示内容根据几个变量进行更新。然后将 timer 的状态进行更替，以让 timer 的 OnPanelStateChange 事件继续下去。

步骤 4 初始化变量

最后，我们要在 Home 页面的 OnPageLoad 事件中初始化一些值，并且启动 timer，如下表所示。

Label 部件名称	setTime
部件类型	Dynamic Panel
动作类型	OnMove
所属页面	Home
所属面板	无
所属面板状态	无
动作类型	动作详情
Set Variable/Widget value(s)	Set value of variable hour equal to "23", and Value of variable minute equal to "59", and Value of variable second equal to "59", and Value of variable millisecond equal to "99
Set Panel state(s) to State(s)	Set timer state to State2

好了，现在我们生成项目后在浏览器中查看一下，我们的 timer 已经可以飞速地运转起来了，如下图所示。

23:53:56 18

总结

本节没有复杂的技术，只是使用了几个变量。倒计时是一种很常用的功能。如果大家的倒计时事件不是一天，而是 3 天什么的，只需要更改变量的初始值就可以了。

本节所用的素材请在素材库的相关路径获得。

案例11——制作PPT提案

总步骤：7 难易度：难

1.效果页面描述

Powerpoint 已经是所有上班族脱离不开的一个提案工具了。有时候，虽然我们很烦，但是也会发现我们根本离不开 PPT。老板们说的最多的就是：给我发个 PPT 吧。合作伙伴们呢，基本上电话里面说的再清楚，最后也会来一句"你今天把方案发到我的邮箱吧"。基本上呢，很少有人会直接拿 Powerpoint 里面默认的模板去做 PPT 的，那样会被认为没有好好地做准备。而做一个体面的，合适的，内容的丰富的 PPT，一般至少要花上 3～4 天。所以我们经常遇到的就是，本来已经有了一个十几分钟就能够说清楚的好注意，好方案，为了沟通需要，往往要花上一个星期做方案，然后好不容易把人凑齐了进行提案，然后修改。终于有了一个定稿之后，要发给所有人。接下来就会发生 PPT 大爆炸：

1..ppt 文件还是 .pptx 文件？客户的 office 版本还是 office xp 呢？或者，客户也不知道自己的 Office 是什么版本。

2.PPT 文件已经超过 20M 了，公司邮箱的最大附件是 15M。压缩也搞不定啊。用 QQ 传吧。可是 QQ 传过的文件在邮件中没有记录，不利于以后的查找。而且，客户不用 QQ。

3.Mr A 接收到了你发的 PPT 文件了，他发现其中有个地方需要修改。你修改了，但是你只发给了 Mr A。

4.Mr A 在自己的使用过程中，根据自己的需要更新了一些你原来 PPT 中的内容，但是并没有反馈给你。然后他又把他修改过后的 PPT 发给了 Mr AA，MrAB，Mis AC，等等。也许他突然想起来发给你了，你接收了这个文件，然后你命名为 "xxxxx2.pptx"，或者 "xxxxx 最新 .pptx"。

于是，一段时间之后，你就会发现不但你自己的硬盘上有某个文档的 N 多个版本，而且所有跟你有工作关系的，跟这个项目有关的人手里也有无数的版本。大家的版本都叫 "xxxx 最新" 或者 "xxxx 最最新" …… 疯了。

最差劲的是，因为你是最初的作者，所以经常有人打电话来要你针对某个客户或某个进展再修改一版给他。于是你莫名其妙地成为了所有人的 PPT 秘书。

这也许不都是 PPT 的过错。不过我真的怀念人们直接沟通的日子，难道没有 PPT 我们的脑子就不能理解问题了？还是我们就不会说话了呢？

抱怨归抱怨，生活还是要继续，明天 9 点还是要上班。在本节中，我将告诉大家如何使用 Axure RP 制作与 PPT 一样的提案。如果你的合作伙伴可以上网的话，你要发给他们的仅仅是一个 URL 而已。而且你可以随时更改内容，保证版本的最新。

在 Axure RP 中，你可以像设计网页一样地设计 PPT，把你的 PPT 想象成是一个有很多页面的网站就可以了。基本上所有我们在 PowerPoint 中能够实现的特效，动画和排版，我们在 Axure RP 中都可以实现。

结束发 PPT 的噩梦吧！（对不起我抱怨了……要平和，心灵鸡汤，生命没什么不能轻，淡定的人生不工作……）

2.效果页面分析

我们要做一个宽高比为 16：10 的 PPT，也就是宽度和高度是 W1280：H800 的 PPT。然后，因为最终这个演示是要在浏览器中查看的，对于大多数的浏览器来说，也都是支持全屏演示的（比如 IE 是 F11，而且全屏演示并非是 PowerPoint 最有价值的地方，你完全可以不用全屏演示），所以不用担心。而且大部分时候，不用全屏就可以看到所有的内容，也没有版本的限制。

步骤 1 制作背景

我们首先创建一个背景。这个背景类似我们在 PowerPoint 中使用的模板。大家知道，如果你在 PowerPoint 中使用了模板，那么无论你的 PPT 有多少页，每页的背景，布局和字体是非常类似的。同样你也可以把公司的 Logo 放在模板中，出现在每个页面中。

我们拖曳一个矩形部件到页面中，属性如下表所示。

名 称	部件种类	坐 标	尺 寸
无	Rectangle	X0：Y0	W1280：H800

这就是我们要使用的背景部件。为了使这个背景显得不那么干涩，我们为它添加一个渐变的填充颜色。为此，我们单击背景色按钮，在弹出的窗口中，选择 "Linear Gradient" 【线性渐变】，然后在渐变的示例条上，把两端的两个节点颜色设置为黑色，中间的两个节点的颜色设置为 #666666。在渐变角度里面，我们输入 90，证明这是一个垂直方向的渐变。如果是 0 的话，那么就是一个水平方向的渐变。整个设置如下图所示。

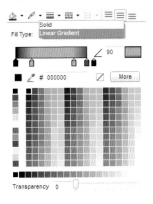

然后这个时候的背景如下图所示。

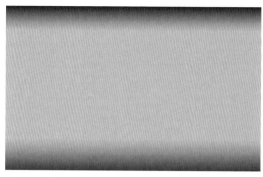

不过，在这个例子当中，我们还是回归到纯黑色的背景。大家知道我们同样可以制作与 PowerPoint 类似的渐变背景就可以了。

我们把 Home 页面的名称修改为 Page 1。

步骤 2　将背景制作为主部件【Masters】

这就是我们的第一页。然后，我们右键单击黑色的背景，选择 "Convert to Master"，然后在弹出的窗口中把这个新的 Master 命名为 "Background"。这个时候，我们发现整个背景从纯黑色变成了一个淡红色蒙板的效果。这种淡红色说明当前的部件是一个 Master，如下图所示。

我们可以为一个主部件添加多个副本，在不同的页面中使用。只要从页面左下方的 Masters 区域中拖曳相应的主部件就可以了。当我们需要修改的时候，只要修改了主部件，那么所有的副本都会自动地同步更新。我们在 Axure RP 窗口的左下角的 Masters 区域可以看到我们刚才创建的这个叫作 background 的主部件，如下图。

我们在 Masters 区域双击 background，就会在编辑页面下打开。这个时候我们就是在编辑这个 Master。一旦这个主部件被编辑了，那么所有的副本都会被更新。

步骤 3　制作第一张幻灯片

然后，我们在页面中添加一个 Label 部件，属性如下表所示。

名　称	部件种类	坐　标	尺　寸	字　体	字体大小	字体颜色
无	Label	X560：Y560	W720：H176	Candara	72	#FFFFFF

内容为 "In Memory of Steve Jobs"。大家已经可以看出来了，我们要做一个纪念乔布斯的简单的 PPT。

然后，我们把本节文件夹中的 1.jpg 添加到页面中。尺寸调整为 W937：H690，坐标为 X23：Y30。然后，我们生成项目，在浏览器中，看到的是这样的效果，如下图所示。

步骤4　Raise Event 事件

接着，我们需要的效果是，无论用户单击这个页面哪个部分，都要跳转到第二张幻灯片去。这个看似容易的功能，其实我们要利用一个 Axure RP 的高级功能叫作 Raise Event 来实现。这是为什么呢？因为每张幻灯片的背景都是同一个主部件的副本。所以呢，如果我们按照以前的方式，给主部件添加一个 OnClick 事件，让它跳转到第二张幻灯片的话，那么单击所有的副本都会跳转到第二张幻灯片。而我们需要的效果是，单击第一张幻灯片跳转到第二张幻灯片，单击第二张幻灯片跳转到第三张幻灯片，单击第三张跳转到第四张……也就是说，虽然都是一个 Master 的副本，但是每个副本被单击后的行为不同。这正是 Raise Event 被发明出来的原因。大家不必惊慌，其实这个功能很容易实现。

我们先双击 Masters 区域的 background 主部件，开始编辑它。在编辑窗口中，我们选中黑色的矩形部件，然后为它添加如下的事件。

Label 部件名称	background
部件类型	Master
动作类型	OnClick
所属页面	无
所属面板	无
所属面板状态	无
动作类型	**动作详情**
Raise Event	Raise nextSlide

具体操作如下图所示。

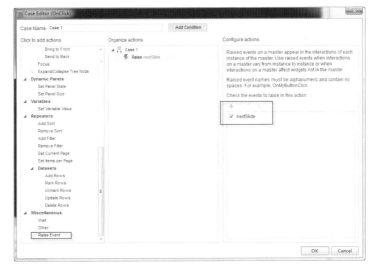

添加完成后，我们回到 Page 1 中。单击背景图片，这个时候我们发现在事件区域，已经出现了我们添加的 nextSlide 事件，如下图所示。

	Widget Name and Interactions
background **Name**	

Add Case... Edit Case... Delete Case

nextSlide

然后我们双击，开始添加 nextSlide 事件。我们添加的事件如下。

Label 部件名称	无
部件类型	Master
动作类型	nextSlide
所属页面	Page1
所属面板	无
所属面板状态	无
动作类型	**动作详情**
Open Link in Current Window	Open Page2 in Current Window

可以看到，我们就像使用和 OnClick、OnMouseEnter 一样的方式使用 nextSlide 事件。但是，nextSlide 事件只能被拥有 Raise Event 的主部件的副本所调用。在其他的部件上面，我们是无法看到这个事件的。此外，主部件可以拥有多个 Raise Event 事件，然后每个副本可以去根据自身的情况来有选择地进行实现。通过 Raise Event，我们可以让同一个 Master 的多个副本在使用同一个事件的时候，做不同的事情。比如我们在这个例子当中实现的，当前页面是 Page1 的时候，nextSlide 事件就打开 Page2；当当前页面是 Page2 的时候，nextSlide 事件就打开 Page3。

步骤 5　其他幻灯片

在这里我们处理 Page2。仍然是一张图片配一句话。首先，将图片 2.jpg 添加到页面中，尺寸为 W1072：H670，坐标为 X185：Y40。然后，在页面中添加一个 Label 部件，Label 的属性如下。

名　称	部件种类	坐　标	尺　寸	字　体	字体大小	字体颜色
无	Label	X510：Y538	W700：H132	Candara	36	#FFFFFF

内 容 为 "Because the people who are crazy enough to think that they can change the world, are the ones who do."

完成之后是这个样子的，如下图所示。

我们仍然像处理 Page1 一样地添加所有的事件。不过这次 Page2 中背景的 nextSlide 事件变成了如下的内容。

Label 部件名称	无
部件类型	Master
动作类型	nextSlide
所属页面	Page2
所属面板	无

所属面板状态	无
动作类型	动作详情
Open Link in Current Window	Open Page3 in Current Window

我们在 Page 3 中拖曳一个 Table 部件，用以显示苹果公司最近一段时间的 iPhone、iPad 和 iMac 的销售情况。在 Axure RP 中使用 Table 很容易，与在 PowerPoint 中的方法非常类似。但是，如果我们给 Table 添加 OnClick 事件的话，需要给每个单元格都添加。这样非常麻烦，所以通常我们选择用一个 Image Map 覆盖住 Table 的方式来触发事件，在事件中，当然是打开下一张幻灯片。当然，就这个页面而言，我们可以用一个 Image Map 覆盖住整个页面。

在 Page 4 中，我们添加一个图片淡入的动画效果。为此，我们拖曳一个动态面板部件到页面中，属性如下。

名　称	部件种类	坐　标	尺　寸
无	Dynamic Panel	X90：Y50	W1024：H682

然后，我们在它的 State1 中，把 4.jpg 添加进来，尺寸调整为 W1024：H682，坐标为 X0：Y0。接着，我们把这个动态面板设置为隐藏。

在 Page 4 的 OnPageLoad 事件中，添加下表所示的内容。

Label 部件名称	Page 4
部件类型	Page
动作类型	OnPageLoad
所属页面	Page4
所属面板	无
所属面板状态	无
动作类型	动作详情
Show Panel(s)	Show 4 fade 4000ms

当 Page4 加载的时候，我们可以看到 4.jpg 缓慢从在页面中淡出。

在 Page 5 中，我们让文字从页面下方浮上来。为此，我们先将 5.jpg 添加到页面中，尺寸为 W1280：H771，坐标为 X0v：Y0。然后我们添加一个动态面板部件，命名为 title，尺寸为 W1280：H150，坐标为 X0：Y800。所以在开始的时候，title 是位于显示区域的外面的。我们双击 title 的 State1，在其中添加文本部件，属性如下。

名　称	部件种类	坐　标	尺　寸	字　体	字体大小	字体颜色
无	Label	X138：Y41	W1020：H59	Candara	48	#FFFFFF

部件内容为 "They explore. They create. They inspire." 当 title 在白色背景上的时候，大家就看不到文字，但是当 title 出现在幻灯片上的时候，大家就可以看到文字了。

然后为 Page 5 添加如下的事件。

Label 部件名称	Page 5
部件类型	Page
动作类型	OnPageLoad
所属页面	Page4
所属面板	无
所属面板状态	无
动作类型	动作详情
Move Panel(s)	Move title to (0,470) linear 1500ms

最后，在 Page 6 里面，我们教大家如何嵌入视频，这样在演示的时候，可以为用户提供多媒体的效果。

首先，我们要获得我们需要嵌入的视频的 Flash 地址。如果我们是自己制作的其他格式的视频，那么我们需要先把它上传到优酷网，然后在页面上，我们可以获得它的 Flash 地址。比如如下这个视频。

http://v.youku.com/v_show/id_XNzgwNzA1MjA4.html?from=y1.2-1-105.3.1-2.1-1-1-0

我们在页面上单击播放窗口下面的"分享给好友"按钮，如下图所示。

然后，在展开的区域中，复制 Flash 地址到剪贴板上备用，如下图所示。

　　然后，我们回到 Page 6 中，拖曳一个 Inline Frame 部件到页面中，尺寸为 W1070 ：H670，坐标为 X100 ： Y60。右键单击这个部件，选择 "Scrollbars Never Show Scrollbars"，将部件设置为无边框。然后右键再次单击 Toggle Border，这样部件也就没有明显的边框了，能够跟背景很好地融合在一起。最后，选择 Frame Target，将刚才的地址粘贴到如下图所示位置。

　　单击 "OK" 后，我们的 Page 6 就制作好了，在浏览器中看，是下图所示的效果。

　　用户单击播放按钮后就可以观看了。

　　值得注意的是，除了 Safari 浏览器外，在其他浏览器中 Flash 部件都会自动地被置于页面的最上方，没有任何其他的部件可以覆盖住 Flash。所以呢，我们就不能用 Image Map 部件来进行切换下一页的操作。比较好的办法就是给用户一个明显的指示，比如添加一个 "下一页" 的标志在播放 Flash 的页面上，这样用户在观看完后，可以比较清楚地切换到下一页去。

步骤6 将项目放在公司网站上

我们在此就不再制作更多的页面了，其他页面的添加是很类似的。全部完成后，我们可以将整个页面的目录打包后交给公司的工程师们，让他们帮我们放在公司的对外商务合作的页面上去。比如，如果公司的域名是 http://www.goodcompany.com/，那么我们可以把这些提案，案例放置到 http://www.goodcompany.com/bd/someproject.html 下面，然后把 URL 发给客户。当然如果这样做的话，所有人都有可能会看到这个页面。如果我们需要一般的隐私性，比如只想让接收到 URL 的用户有资格查看，而其他用户看不到，那么我们将会在步骤7中介绍一个简单的基于注册登录的方式来保护这个提案的内容。如果需要较高的隐私性，那么建议大家还是通过其他的方式，比如通过 E-mail 发送整个 Axure RP 项目的方式，而不是放在公开网站上的方式来发送案例。

当然，在 Axure RP 7 中，我们有更好的方式。在项目中直接单击 "Publish"，如下图所示。

然后在弹出的菜单中选择 "Publish to Axure Share"，如下图所示。

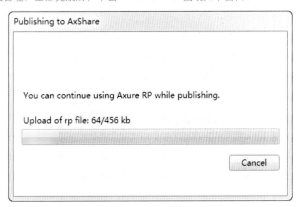

Axure Share 相当于 Axure 公司为用户提供的一个免费的发布网站的空间。

在弹出的窗口中，我们需要输入一个 Axure Share 的账号。如果没有，可以单击 "Create Account" 创建一个。只需要一个 E-mail 地址和密码就可以了。有了账号之后，在下面可以选择是创建一个新的项目，还是更新一个旧的项目。我们是第一次将这个项目上传到 Axure Share，所以我们选择 Create a new project。如果之后我们要修改这个项目，就选择 Replace an exiting project 就可以了。我们还可以填入一个密码来让项目保密。我们也可以选择把这个原型发布到某个指定的目录来加强管理。全部完成后，单击 "Publish"。出现如下窗口。

可以看到 Axure 正在上传项目。完成后我们看到如下对话框。

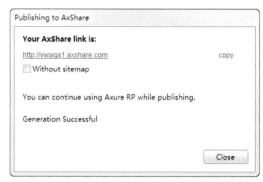

证明现在项目已经生成好了，访问 http://vwaqa1.axshare.com 这个链接就可以看到这个项目了。如果我们在演示的时候不需要左侧的网站地图部分，就可以选中 "Without Sitemap" 前面的复选框，这个时候 URL 就会加上一个参数，变成如下所示。

http://vwaqa1.axshare.com/#c=2

在浏览器中打开如上 URL 会看到下图所示的页面。

步骤 7　简单的加密

在这里我们介绍一个简单的加密提案内容的方式。首先，我们添加一个新的页面，叫作 Login。让它出现在所有页面的上方。我们仍然为这个页面添加 background 背景。

接着我们构建一个登录页面，如下图所示。使用 Label 和 Text Field 部件即可。我们将内容为 "用户名" 的那个 Label 命名为 username，把文本内容为 "密码" 的那个 Label 命名为 password。另外，在登录按钮的下方还有一个目前没有任何内容的 errorMsg 部件，以蓝色的边框标示。

对于要输入密码的第二个 Text Field 部件，我们右键单击，选择 "Input Type" → "Password"，这样，用户输入的文本就会被黑点替代。

假设我们预先设定并且在邮件中发给收件人的用户名为 genius，密码为 ohmygod。记住，这个用户名和密码一定要发给对方哦，不然就出乌龙啦。

然后，我们为 "登录" 按钮添加如下的 OnClick 事件。

Label 部件名称	Login
部件类型	Button
动作类型	OnClick
所属页面	Login
所属面板	无
所属面板状态	无
动作条件	
If text on widget username equls "genius" And text on widget password equals "ohmygod"	
动作类型	动作详情
Set Variable/Widget value(s)	Set value of variable authorized equal to "yes"
Open Link in Current Window	Open Page 1 in Current Window
动作条件	
Else if True	
动作类型	动作详情
Set Variable/Widget value(s)	Set text on widget errorMsg equal to "用户名或者密码有错误！"
Set Variable/Widget value(s)	Set value of variable authorized equal to "no"

这里发生了什么事情呢？很容易理解。如果用户输入的用户名和密码是 genius 和 ohmygod，那么我们就把一个叫作 authorized 的变量设置为 yes，证明验证通过了，然后这个时候我们就让页面跳转到 Page1，开始浏览 PPT 中的内容。如果不是这个用户名和密码，那么就把 authorized 变量的值设置为 no，然后提示用户输入有误。

然后，我们要为每个页面添加如下的 OnPageLoad 事件。

Label 部件名称	Login
部件类型	Button
动作类型	OnClick
所属页面	Login
所属面板	无
所属面板状态	无
动作条件	
If value of variable authorized equals "yes"	
动作类型	动作详情
什么也不做	什么也不做
动作条件	
Else if True	
动作类型	动作详情
Open Link in Current Window	Open Login in Current Window

对任何一个页面来说，如果用户没有成功登录，也就是说 authorized 变量的值为 no，那么就跳转到 Login 页面去，而不能浏览当前的页面。这也就防止了用户在没有输入正确的用户名和密码的情况下浏览幻灯片。如果没有输入正确的用户名和密码，那么就总是只能看到 Login 页面。

然后我们为 Login 页面添加如下的 OnPageLoad 事件。

Label 部件名称	Login
部件类型	Page
动作类型	OnPageLoad
所属页面	Login
所属面板	无
所属面板状态	无
动作类型	动作详情
Set Variable/Widget value(s)	Set value of variable authorized equal to "no"
Set variable/Widget value(s)	Set text on widget errorMsg equal to ""

然后，我们运行项目。就会发现，如果我们不输入正确的用户名和密码，就无法继续浏览下面的幻灯片。

注意，这只是一个很粗糙的加密的方式。只能起到简单的加密作用。其实不能算加密。只是能让不想看的人看起来的成本稍微高一些而已。所以，不要用这种方法去加密真正有秘密的文档哦。

此种方式也可以用来制作那些需要登录后才能浏览的页面。

总结

用 Axure RP 制作 PPT，看起来有些不一样，其实很方便。尤其当你的提案是要帮助对方创建一个网站或者活动页面时。这对于现代的营销的很多案例都非常适合。因为现在的很多市场推广方案都离不开一个根据促销或者推广案例而创建的一个网站。那么用 Axure RP，把广告案例的页面和提案结合起来，相信我，你会在竞争中脱颖而出的。

本节所用的素材请在素材库的相关路径获得。

案例12——用Axure RP实现动画

总步骤：2 难易度：易

页面地址：www.tmall.com

1. 效果页面描述

我们打开天猫首页，就可以看到"天猫"最为醒目的缩放式幻灯效果。幻灯的图片会随着时间自动的变大，有一个渐进的效果，如下图所示。

这样可以提升整个页面的品牌效果，是对商品的一种强调。

2. 效果页面分析

Axure RP 里面并没有什么与动画相关的效果或者动作，我们只能想别的办法。一个可以想到的但是也比较"笨"的方法就是我们将一系列不同尺寸的同一张图片，放到同一个动态面板部件的不同状态中去，然后按照 50 毫秒的间隔切换这些状态。对，就像放电影胶片一样。只要我们切换得足够快，人眼就不会发觉时间间隔。而且因为每张图片是不断变大的，所以就好像出现了图片在放大的效果。

我们就不制作天猫首页的其他元素了，直接针对图片进行处理。

步骤1 准备动态面板和素材

我们拖曳一个动态面板部件到页面中，属性如下。

名 称	部件种类	坐 标	尺 寸
dpSlide	Dynamic Panel	X100：Y100	W810：H480

然后，我们为这个动态面板添加 14 个状态。分别是 State1—State14，然后我们双击 State1，先添加如下一个矩形部件作为背景。

名　称	部件种类	坐　标	尺　寸
无	Rectangle	X0：Y0	W810：H480

这个矩形部件就是一个背景，之后我们会利用它作为一个对齐的标杆。

然后我们将如右图片拖曳到页面中。

该图片的尺寸为 W810：H480。大家可以在本节的素材库中找到这张图片。我们把这个图片放置在 X0：Y0 的位置。

然后我们将 State1 中的图片和矩形背景全部复制，粘贴到 State2 中。在 State2 中，我们首先选中图片，将它的尺寸修改为 W816：H484。大家可以看到，我们让图片在宽度方向上增加了 6 个像素。这就是我们的计划，我们要让在每个接下来的 State 中，图片都在宽度方向上增加 6 个像素。这样我们在接下来制作动画效果的时候，就能够看到一个匀速的图片拉近。

有时候大家会发现很难将图片拉伸到一个确定的尺寸。所以，我们选中图片，同时按住 Shift 键（这样能够保证在我们拖曳的时候，图片是等比例变化的，不会扭曲），然后在拖曳的过程中，再按住 Alt 键，我们就可以一个像素一个像素地修改图片的尺寸了。等到宽度变成 816 像素后，我们就停止。

然后，我们先选中背景矩形，再选中图片，之后分别单击工具栏上的如下按钮。

这样，因为矩形是始终位于 X0：Y0 的位置的，而图片的尺寸在一直发生变化。当我们单击这两个按钮后，就可以将图片和矩形在垂直和水平方向进行居中对齐。大家会发现对齐后，图片的坐标变成了 X-3：Y-2。

我们这么做的目的，就是当图片变大后，我们还让它在中心点上与 State1 中的图片对齐。这样最终出来的效果，是我们能够看到图片以其中心点进行了放大，而不是以左上角进行了放大。

然后，我们同样地处理 State3，在 State3 中，图片的尺寸继续变大，尺寸变成了 W822：H488，坐标变成了 X-6：Y-4。

我们一直如此处理，直到在 State14 中，图片尺寸变为 W888：H530，坐标变为 X-39：Y-25。

步骤 2　准备动画

动画其实就是将一组彼此之间有稍微变化的静态图片快速切换而形成的。所以呢，具体到这个例子，我们就是要快速切换动态面板 dpSlide 的状态。所以，我们回到 Home 页面，对 dpSlide 添加如下的 OnClick 事件。

    ▲ ▶ OnClick
        ▲ 🔳 Case 1
            🔆 Wait 100 ms
            🔆 Set (Dynamic Panel) to State2
    ▲ ▶ OnPanelStateChange
        ▲ 🔳 Case 1
            (If state of This does not equal State14)
            🔆 Wait 100 ms
            🔆 Set (Dynamic Panel) to Next wrap
        ▲ 🔳 Case 2
            (Else If True)
            🔆 Wait 100 ms
            🔆 Set (Dynamic Panel) to State1

我们来解释一下。当用户单击 dpSlide 的时候，我们先等待 100 毫秒，这个等待是为了给在不同的 State 之间的切换设定统一的间隔从而形成均匀的动画效果。然后，我们将动态面板的状态从 State1 变化为 State2。这个时候，我们就触发了另外一个事件 OnPanelStateChange。

之后，我们在 OnPanelStateChange 中，首先做出判断，看当前的动态面板的状态是否为 State14，如果不是，那么我们就继续动画，因为还没有到最后一帧。如果是，那么证明动画已经播放到了最后一帧，这个时候我们就将动态面板重新制定到 State1，让动画重新开始。

我们运行原型，在浏览器中测试，可以看到动画已经开始了。只是运行得比天猫的快了一点儿。大家可以通过添加更多的帧，或将间隔调整得更小，来调整动画效果。

总结

我们使用动态面板实现了一个简单的动画效果，虽然方法比较笨，但是早年的迪斯尼动画也是这么实现的。如果有个丧心病狂的设计师，那么完全可以用 Axure 实现一个很牛的动画。至少，实现一个 GIF 动画的效果是完全没有问题的。

案例13——Elastica 网站的浮出模块

总步骤：3 难易度：中
页面地址：http://www.elastica.net/

1.效果页面描述

我们要制作的，是 Elastica 网站的浮出模块，如下图所示。

当鼠标悬停的时候，模块会变成如下所示。

我们可以看到，最左侧的被鼠标悬停的模块向上浮动了起来，然后边框也出现了阴影。

2.效果页面分析

我们先把浮出模块想象为一个动态面板。在鼠标悬停的时候，这个面板有一个向上的移动，然后边框出现了阴影。我们把这个过程分成两步骤：第一步是把一个动态面板向上移动一段距离，这个我们已经多次遇到了。第二步是添加边框阴影。我们并没有一个这样的事件。但是，我们可以在这个步骤中，将动态面板的状态切换到一个边框有阴影的状态。

步骤 1　制作动态面板

我们向页面中拖曳一个动态面板部件，命名为 dpWindow1，坐标为 X0：Y0，尺寸为 W548：H490。然后双击它，开始编辑 State1。

在 State1 中，我们拖曳一个矩形部件到页面中，属性如下。

名 称	部件种类	坐 标	尺 寸
无	Rectangle	X50 : Y50	W448 : H372

然后我们把它的边框色和填充色都设置成白色。所以，你完全看不见它。接下来我们要做的事情更加离奇。我们将这个矩形部件复制一个，放置在同样的位置。但是置于前一个矩形的正下方。然后，我们选中这个矩形，将它命名为rectShadow 并且将它的边框色和填充色都设置为 #999999。然后在窗口的右下角，我们查看部件属性和样式面板。如果这个面板没有被打开，我们可以在菜单栏中选择 "View"，然后在弹出的菜单中选择 "Panes"，再在弹出的子菜单中选择 "Widget Properties and Style"，就可以将这个面板显示出来了，如下图所示。

在这个面板中，我们在 Corner Radius 中输入 14。这个值会将矩形变成圆角矩形，圆角的半径就是这里设定的值。然后单击如下图所示的图标，并按照图片中的值设置阴影。

在这里，我们设置了 "Outer Shadow"，也就是向外发出的阴影。我们把偏移度设置为 0，所以这个阴影就会直接从矩形上发出。Blur 是用来设置阴影的模糊程度的。值越大阴影越大越模糊。我们在这里设置为 60。完成后，界面看起来是这个样子的，如下图所示。

是不是很像浮出来的模块背景？

接下来，我们在白色矩形上面，添加如下的图片和文字。添加完成后，界面看起来是这样的。

最后，我们要先把阴影隐藏起来。所以我们选中 rectShadow, 然后右键单击选择 "Set Hidden"。
现在界面看起来是这样的，如下图所示。

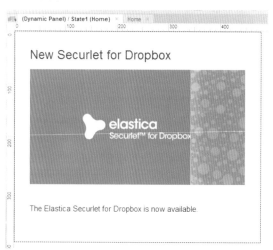

步骤 2　让动态面板动起来

我们回到 Home 页面，选中 dpWindow1 动态面板，然后将它的坐标修改为 X30 ：Y30，因为我们要为阴影的出现留出空间。然后，我们为 dpWindow1 添加如下的 OnMouseEnter 事件。

我们在鼠标悬停的时候，将 dpWindow1 向上移动 10 个像素，这个移动在 200 毫秒的时间内完成。然后同时，我

们将阴影显示出来。然后当鼠标结束悬停的时候，我们将 dpWindow1 向下移动回原位，然后同时将阴影隐藏。

步骤 3　制作其他两个橱窗

然后我们制作其他两个橱窗。我们将 dpWindow1 复制两个，分别命名为 dpWindow2，dpWindow3，并分别置于 X450 ： Y0，X900 ： Y0 的位置，完成后如下图所示。

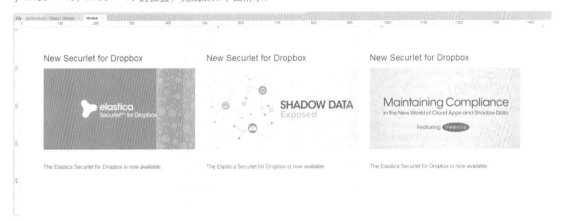

然后，我们需要对事件做一下修改。修改的原因是，我们不希望在 dpWindow1 被鼠标悬停的时候，它的阴影被 dpWindow2 挡住，如下图所示。

所以，我们要在鼠标悬停的时候，把 dpWindow1 在 Z 轴上的位置也进行一下调整。调整完后 dpWindow1 的 OnMouseEnter 和 OnMouseOut 事件如下所示。

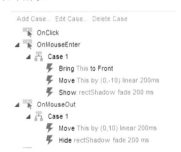

我们加了一个 "Bring This to Front" 事件。这个事件可以在 Z 轴上，将动态面板移动到最前面。

运行原型，已经跟原始网站呈现一样的效果了。

总结

我们使用矩形部件，制作出了阴影的效果。然后将阴影作为强调橱窗的一个效果，来引起用户对于橱窗内容的关注。

案例14——制作iPhone 6 Plus微信交互效果

总步骤：5 难易度：难

1.效果页面描述

随着 iPhone 6 的销售日益火爆，开发 iPhone 6 应用的公司也越来越多。移动互联网更是炙手可热。所以，在本节中，我们教大家如何使用 Axure RP 制作 iPhone 6 App 应用的高保真模型。我们选择的案例当然是同样炙手可热的微信。我们将在本节中告诉大家如何制作一个微信聊天界面的高保真原型，如下图所示。

2.效果页面分析

大家可以看到我们要制作的是一个列表。而且我们最终的目的是使这个列表可以像在 iPhone 上一样地可以进行滑动拖动。我们可以将整个列表制作成一个动态面板，然后使用 OnDrag 事件来拖动这个动态面板。但是我们仍然要处理一下顶部导航栏和底部的导航栏，因为它们都不随拖曳而移动。

步骤 1 搭建 iPhone 6 Plus 的背景

首先，我们将一张 iPhone 6 Plus.jpg 的图片拖曳到 Home 页面中。大家可以在本节的素材库中找到这张图片，如下图所示。

我们把它放在 X50 ∶ Y50 的位置，其尺寸为 W430 ∶ H878。

然后，我们在真正的 iPhone 6 Plus 手机上打开微信的聊天界面，同时按住 Home 键和电源键进行截图。截图后，运行 Photos 的应用，将已经截好的图片保存到电脑上。然后将图片拖曳到 Home 页面中，如下图所示。

我们将这张图片的尺寸调整为 W360 ∶ H640，位置位于 X85 ∶ Y163。这样，这张图片就刚好覆盖住了 iPhone 6 Plus 中间的屏幕部分，如下图所示。

我们并不需要中间的这一整张图片，我们需要的只是电池栏和底部的微信导航，其他的部分我们都要自行制作。为此，我们选中中间的聊天图片，然后右键单击，在弹出的菜单中选择"Slice Image"，之后，我们看到鼠标变成了一个十字装的切刀，我们把切刀移动到顶部电源栏的部分，进行切割，如下图所示。

切割后，我们发现电池栏被我们单独切割下来了，与原先的背景图片分开了，如下图所示。

然后，用同样的方式，我们把底部的微信导航栏也切割下来，如下图所示。

这样，原先的一张图片，被我们分割成了三个部分。我们选中中间的部分，将它删除。删除后，界面看起来是这样的，如下图所示。

图片中间露了一块儿。

步骤 2　制作头部导航栏和搜索框

接下来的一步我们制作微信的头部导航栏，就是那个显示着"微信"还有一个白色的"加号"的部分。我们拖曳一个矩形部件到页面中，属性如下。

名　称	部件种类	坐　标	尺　寸
无	Rectangle	X85：Y185	W360：H50

在填充设置中，我们选中该矩形，然后选择入下的填充按钮。

接着会弹出如下的窗口。

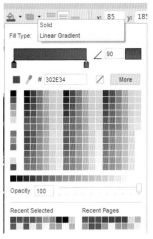

我们在 Fill Type 下拉列表中选择"Linear Gradient"线性渐变。然后为左侧的填充颜色选择 #302E34，为右侧的填充颜色选择 #434344，为边框颜色选择 #2F2E34。这样，我们就制作了一个渐变填充的矩形部件，如下图所示。

　　然后我们双击这个矩形部件，填写文字"微信"，字体颜色为白色，字体为 Arial，字体大小为 18。

　　接着我们制作这个"加号"。制作的方式很简单，这个"加号"是用一个 Horizontal Line 和一个 Vertical Line 交叉在一起制作而成的，如下图所示。

　　现在的界面如下图所示。

步骤 3　添加滚动的动态面板

我们添加如下的动态面板到界面中。

名　称	部件种类	坐　标	尺　寸
dpContainer	Dynamic Panel	X85 ： Y235	W360 ： H512

双击该动态面板，之后我们开始编辑 dpContainer 的 State1。在 State1 中，我们拖曳第二个动态面板，属性如下。

名　称	部件种类	坐　标	尺　寸
dpSlide	Dynamic Panel	X0 ： Y0	W360 ： H1145

双击 dpSlide，我们开始编辑它的 State1。首先添加一个背景和边框全是白色的矩形部件，该矩形部件与 dpSlide 的尺寸一样大，用作背景。

dpSlide 就是我们能够拖动的微信的聊天列表部分。这个部分的最上方是一个搜索框，所以我们接下来制作这个搜索框部分。

我们再拖曳一个矩形部件到页面中，属性如下。

名　称	部件种类	坐　标	尺　寸
无	Rectangle	X0 ： Y0	W360 ： H50

把该矩形部件的填充色和边框色都设为 #F2F2F4。

然后，我们再添加一个矩形部件如下所示。

名　称	部件种类	坐　标	尺　寸
无	Rectangle	X9 ： Y8	W340 ： H32

把该矩形部件的边框色设为 #CCCCCC，填充色设为白色。我们为这个矩形部件添加一个 5 个像素的圆角。添加圆角只需要拖动矩形部件左上角的黄色小三角形即可，如下图所示。

完成后我们回到 Home 页，现在界面如下。

界面正在慢慢成形。

然后我们将如下两个小图标放在界面中。

最后在搜索框中添加上"搜索"两个字。

步骤 4　完善列表

制作完搜索框后，我们就可以开始制作聊天的列表。该列表是由许多同样的聊天记录组成的，每个聊天记录包括如下部分。

1. 头像

2. 聊天者的名称

3. 聊天内容的摘要

4. 聊天内容最新一次的更新时间

5. 如果是新消息，会有红色的新消息的数量

我们先来制作第一个普通的聊天记录。我们拖曳一张图片到页面中，属性如下。

名　称	部件种类	坐　标	尺　寸
无	Image	X9：Y60	W50：H50

图片：

该图片同样地具有一个 5 个像素的圆角。

然后我们添加如下的 Label 部件到页面中。

名　称	部件种类	坐　标	字体大小	内　容
无	Label	X69：Y60	16	黄蓉
无	Label	X69：Y89	15	慧骨灵心济国危，衣衫似雪雪如肌
无	Label	X312：Y63	14	20：48

所有字体都是 Arial 的。完成后界面如下图所示。

然后我们在 X9：Y117 的地方添加一个 Horizontal Line，颜色为 #797979。这条灰色的线就是每个聊天记录的分割线。现在的页面如下图所示。

依次类推，我们连续完成多个聊天记录后页面如下图所示。

我们假设李莫愁比较话痨，给她添加一个标识新信息的红色圆圈部件，属性如下。

名　称	部件种类	坐　标	尺　寸
无	Rectangle	X48：Y124	W18：H18

我们将该部件的填充颜色设为红色，我们需要把这个矩形部件变成一个圆形。方法是右键单击这个矩形部件，在弹出的右键菜单中选择"Select Shape"，然后在弹出的子菜单中选择"Eclipse"椭圆，如下图所示。

接着把椭圆的宽度和高度设置成一样的值就可以使椭圆变成圆形了。

现在回到 Home 页面里，我们可以看到如下的界面。

已经有了最终页面的样子了。

步骤 5　让列表滚动

我们回到 dpContainer 的 State1 中，选中 dpSlide，为它添加如下的 OnDrag 事件。

意思就是当拖曳 dpSlide 的时候，dpSlide 就在垂直的方向上随着拖曳移动。这就相当于，当我们在移动端用手指滑动这个动态面板的时候，它能够跟着我们的手指移动。

我们很快发现在拖动中页面会出现如下的场景。

为了解决这个问题，我们首先为 dpContainer 的 State1 也添加一个全白色的矩形部件作为背景。然后，我们为 dpSlide 添加如下的 OnDragDrop 事件。

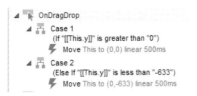

下面我们解释一下这个事件处理了什么事情。OnDragDrop 事件在 OnDrag 事件停止后，也就是拖曳停止后被触发，如果我们发现拖曳停止后，dpSlide 的纵坐标大于零，也就是说 dpSlide 被拖离了上边界，那么我们就要把它重新放置回去；如果发现 dpSlide 的坐标小于 -633，那么证明它被拖离了下边界，这个时候我们要把它移动到 X0 ：Y-633。这样，我们才能保证在拖曳结束后，不出现上图中那种脱离边界的现象。

如何获得动态面板的 Y 坐标呢？我们可以使用 Axure RP 内建的函数，函数可以在此处选取，如下图所示。

然后在弹出窗口中选择"Insert Variable or Function…"，如下图所示。

然后在列表中选择"Widget" → "y"就可以了，如下图所示。

运行原型，就可以看到当我们将 dpSlide 拖离边界的时候，一旦我们松开鼠标，dpSlide 就自己移动回去了，如下图所示。

总结

我们可以看到，Axure RP 强大的功能，可以使我们很容易地在移动设备上建模。使用的方式和方法几乎与桌面网站一模一样。我们可以处理用户在手机上的拖动，手指滑动，单击等事件。也可以通过动态面板很轻松地制作出回弹菜单。更多精彩的移动端的建模案例，欢迎大家阅读笔者的另外一本书，由清华大学出版社出版的《App 蓝图——Axure RP 7.0 移动互联网产品原型设计》。

案例15——微商天下——微信和微店的互动

总步骤：5 难易度：难

页面地址大家可以通过关注如下这家野蛋糕甜品店看到实际的效果。

1.页面效果描述

在微商大行其道的今天，在手机上开一个店铺的成本急剧地下降。使用一部智能手机，拍几张要出售的商品的图片，然后通过微店 wedian.com 就可以在几分钟内开启一个微店销售商品。然后，通过自己已有的微信帐号，微信朋友圈以分享给朋友的方式，就可以将商品分享给朋友，开始自己的第一波销售。

我们在本节中要制作的，就是如何在开启微店后，制作微店分享到微信朋友圈，然后朋友通过朋友圈分享，再回到微店购买的整个流程的效果。

2.页面效果分析

本节并不包括创建一个微店店铺的流程，这个部分非常简单，大家可以下载微店客户端自行研究。我们是从一个微信的朋友圈分享开始的。如下图所示。

然后，用户单击这个链接或扫描二维码后，就会到达微店的页面，如下图所示。

我们假设这个用户觉得这个蛋糕很不错，他会购买。然后他要将这个店铺分享给他自己的几个好朋友，如下图所示。

然后这些朋友会重复以上的流程，去完成购买和分享。所以我们需要制作的效果页面有以下三个。

（1）微信朋友圈的页面

（2）从微店再分享到群聊的页面

（3）群聊的页面

在制作过程中，我们会使用上一节中我们制作的一些微信的效果，下面我们就来首先制作微信的朋友圈效果。

步骤 1　微信朋友圈效果

首先遵循上一节中的模式，我们需要一个 iPhone 的背景图片。这次我们不再直接使用素材库，而是告诉大家如何去 Apple 的官方网站找一张图片。一般来说，为了媒体宣传的需要，每一个生产厂商都会提供官方的商品图片给媒体进行非营利目的的使用。Apple 提供图片的网站在这里。

http://www.apple.com/cn/pr/products/

我们单击 iPhone，下载如下的 iPhone 6 的图片。

它应该是 TIFF 格式的，非常大。然后，我们将这张下载下来的图片，在 Axure RP 中打开，如下图所示。

我们把整张图片调整为如下的尺寸 W1260 ：H1193，位置为 X0 ：Y0。为什么要是这样一个尺寸呢？这其中大有学问。

当整张大图的尺寸为 W1260 ：H1193 的时候，iPhone 6 的屏幕区域的大小差不多刚好为 W360 ：H640。这是一个非常好的尺寸。因为宽度为 360 像素，可以方便我们把视觉区域在垂直方向很容易地分成 3 份（120×3），4 份（90×4）和 5 份（72×5）。这种灵活性对于我们做界面设计很重要，也方便我们随时做更改。

完成后，我们将右侧不用的 iPhone 背面和侧面部分裁除。然后用一个如下的白色的矩形部件的覆盖在 iPhone 的正面，如下图所示。

名　称	部件种类	坐　标	尺　寸
无	Rectangle	X170 ：Y274	W360 ：H640

接着我们就要在这个白色的"画布"上制作朋友圈的效果。

第一步，我们先把 iPhone 的状态条添加进来。添加的方式与上一节类似。工具条就是一个 W360 ：H20 的条，如下图所示。

我们将它放在 X170 ：Y273 的位置。

接下来是微信的导航栏。我们拖曳如下的矩形部件到页面中。

名　称	部件种类	坐　标	尺　寸	填　充　色
无	Rectangle	X170 ：Y292	W360 ：H36	#201F23

然后我们在矩形部件上添加返回按钮和朋友圈的字样。之后，我们从微信的界面中将相机的图片截图，放在我们的页面中矩形部件的最右侧。目前整个界面如下图所示。

看起来还不错，然后咱们继续添加朋友圈的其他元素。朋友圈是可以垂直滚动的，所以接下来我们就需要动态面板了。我们添加如下的部件到界面中。

名　称	部件种类	坐　标	尺　寸
dpContainer	Dynamic Panel	X170：Y328	W360：H586

双击这个部件，在其 State1 中，再添加一个如下的动态面板部件。这个新的动态面板部件是我们用来制作滚动的朋友圈的部分。

名　称	部件种类	坐　标	尺　寸
dpSlider	Dynamic Panel	X0：Y0	W360：H1140

双击 dpSlider 的 State1，开始编辑。

朋友圈的最上面是当前用户的封面，假设是笔者的封面好了。我们拖曳一个 Image 部件到页面中，然后将它设置为如下的图片。

很酷对吧？

然后我们加入当前用户的姓名和头像如下。

MrSleepy 是一个文本部件。而头像部分是由一个作为背景的白色矩形部件和一个位于前端的 Image 部件组成。

接下来就是其他用户发送的信息部分了。为了让所有的信息都能够对齐，我们拖曳两根竖直方向的参考线到界面中。方法是将鼠标悬停在标尺上，然后按住鼠标左键拖曳，就能够拖出一条参考线来，如下图所示。

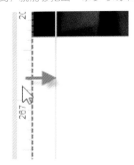

这两根参考线分别位于 X=16 和 X=344 的位置。

我们首先制作一个用户发送的短视频信息。拖曳一个用户头像的图片到界面中。每个用户头像的大小是 W38 ：H38。请大家注意这个尺寸并不是微信中真实用户头像的大小。而只是在我们的界面中（W360 ：H960），用户头像为 W38 ：H38 是最合适的。我们把头像放置在 X16 ：Y282 的位置。接着我们添加该用户的用户名和它发送的信息的文字内容。完成后如下图所示。

 AVA
实际情况就是这样的，装修真的不是一个容易的工作。

这两个部分都是文本部件。

接着我们拖曳一个 Image 部件到页面中，用来模拟小视频的效果。然后呢，我们再放置如下的两个"特殊"的部件到界面中。

名　称	部件种类	坐　标	尺　寸	边框色／填充色
无	Rectangle/Eclips	X152 ：Y411	W40 ：H40	#FFFFFF／无
无	Rectangle/Triangle Right	X166 ：Y423	W16 ：H17	#FFFFFF／无

完成后的页面效果如下图所示。

越来越真实了对吧？

然后我们用一个 Rectangle/Triangle Up 部件和一个 Rectangle 部件一起拼成一个文字提示框的效果。

用它来做评论部分。完成后如下图所示。

一个简单的朋友圈就完成了。使用的全部是文本部件，图片部件和矩形部件。

接下来，我们再着重说明如何添加一个来自微店的分享链接。其实也是同样简单的方式。对于分享一个链接，微信有着严格的格式要求，如下图所示。

首先，我们添加了一个 Horizontal Line 部件作为分割线。然后对于分享出来的链接，我们同样地使用了一个矩形部件来做灰色的背景，然后添加了前面的"野蛋糕"的 Logo 和文字部分。

最后我们添加一系由 9 张图片组成的经典的微信的图片信息。全部完成后，微信朋友圈内容如下图所示。

实际操作当中，大家可以根据须要任意添加内容。

然后我们回到 dpContainer 的 State1 中，为 dpSlider 添加如下的 OnDrag 事件。

因为我们需要朋友圈跟着我们的拖动而滚动。

再添加如下的 OnDragDrop 事件，因为我们不希望朋友圈滚出界。

到目前为止，朋友圈的效果就完成了。

步骤 2　点击朋友圈到达微店

我们在上一节的 dpSlide 的 State1 中，拖曳一个 HotSpot 部件到页面中，覆盖在"野蛋糕"的分享链接上，并且为它添加如下的链接。

我们先将 Home 页面中的所有内容全部复制到 Page1。我们可以全选，然后复制粘贴，也可以直接在 Home 页面上右键单击，然后选择"Duplicate"→"Page"，之后将复制的页面命名为 Page1，如下图所示。

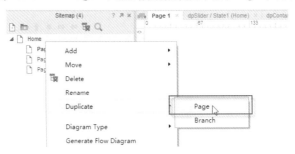

首先，我们把 Page 1 中的发现"修改"为"返回"，然后把"朋友圈"修改为"生日蛋糕【北京 1 小时包邮闪送】…"，然后将照相机的 Logo 修改为三个点。完成后的效果如下图所示。

接下来我们要制作页面底部的"联系卖家"和"购买按钮"的部分。这个部分是不随页面滚动的，所以我们要将它放在动态面板的外面。我们拖曳一个如下的部件到界面中。

名　称	部件种类	坐　标	尺　寸	边框色／填充色
无	Rectangle	X170：Y870	W360：H45	#F7F7F7

然后，我们再"借"用一点，微店的 Logo 来制作我们的购买条，如下图所示。

完成后如下图所示。

现在整个界面开起来是这样的，如下图所示。

中间的空白部分，就是我们要填入微店内容的部分。这个部分我们就不详细地制作了。为了保证效果，我们仍然把微店的截图图片装载到 dpSlider 中，以保证整个原型的完整性。

完成后，Page1 的效果如下图所示。

中间部分的页面可以随着手指的移动来滚动。

接下来我们就要处理当前的用户在看到这个蛋糕页面后，如何将它分享给自己的朋友了。这是通过单击右上角的"。。。"来实现的。

步骤 3　分享蛋糕给朋友

第一步就是在"。。。"上添加一个 Hot Spot 部件，如下图所示。

然后，我们把如下的图片添加到界面中，这张图片是我们从微店的效果中截取的。

我们将这张图片放置在 X170 ：Y628 的位置。然后右键单击它，选择"Convert to Dynamic Panel"，从而把它转变为一个动态面板，如下图所示。

我们把它命名为"dpSharePanel"。接下来，我们需要当用户单击"。。。"的时候，dpSharePanel会出现，并且除了dpSharePanel之外，页面其他的部分都是灰色不可单击的。我们先把dpSharePanel设置为invisible。

我们为"。。。"添加如下的OnClick事件。

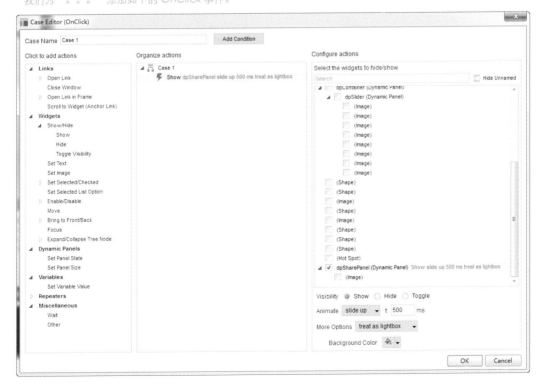

我们要在用户单击"。。。"的时候让 dpSharePanel 显示出来，并且是从下面滑动上来"Slide Up "，在 500 毫秒内。

在 More Options 中，我们要选择" treat as lightbox "，意思就是在这个 dpSharePanel 出现的时候，其他的地方都是灰色的。使 dpSharePanel 就像在一盏聚光灯下出现了一样。并且，单击任何的灰色部分都会使 dpSharePanel 消失。

BackGround Color 就是我们希望用来覆盖其他区域的颜色。我们在这里选择了浅灰色。

完成后，整个事件看起来是这样的如下图所示。

运行后，当单击"。。。"的时候，我们会看到 dpSharePanel 出现而其他地方变成浅灰色的效果，如下图所示。

接下来，我们要为 dpSharePanel 中的"发送给朋友"添加一个 OnClick 事件。为此，我们双击 dpSharePanel 部件，拖曳一个 Hot Spot 部件，覆盖在"发送给朋友"按钮上，如下图所示。

我们要为 Hot Spot 部件添加的 OnClick 事件如下图所示。

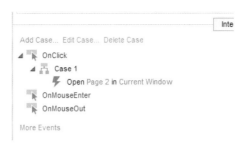

接下来，我们转向 Page2 的制作。

步骤 4　挑选你要分享的朋友

在 Page2 中，我们把 iPhone 6 的背景先拖曳进来，放在跟 Page1 中一样的位置，并将其设置为相同尺寸。然后，我们在这一节中再偷一个懒，我们直接把分享的界面从微信中截图出来，添加到 Page2 中，如下图所示。

然后，假设我们将要分享到群"积极"中去。我们拖曳一个 Hot Spot 部件到页面中，覆盖在"积极"两个字的上面，然后为它添加一个跳转到 Page 3 的 OnClick 事件。

在 Page3 中，我们将 Page1 中的内容全部复制一下，粘贴在 Page3 中，如下图所示。

我们移除右上角的 Hot Spot 部件和下面的动态面板部件。

拖曳如下的矩形部件到界面中。

名　称	部件种类	坐　标	尺　寸	边框色／填充色
无	Rectangle	X205：Y495	W290：H197	#F9F7FA

注意这个矩形是一个圆角矩形，圆角的幅度为 6。我们要用这个矩形部件来做一个提示框，在分享之前提示用户确认。然后，我们拖曳两个 Label 部件到界面中，为我们添加如下内容，并让他们按照如下的位置排列。

然后将如下的图片放入到界面中。

并将该图片缩小到我们需要的尺寸。

接下来，我们在页面中添加一个输入框部件，一条水平分割条和两个 Label 部件。对于输入框部件，我们要隐藏它的边框，方法如下图所示。

然后我们需要给输入框部件添加默认的提示文字，方法是在部件属性区域，给部件添加 Hint Text "提示文本"。通过 "Hint Style" 提示样式可以修改提示文本的大小和颜色，如下图所示。

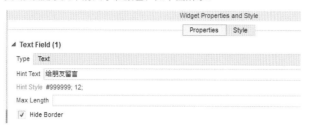

全部完成后 Page3 如下图所示。

这还不算完。我们需要这个提示在弹出的时候，其他区域都是灰色的。所以我们选中弹出区域的所有部件，如下图所示。

然后右键单击，选择 "Convert to Dynamic Panel"，如下图所示。

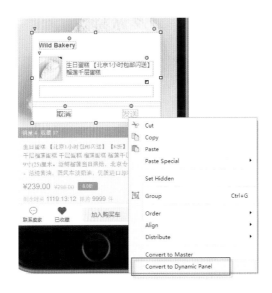

把整个区域变成一个动态面板部件，命名为 dpPopUp。然后我们把这个动态面板部件隐藏起来。

在从 Page2 跳转到这个页面的时候，我们需要这个动态面板弹出来，并且其他区域都是灰色的。为了实现这个功能，我们须要这个页面一加载出来，就能立刻做这个弹出动作。所以，我们要用到一个 Page 的事件。首先，我们打开页面交互区域，找到下图所示的事件。

OnPageLoad 事件会在页面加载的时候自动执行。我们为它添加如下的动作。

也就是说页面一加载，就弹出这个对话框，并且是以 lightbox 的方式出现的。

最后，我们为"发送"文本添加一个事件，当用户单击"发送"的时候，我们将 dpPopUp 隐藏就好了，来模拟已经发送成功的效果。

步骤 5　朋友们收到分享

最后一步，我们来看看在"积极"的组中发生了什么事。我们仍然先把一个微信的背景放置在界面中，如下图所示。

然后，我们在其中添加一系列的对话，如下图所示。

这些内容就是一些图片，文字的组合。

总结

在本节中，我们介绍了如何将微店中的店铺分享到微信中以及如何通过微信中的分享链接到达微店。在当今的移动互联网时代，各种移动应用与微信之间的交互非常频繁。分享到微信已经成了一种必备的功能。

案例16——引用任意页面的任意部分

总步骤：4 难易度：难

出行搜索--All You Need to Trip

1.效果页面描述

当我们做一个页面的时候，有时需要引用其他已经成型的页面的某些部分。比如，如果我们要做一个财经网站，那么可能需要在页面的某个部分引用一下雅虎财经的股票市场走势图。但是不需要雅虎财经页面的其他部分。我们要做的就是一个页面原型而已。在实际制作中，我们可以通过输入代码的方式引用，比如说 iFrame 技术，或者通过对方提供的标准的方法来引用，比如通过嵌入代码（像视频网站提供的代码那样），或者通过数据的 API，也可以去自己开发。

我们在这个案例当中，要做一个"出行搜索"。假设我们要去某个地方度假，需要先乘火车，再乘飞机，然后订酒店，查看目的地的攻略，等等，也要买一些常用的出行用商品。所以，出行搜索就是提供这样一种一站式服务。在这个页面上，你可以查询火车票，也可以查询机票，还可以订酒店。我们把所有跟出行相关的内容都整理到一个页面上来。

所以，对于火车票搜索，我们引用 12306 的火车票搜索部分，页面地址如下。

https://kyfw.12306.cn/otn/

对于机票搜索，我们引用去哪儿网的机票搜索部分，页面地址如下。

http://flight.qunar.com/

对于酒店搜索，我们引用携程网的酒店搜索部分，页面地址如下。

http://hotels.ctrip.com/Domestic/SearchHotel.aspx

对于景点介绍，我们引用互动百科的页面，页面地址如下。

http://www.hudong.com/

对于出行要使用的一些物品的购买，我们引用天猫的页面，页面地址如下。

http://www.tmall.com/

让用户在同一个网站，可以分别行使不同的功能。

2.效果页面分析

我们当然可以照着上述网站的 UI 界面，在 Axure RP 中制作自己的。但是在这一节中，我们将教大家如何用 Inline Frame 部件，来引用不同页面的不同部分（仅仅是某个坐标区域的一部分，而不是整个页面），然后把它们组织到一起进行显示。虽然这样页面看起来比较丑陋，但是就是这么一个意思。之后大家在项目中，想引用另外一个页面的一个部分的 UI，就可以按照本节中的做法来操作。

技术点就是动态面板部件配合行内框架部件，以及对坐标的精确控制。

步骤 1　火车票搜索

首先我们引用 12306 的火车票搜索模块。为此，我们拖曳一个动态面板部件到页面中，属性如下。

名　称	部件种类	坐　标	尺　寸
12306	Dynamic Panel	X30 ：Y130	待定

然后双击 State1 进行编辑。

我们向 State1 中拖曳一个 Inline Frame 部件。属性如下：

名　称	部件种类	坐　标	尺　寸	边　框	滚 动 条
无	Inline Frame	待定	W1000 ：H665	无	无

将 Default Target 设定为 https://kyfw.12306.cn/otn/。我们把尺寸设定为 W1000 ：H665。设定为这个尺寸的目的就是，这个尺寸足够容纳我们要使用的火车票搜索模块（只大不小），如下图所示。然后对于这个 Inline Frame 的坐标的设定，是这个章节最有技巧的地方。我们需要设定 Inline Frame 的坐标，让以下这个部分刚好出现在 12306 这个动态面板的视野中，而不要页面的其他部分。

也就是说，我们把 12306 这个动态面板当作一个"蒙板"来使用。我们知道，当设定了动态面板的尺寸之后，无论 State1 里面的图片有多大，只有动态面板尺寸大小的部分能够被显示出来。就是下图的这种效果。

整个页面部分都是放在 Inline Frame 中的，而火车票搜索模块部分是唯一可以在 12306 动态面板中显示出来的，灰色部分是被动态面板的边界所遮挡的，用户在 Home 页面中是看不到的。为此，我们通过测试，发现将 Inline Frame 在 State1 中的坐标设定为 X-9 ：Y-101，然后把 12306 动态面板的尺寸设定为 W356 ：H298 的时候，火车票模块刚好完美地出现在 Home 页面中。下图是 State1 看起来的样子，蓝色边框内的区域就是可以在 12306 动态面板中显示的部分。超出蓝色边框的部分在页面中均不可见。

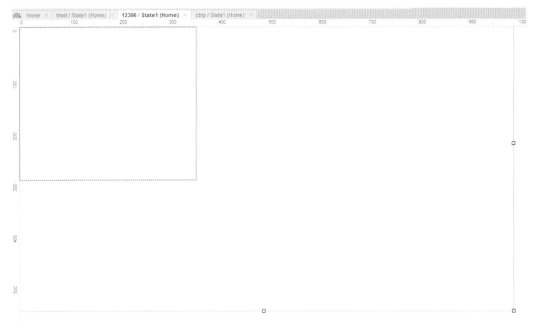

因为我们对 Inline Frame 设定了负的 X 坐标和 Y 坐标，所以 Inline Frame 有一部分其实已经在页面之外了。

设定坐标确实比较困难，我们需要不断地调整来达到最优的效果。

在浏览器中，页面现在是这个样子的，如下图所示。

出行搜索--All You Need to Trip

当然，文本和那个蓝色的"搜索火车票"的标签是我附送的。我们在 Home 页面中添加它就可以了。属性如下。

名 称	部件种类	坐 标	尺 寸	边框颜色
无	Button Shape	X30 ：Y100	W110 ：H30	#CCCCCC
填充颜色	字 体	字体尺寸	字体颜色	部件类型
#3399FF	微软雅黑	16	#FFFFFF	Rounded Top

步骤 2　机票搜索

12306 的部分我们已经完成了，接下来是去哪儿网机票的部分。我们再向页面中拖曳一个动态面板部件，属性如下。

名 称	部件种类	坐 标	尺 寸
qunar	Dynamic Panel	X30 ：Y500	待定

同样的原因，这个动态面板的尺寸也应足够容纳我们将要嵌入的去哪儿机票搜索模块。然后我们双击 State1 开始编辑。

向 State1 中拖曳一个 Inline Frame 部件，属性如下。

名 称	部件种类	坐 标	尺 寸	边 框	滚 动 条
无	Inline Frame	待定	W1000 ：H500	无	无

然后我们把 Default Target 设定为 http://flight.qunar.com/。

通过测试，发现坐标为 X-10：Y-83 的时候，刚好可以让机票模块出现在 qunar 动态面板的中央。现在页面的截图如下所示。

这个时候，qunar 动态面板的尺寸为 W726：H175。

步骤 3　酒店搜索

下面处理携程的酒店搜索。酒店搜索的模块比较小，为此，我们拖曳一个动态面板部件，属性如下。

名　称	部件种类	坐　标	尺　寸
Ctrip	Dynamic Panel	X30：Y751	W356：H399

然后在它的 State1 中，我们拖曳一个 Inline Frame 部件，将尺寸为 W365：H588，坐标经测定设定为 X-10：Y-153，Default Target 设定为 http://hotels.ctrip.com/Domestic/SearchHotel.aspx。

完成后，页面如下图所示。没有包括搜索火车票的部分。

步骤 4　其他的部分

剩下的工作就是重复上述过程添加其他模块，我们就不再赘述了。对于这个例子，最关键的还是调整动态面板和动态面板 State1 中的 Inline Frame 的相对位置，让动态面板的可视区域刚好位于 Inline Frame 中我们想要的区域的正上方，分毫不差。这样才能把想要显示的区域显示出来，而不想要显示的区域被遮挡。全部完成后，我们的出行搜索页面看起来是这个样子的，如下图所示。

总结

出行搜索是一个很有用的搜索。从用户的角度出发，不但能提供他们想要的，还能让他们知道哪里没有考虑周全。出行，是一件很麻烦的事情。

就本案例来说，难点只在于坐标的掌握。这个案例提供了一种很"偷懒"的方法。以后我们制作页面的时候，就不用像原来那样把每个部分都"画"或者制作出来了，我们只要用这种方法，就可以把一些别人已经设计好的内容"借用"过来。当然，我从来不会建议别人去抄袭。不过在制作原型或者解释想法的时候，用已经成型的东西来做论据是一种非常好而且高效的方法。相信我，这样制作的原型效果非常好。

案例17 ——FWA 的呼吸式幻灯广告

总步骤：4 难易度：难

页面地址：http://www.thefwa.com/

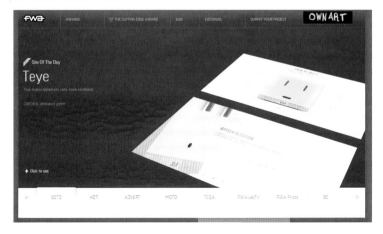

1.效果页面描述

打开页面后，我们可以看到右侧有个蓝色插孔的图片，会一上一下地起伏，好像会呼吸一样。很容易地就把用户的眼球吸引到了画面上，并且吸引你做更长时间的关注和凝视。呼吸式的移动比较自然，不会让用户觉得受到打扰。

2.效果页面分析

整个页面的难点，就是让幻灯图片进行一个呼吸式的移动。并且这种移动是永久进行的。只要用户不点击到另外一个页面去，图片的移动就是不停止的。移动图片很容易，我们可以使用 Move 这个动作来移动一个装着图片的动态面板部件。但是如何让这个 Move 的动作永远进行下去呢？我们需要用到之前提到的无限循环来解决这个问题。下面我们开始这个原型的制作。

步骤 1　准备要呼吸的动态面板

我们打开 FWA 的页面，将如下的图片使用 Snag it 截图，然后粘贴到 Axure RP 中我们新建的项目里面。

然后右键单击这个图片，在弹出的右键菜单中选择"Convert to Dynamic Panel"，如下图所示。

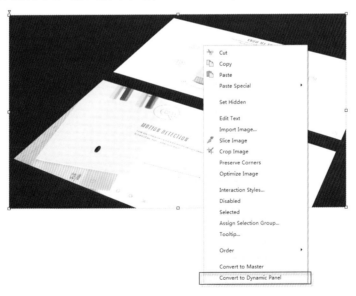

这样，我们就把图片转换成了一个动态面板部件，并且这张图片位于该动态面板部件的 State1 中。我们将这个动态面板部件命名为 dpBreathing 并且给它添加一个 State2。为了让大家能够清楚地看到下一节中的切换效果，我们在 State1 中放置一个 Heading1 部件，文本为 1，在 State2 中放置一个 Heading1 部件，但是文本为 2。这样，当动态面板的状态发生切换时，我们就可以实际地看到效果。

步骤 2　准备无限循环部件

我们拖曳一个动态面板部件到页面中，命名为 timer，属性如下。

名　称	部件种类	坐　标	尺　寸
timer	Dynamic Panel	X1440 ：Y200	W50 ：H50

大家可以看到我们把这个动态面板放在了页面的比较边缘的部分。原因是这个动态面板只是起到无限循环的作用，并不会显示内容。所以用户也不会看到它。我们只要让它不影响我们的正常操作就可以了。

然后我们为 timer 动态面板添加事件。我们要做的第一个动作，就是判断 timer 当前的状态是什么。为此，我们双击 timer 的 OnPanelStateChange 事件，在弹出的如下窗口中，选择"Add Condition"。

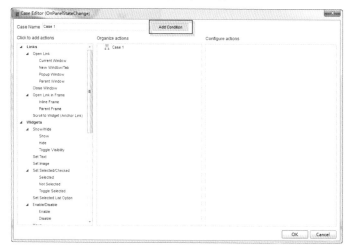

然后，在弹出的条件编辑器窗口的最左侧的下拉列表框中，选择"state of panel"，如下图所示。

然后，在第二个下拉列表中选择"This"，也就是当前的动态面板 timer，如下图所示。

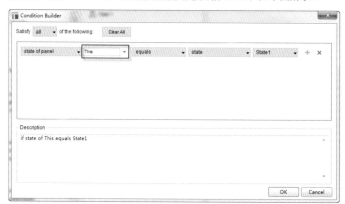

后面的几个下拉列表，分别选择"equals"等于，"state"和"State1"。最后单击"OK"。刚才我们添加的条件就是"如果这个动态面板的状态是状态1"。

当当前状态是 State1 的时候，我们要做什么呢？我们要把它变成 State2，如下图所示。

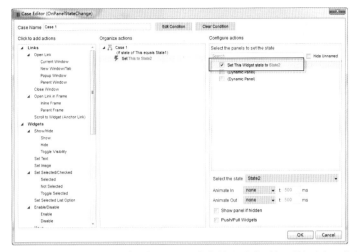

然后，我们添加第二个用例。也就是说当当前动态面板的状态为 State2 的时候，就把它设置为 State1，如下图所示。

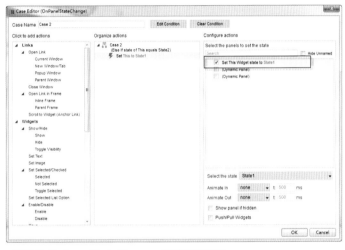

到目前为止，timer 部件的 OnPanelStateChange 事件如下所示。

现在我们可以看到，OnPanelStateChange 事件会让 timer 部件不停地在两个状态之间切换。永远不停止。但是，我们需要在页面加载的时候，触发第一个 OnPanelStateChange 事件。所以，我们在 Home 页面的 OnPageLoad 事件中，将 timer 的状态从 State1 设置为 State2，如下图所示。

步骤 3　让动态面板呼吸

都准备好后，我们现在就使用 timer 部件让 dpBreathing "呼吸" 起来。

其实呼吸的过程就是一个移动 dpBreathing 的过程，呼的时候，我们让 dpBreathing 向上移动 10 个像素；吸的时候，我们让 dpBreathing 向下再移动回来 10 个像素。为了配合呼吸的节奏，我们让整个移动 4 秒钟循环一次。

为此，我们在 timer 动态面板的 OnPanelStateChange 事件的 Case1 中，添加如下的动作。

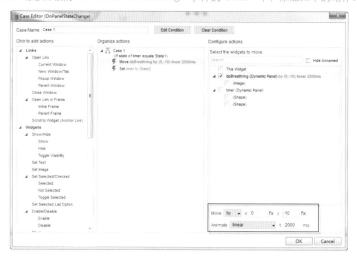

在将状态转换为 State2 之前，我们将 dpBreathing 部件向上（Y 值为负值）移动了 10 个像素。这个移动是线性的，也就是匀速的。并且整个移动过程在 2000ms，也就是 2 秒钟内完成。

同样地，我们需要在 Case2 中，将 dpBreathing 向下移动 10 个像素，并且也是同样匀速地在 2 秒钟内完成的。

添加完所有的事件后，timer 的 OnPanelStateChange 事件看起来是这个样子的，如下图所示。

运行原型，我们发现 dpBreathing 已经移动起来了。

步骤 4　添加所有其他的背景

在制作完重点的呼吸部分之后，我们把页面的其他部分添加进来。首先是一个灰色的背景矩形，属性如下。

名　称	部件种类	坐　标	尺　寸	填充色／边框色
无	Rectangle	X0 ：Y0	W1600 ：H770	#333333

然后，我们添加一个矩形，用作导航背景，属性如下。

名　称	部件种类	坐　标	尺　寸	填充色／边框色
无	Rectangle	X200 ：Y0	W1200 ：H600	#111312

该矩形的颜色要与 dpBreathing 动态面板 State1 中的图片的背景色保持一致。

现在页面看起来是这样的，如下图所示。

接下来我们制作主导航部分，也就是原始页面的如下部分。

我们先制作分割线的部分。首先拖曳一个 Horizontal Line 部件到页面中，属性如下。

名　称	部件种类	坐　标	尺　寸	填充色／边框色
无	Horizontal Line	X200：Y60	W1200：H10	#303030

然后是 5 个垂直分割线，属性如下。

名　称	部件种类	坐　标	尺　寸	填充色／边框色
无	Vertical Line	X340：Y0	W10：H66	#303030
无	Vertical Line	X494：Y0	W10：H66	#303030
无	Vertical Line	X720：Y0	W10：H66	#303030
无	Vertical Line	X824：Y0	W10：H66	#303030
无	Vertical Line	X980：Y0	W10：H66	#303030

现在整个界面看起是这个样子的，如下图所示。

然后我们添加主导航上面的图片和文字部分。我们可以从页面上借用一些图片，然后使用 Label 部件来完成其他的
文本链接。细节部分我们就不赘述了。完成后，主导航看起来是这个样子的，如下图所示。

几乎跟原网站是一模一样的。

然后是图片左侧的部分，如下图所示。

其中的黄色图标部分，我们可以通过 Chrome 浏览器的审查元素功能从如下地址获得。

http://www.thefwa.com/v2/img/components/component_homepage_slideshow/component_homepage_slideshow_logos.png

其他就都是文本部件。

完成后，页面如下图所示。

最后，我们把之前制作好的 dpBreathing 部件放到 X587 ：Y155，并且在 Z 轴上把它放在最上面。

然后，运行我们的原型。就会看到会呼吸的图片了。不幸的是，我们会看到如下的画面，dpBreathing 的下边缘超出了背景，如下图所示。

所以，我们要再放置一个如下的矩形部件来盖住可能会超出的部分。

名　称	部件种类	坐　标	尺　寸	填充色／边框色
无	Rectangle	X0 ：Y600	W1600 ：H100	#333333

再运行原型，已经可以正常运行了，如下图所示。

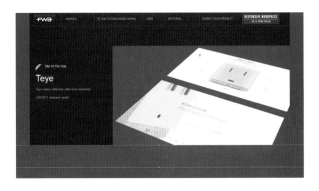

总结

我们通过无限循环切换一个动态面板的状态，实现了永久地反复移动一个动态面板所达到的"呼吸"效果。我们当然可以为这个动态面板添加 On Click 事件，从而让它变成一个真的广告。也可以像 FWA 的原始网站一样，再去添加更多的呼吸动态面板来实现一个横向的广告切换。我们把这些工作，留给读者去挑战吧。

案例18——通用登录注册第一部分

总步骤：4 难易度：难

效果页面描述

对于网站来说，注册部分是最常见的。我们就一个典型的注册过程来说明如何用 Axure RP 制作注册模块的高保证原型。

一般的注册过程包括如下几个步骤。

（1）用户按照提示填写表单。

（2）在用户填写过程中，动态提示用户是否正确的输入了内容，如果没有，则提示用户。

（3）用户提交表单。如果所有的项目填写正确，则提交成功，否则，提示用户哪些项目出错。

（4）用户成功提交表单或者取消表单。

我们在用户填写过程中，常见的验证方式有如下几个。

（1）用户是否在注册的用户名或者 ID 中使用了非法字符？

（2）用户是否输入了内容？

（3）两次输入的密码是否一致？

（4）是否为合法的 E-mail 地址？

（5）长度是否在 6 ～ 12 个字符之间？

我们接下来就用 Axure RP 制作一个最典型的注册表单。不过我们要分成两个部分来完成。在第一个部分中，我们完成表单的制作和简单验证，在第二个部分中，我们完成表单的高级验证。

步骤 1 完成表单的布局

首先，从 Axure RP 的部件区域中拖曳 7 个 Text Panel 部件到 Home 页面区域中，分别命名为如下的内容。

注意每个部件的文本前面都有一个星号"*"，以表示这个部件是一个必填项。然后选中这 7 个部件，单击"文本右对齐"按钮，如下图所示。

然后，为了让 7 个部件都能对齐，在选中它们的状态下，单击"右侧对齐"按钮，如下图所示。

这样，7 个部件的右侧就全部对齐了。接下来，为了让它们在垂直方向上能够具有相同的间距，我们再次选中这 7 个部件，然后单击"垂直分布"按钮，如下图所示。

经过以上处理后，我们看到如下的页面。

这 7 个 Text Panel 部件的属性如下。

名　称	部件种类	坐　标	尺　寸	字　体	字体大小	字体颜色
无	Text Panel	X77 : Y34	W73	Arial	16	#333333
无	Text Panel	X77 : Y85	W73	Arial	16	#333333
无	Text Panel	X40 : Y136	W110	Arial	16	#333333
无	Text Panel	X40 : Y187	W110	Arial	16	#333333
无	Text Panel	X40 : Y238	W110	Arial	16	#333333
无	Text Panel	X40 : Y289	W110	Arial	16	#333333
无	Text Panel	X40 : Y340	W110	Arial	16	#333333

所有的字体都是默认的 Arial 字体，字号为 16。如果大家不喜欢这样，那么你可以选择自己喜欢的字体和字号。不过注意，在真正地使用过程中，浏览器只支持宋体，黑体等几种有限的字体格式。所以此处建议大家不要使用特别稀少的字体。不过，在实际操作当中，我有时候还是支持好看的字体，因为实在是太好看了。

接下来，我们为每个表单项添加用来接收用户输入的部件。首先添加 5 个 Text Field 部件，分别对应"我的邮箱""我的密码""再次收入密码""昵称""验证密码"。分别双击每个部件后，使用后退删除键删除默认的文本。然后同时选中 5 个 Text Field 部件，单击"左侧对齐"按钮，如下图所示。

这样在垂直方向上，5 个部件就对齐了。

为了使 Text Panel 和与其对应的 Text Field 部件能够在水平方向上对齐，我们先单击选中"我的邮箱"Text Panel 部件，然后按住 Ctrl 键，再单击选中用作输入邮箱的 Text Field 部件，接着单击工具栏上的"水平中部对齐"按钮，如下图所示。

这样，两个部件就在各自的水平中轴上对齐了。

用同样的办法处理完其他几组部件后，整个界面变成了下图所示的状态。

接下来我们为"性别"Text Panel添加相应的输入部件。我们知道性别只有两种，男和女，而且只能是其中之一。所以，这里我们要使用两个Radio Button部件。拖曳两个Radio Button部件到页面区域，然后对齐。同时选中它们，右键单击，选择"Assign Radio Group"，在弹出的输入组名称的对话框中输入"gender"。这样，这两个Radio Button就成为一个组，选中一个，另外一个就会被取消选中。保证了性别只能单选的要求。

对于所在地，是一个下拉列表部件。因为我们不允许用户随便输入所在地。我们从部件区域拖曳一个DropList部件到页面中。与"所在第"对齐后，双击，出现Edit Droplist对话框。用户可以在这个对话框中一个一个地添加下拉列表项。也可以单击"Add Many"，然后一行一行地输入多个值。我们仅输入"北京，上海，广州，深圳"4个选项，如下图所示。

然后单击"OK"确认。现在页面变成如下的模样。

接下来，我们拖曳一个Image部件到页面中，双击，然后在文件浏览器中找到我们事先制作好的一个按钮图片添加进来。在这里我就不详细叙述按钮图片的制作方法了，如下图所示。

如果你自己搞不定的话，Google里面的素材库是一个好去处。个人强烈推荐站酷网（http://www.zcool.com.cn）。

步骤2　输入框的边框变化

接下来我们处理一下这些输入框。我们知道，在大多数的注册场景中，当一个Text Field部件获得了焦点，它的边框一般会被高光显示，然后在输入框的右侧会有提示告诉用户要输入什么。而一旦一个输入框失去了焦点，那么高光显示就会消失，并且如果用户在输入框中输入的内容不符合要求，输入框的右侧就会有提示警告用户。下面我们就在 Axure RP 中来实现这个功能。

首先，我们同时选中页面中 5 个文本输入框，然后右键单击，在弹出的菜单中选择"Hide Border"，这个时候我们可以看到，所有输入框的边框都消失了。显得非常难看，不要着急，我们接下来会为这些输入框添加动态的边框。

我们再描述一下我们接下来要完成的整个过程。

当选中 myEmail 这个输入框的时候，出现一个醒目的边框和提示，当未被选中的时候，出现正常的边框并且提示消失。

好了，又一个关于出现和消失的问题，读者肯定想到了，我们需要用动态面板来解决这个问题。那么我们翻译成 Axure RP 的语言就是这个样子的：

当 myEmail 这个文本输入框的 OnFocus 事件发生时，显示一个动态面板，我们姑且叫作 myEmailTooltip，面板中显示出一个深色的边框和一个提示的文本；当 myEmail 文本输入框的 OnLostFocus 事件发生时，切换 myEmailTooltip 这个动态面板的状态，使它仅显示一个正常的边框。

好了，现在我们来制作这个面板。我们从部件区拖曳一个 Dynamic Panel 部件到 Home 页面区域，尺寸和坐标我们先不确定。双击它把它命名为 myEmailTooltip，把 State1 的名称修改为 onFocus，然后再添加一个状态，命名为 lostFocus，然后单击"OK"确定。我们在动态面板区域中双击 onFocus 状态，开始编辑的 onFocus 状态。

我们首先将一个 Rectangle 部件拖曳到页面区域中，将它的尺寸设置为 W214 ：H34。为什么是这样的尺寸呢？因为这个长方形部件是用来为文本输入框做边框使用的，我们刚才的文本输入框的尺寸是 W210 ：H30，我们将边框和输入框部分上下左右各留 2 个像素的留白，这样比较美观。所以尺寸就是 W214 ：H34。然后选中这个长方形部件，将它的填充色设置为白色，边框色设置为一个亮色，比如 #3399ff。边框的宽度设置为宽度选项的第二个值，如下图所示。

好了，现在再拖曳一个矩形部件到刚才那个矩形部件的右侧，高度也是 34 像素。然后我们拖动矩形左上角的黄色小箭头，给该矩形添加一个 5 个像素的圆形弧度。然后将矩形的填充颜色设置为 #cccccc。双击矩形部件，我们可以编辑矩形上的显示文字，输入如下的文字"请输入您的常用邮箱进行注册！"。如果显示不下这么多文字，那么可以调整矩形的宽度。

同时选中刚才设置的两个矩形部件，然后单击"顶部对齐"按钮将它们对齐，这个时候的页面区域看起来是如下的样子。

我们回到注册页面中，将 myEmailTooltip 动态面板的尺寸调整合适。在该案例中，我们将 myEmailTooltip 的尺寸设定 W492 ：H40。并且将动态面板的位置调整到面板中的边框刚好位于 myEmail 这个输入框的周围。这个时候 myEmailTooltip 的坐标是 X157 ：Y23。

现在我们回到刚才的项目中，在注册页面的页面区域中，选中 myEmail 部件，点击"置于顶层"。因为我们需要它在页面最上方接收用户的输入，如果它被遮盖住了，用户的鼠标将无法选中它进行输入。而 myEmailTooltip 只是相当于一个背景，这个背景会随着 myEmail 输入框部件的获得或失去焦点而改变状态，从而改变展现的内容，如下图所示。

现在我们生成一下项目，在浏览器中，应该可以看到如下的页面了。

看，在 myEmail 输入框的周围已经出现了蓝色的醒目边框和提示文字。第一步成功了。接下来，我们要完成的是让鼠标选中的时候，这个蓝色的边框才出现，而在未选中的情况下，是正常的边框。

我们在动态面板区域，先双击 myEmailTooltip 动态面板的 onFocus 状态，选中里面的蓝色边框的矩形部件，然后右键单击选择"复制"，或者直接按 Ctrl+C 键，然后双击动态面板的 lostFocus 状态，右键单击"粘贴"，或者 Ctrl+V 键。在 Axure RP 中有个好处，就是粘贴出来的新的部件，与原部件的坐标是一样的，所以这也就保证了在获得焦点和失去焦点的过程中，两个动态面板中边框的位置是一样的。

在 lostFocus 状态中，选中蓝色边框的矩形部件，将它的边框颜色变为浅灰色 #cccccc。然后，在动态面板区域中，将 lostFocus 状态放置在 onFocus 状态的上方。先选中 lostFocus 状态，然后单击动态面板区域中的向上的蓝色箭头图标即可。调整完成以后，动态面板管理区域看起来是这个样子的，如下图所示。

为什么要把 lostFocus 放置在上方呢？因为对于动态面板的状态来说，在最上面的状态，就是正常情况下的默认显示状态。在默认情况下，输入框应该是正常的边框，而且没有文字提示。所以我们要把 lostFocus 状态放置在最上面。

步骤3　让边框跟随鼠标变化

好了，现在 myEmailTooltip 的两个状态我们都准备好了，下面是通过关联事件来让动态面板动起来了。

在注册页面中，选中 myEmail 输入框，为它添加如下的事件。

Label 部件名称	myEmail
部件类型	Text Field
动作类型	OnFocus
所属页面	Home
所属面板	无
所属面板状态	无
动作类型	动作详情
Set Panel state(s) to State(s)	Set myEmailTooltip state to onFocus

接下来，按照几乎相同的方式，为 myEmail 部件添加 OnLostFocus 事件，在注册页面中双击 myEmail 部件的 OnLostFocus 事件，然后添加如下的动作。

Label 部件名称	myEmail
部件类型	Text Field
动作类型	OnLostFocus
所属页面	Home
所属面板	无
所属面板状态	无
动作类型	动作详情
Set Panel state(s) to State(s)	Set myEmailTooltip state to lostFocus

好了，现在我们生成一下当前页面，会看到如下的界面。

这是正常状态的。然后单击选中我的邮箱输入框后，页面变成如下的状态。

步骤 4　添加其他输入框的提示

　　跟想象的效果很一致吧？那么我们把我的密码输入框，再次输入密码输入框，昵称和验证码输入框重复上述操作。也就是说，我们要添加 myPasswordTooltip、myPasswordAgainTooltip、myNicknameTooltip 和 confirmTooltip 四个新的动态面板到页面当中，设置的方式与 myEmailTooltip 是一样的。只是要调整好位置。为了方便调整位置，我们只要把与每个输入框匹配的动态面板的位置，在相对于输入框的坐标位置的 X 方向上减 13 像素，Y 方向上减 8 像素就可以对齐了，对齐后的页面如下。

　　可以看到，每个动态面板都用一种蓝色的半透明的颜色显示。在浏览器中，我们可以看到如下的界面。

　　当选中任何一个输入框时，都能看到蓝色的边框和输入提示。

总结

　　在第一部分中，我们创建了一个表单。对于输入框部分，我们去掉了输入框本身的边框，然后放置一个动态面板部件作为边框，并且位于输入框的下方。这样，当用户的鼠标点中输入框的时候，下方部件的边框就会显示出蓝色，当用户的鼠标没有选中输入框的时候，部件下方的边框就会显示出灰色。

　　如果大家不想仅仅使用矩形部件来实现边框变色的效果的话，也可以在 Photoshop 中制作更加精美的背景图片之后，用同样的方式实现这种效果。

案例19——通用登录注册第二部分

总步骤：5 难易度：难

效果页面描述

在上一节中，我们完成了注册表单的输入部分。但是在实际的操作中，我们知道，光提示用户输入内容还不够，还要对用户输入的信息的有效性进行验证，比如用户是不是真的输入了？输入的内容的长度是否符合要求？输入的内容有没有包含非法的字符？两次输入的密码是否相同，等等。那么这一节，我们就来学习如何在 Axure RP 里面完成表单的验证。

步骤1 准备验证 E-mail 输入

首先我们来处理 myEmail 这个输入框的验证，我们在这里先尝试验证如下内容：

（1）用户必须要输入这个字段，如果没有输入任何内容，则提示用户"请输入常用邮箱！"。

（2）myEmail 输入内容的长度必须要在 6 个字符以上，如果不是，则提示用户"请输入正确的 E-mail 地址"。

（3）myEmail 的输入内容中必须包含"@"字符，如果不是，则提示用户"请输入正确的 E-mail 地址"。

在对一个部件进行有效性验证的时候，我们要把验证放在部件的"OnLostFocus"事件里面。因为只有部件失去焦点的时候，才是用户结束输入的时候，我们在这个时候才能去验证用户的输入。

好了，我们先准备动态面板的各种状态。我们先单击选中 myEmailTooltip 动态面板，然后在动态面板区域将原来的 lostFocus 状态更名为"lostFocusOK"，并且新添加一个状态叫作"lostFocusError"。这两个状态分别对应当输入框失去焦点的时候，用户输入的正确或错误时的状态。然后再添加一个状态叫 default，也就是默认情况下的状态。我们先双击 lostFocusOK，目前这个状态里面应该只有一个灰色边框的长方形部件，我们复制它，然后双击打开状态 default，将这个长方形部件粘贴进去。接着在动态面板区域中，将 default 状态移动到 myEmailTooltip 所有状态中的最上方，如下图所示。

然后双击 lostFocusOK，在原先灰色长方形的右侧添加一个绿色的对钩图片，用以提示用户输入的内容完全符合要求，如下图所示。

然后双击 onFocus，将其中的蓝色边框长方形部件和右侧的灰色圆角矩形部件同时复制，可以先按 Ctrl+A 键然后再按 Ctrl+C 键。再双击打开 lostFocusError 状态，将这两个部件粘贴进去。单击右侧的圆角矩形，将填充颜色设置为粉色 #FFE6E6，字体颜色设置为红色 #FF0000，边框颜色设置为稍微深一点儿的粉色 #FF8080，然后将这个粉色圆角矩形命名为 myEmailErrorMsg，就是专门为了给 myEmail 输入框提供错误信息的。对于 myEmailErrorMsg 上的文字，我们双击它，先改为"错误提示！"之后我们会通过一些设置来动态地，根据不同的错误设置不同的错误提示文字。

现在，lostFocusError 状态看起来是下面这个样子的。

onFocus 状态跟上一节中的相同，我们不做修改。

步骤 2　验证 E-mail 输入

现在我们制作更改动态面板状态的事件。

回到注册页面的页面区域，单击选中 myEmail 输入框，然后在部件属性区，将之前 OnLostFocus 事件下面的 Case1，删除掉。然后双击 OnLostFocus 事件，添加如下的用例。

Label 部件名称	myEmail
部件类型	Text Field
动作类型	OnLostFocus
所属页面	Home
所属面板	无
所属面板状态	无
动作条件	
If text on widget myEmail equals　""	
动作类型	**动作详情**
Set Panel state(s) to State(s)	Set myEmailTooltip state to lostFocusError
Set Variable/Widget value(s)	Set text on widget myEmailErrorMsg equal to "请输入常用邮箱！"

完成后，部件属性区域看起来是这个样子的。

Widget Name and Interactions

Text Field Name

myEmail

Add Case... Edit Case... Delete Case

- OnTextChange
- OnFocus
  - Case 1
    - Set myEmailTooltip to onFocus show if hidden
- OnLostFocus
  - Case 1
    - (If text on myEmail equals "")
    - Set myEmailTooltip to lostFocusError show if hidden
    - Set text on myEmailErrorMsg equal to "请输入常用邮箱！"

现在我们生成项目在浏览器中查看一下效果，如下图所示。

当在 myEmail 中不输入任何值的时候离开，就会提示"请输入常用邮箱！"

好的，现在回到注册页面，我们开始处理第二个验证：myEmail 中输入内容的长度必须要在 6 个字符以上，如果不是，则提示用户"请输入正确的 E-mail 地址"。

我们在选中 myEmail 部件的情况下，双击 OnLostFocus，添加另外一个用例，如下表所示。

动作条件	
Else if length of value of widget myEmail is less or equals "6"	
动作类型	动作详情
Set Panel state(s) to State(s)	Set myEmailTooltip state to lostFocusError
Set Variable/Widget value(s)	Set text on widget myEmailErrorMsg equal to "请输入正确的E-mail地址！"

在动作条件前面出现了一个"Else if"的前缀，说明这个用例是在之前的用例没有发生的条件下才会发生的。

生成项目后在浏览器中查看，我们单击我的邮箱输入框，出现提示，然后我们输入"12345"，然后再单击我的密码输入框，这个时候可以看到我的邮箱输入框后面会出现提示"请输入正确的E-mail地址！"如下图所示。

然后我们回到我的邮箱输入框，输入"1234567"，然后再单击我的密码输入框，可以看到这个时候红色的警告提示消失了。证明我们的验证已经成功了！

下面进行第三个验证myEmail的输入内容中必须包含"@"字符，如果不是，则提示用户"请输入正确的E-mail地址"。因此，我们给myEmail的OnLostFocus添加另外一个用例，如下所示。

动作条件	
Else if text on widget myEmail does not contain "@"	
动作类型	动作详情
Set Panel state(s) to State(s)	Set myEmailTooltip state to lostFocusError
Set Variable/Widget value(s)	Set text on widget myEmailErrorMsg equal to "请输入正确的E-mail地址！"

最后，如果用户通过了以上三个验证，那么最后我们要把myEmailTooltip的状态设置到"lostFocusOK"。因此，需要给OnLostFocus再添加一个用例，如下所示。

动作条件	
Else if True	
动作类型	动作详情
Set Panel state(s) to State(s)	Set myEmailTooltip state to lostFocusOK

全部完成后，部件属性区域如右图所示。

以上的设置，只是作为一个例子，其实并不能100%地判断出用户输入的是否是一个有效的E-mail。规范的做法应该是使用正则表达式来判定。

步骤 3 验证密码

对于 myPassword 部件，我们需要验证它的输入内容是否为空，这个与 myEmail 的是一样的，我们这里就不赘述了。为了实际操作的简便，大家可以将 myEmailTooltip 动态面板的一些状态复制到 myPasswordTooltip 动态面板的相应状态里面去。这样就不用重复地添加部件了。但是一定要注意各个状态里面部件的名称不要重复。比如 myPasswordTooltip 动态面板的 lostFocusError 状态中负责显示错误信息的部件就要被重新命名为"myPasswordErrorMsg"。

对于要保证 myPassword 部件中密码的长度是 6 ～ 12 位，这里就要在条件编辑器中用一个技巧了。打开条件编辑器，将 Satisfy all of the following 中的 all，修改为 any。然后添加两个条件，分别是密码长度小于 6 和密码长度大于 12，只有在这两种情况下，才应该显示错误信息，如右图所示。

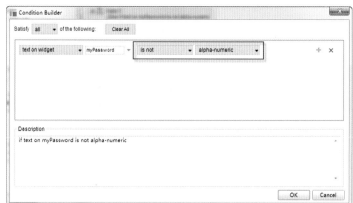

下面来验证密码要是数字或字母的问题。其实密码并不一定非要是字母或数字，我在这里只是为了举一个例子而已。

在添加 Case3 后，在条件编辑器中，我们按照右图所示进行选择。

在第四个下拉列表框中，要选择"alpha-numeric"【字母和数字】。然后，一路单击"OK"返回到注册页面中。最后再为 myPassword 部件添加一个 Case4 用于显示 lostFocusOK。整个部件属性区现在看起来如下图所示。

好，我们生成页面后在浏览器中看一下，如右图所示。

一切似乎很正常啊！不对，密码显示出来了，呵呵。密码怎么能显示出来呢？下面我们回到 Axure RP 中，找到 myPassword 部件，然后右键单击它，选择 "Input Type"，然后选择 "Password"，如右图所示。然后也对 myPasswordAgain 部件同样处理一下。之后重新生成页面，在浏览器中查看，成功了！

步骤 4 再次验证密码

好了，下面我们来处理 myPasswordAgain。其实我们可以偷个懒，这个技巧大家在以后的工作中也可以反复使用，工资不能涨，加班不能避免，那么只好不断地提高工作效率来忙里偷闲了。

我们把之前创建的 myPasswordAgainTooltip 动态面板删除，然后复制粘贴一个 myPasswordTooltip，并且把它放在跟原来 myPasswordAgainTooltip 相同的 XY 坐标的位置。然后把名称更改为 myPasswordAgainTooltip。

这样，之前我们在 myPasswordTooltip 中创建的各个状态都有了，只是我们需要把 lostFocusError 中那个矩形的部件的名称从 myPasswordErrorMsg 更改为 myPasswordAgainErrorMsg。然后呢，我们也把 myPasswordAgain 输入框删除，然后复制粘贴一个 myPassword 输入框到相同的坐标，并且更名为 myPasswordAgain。这样，之前我们对于 myPassword 输入框创建的事件在新的 myPasswordAgain 都有了，只是要把其中每个动作的对象由 myPasswordTooltip 更改为 myPasswordAgainTooltip，把 myPassword 更命为 myPasswordAgain。更改后，myPasswordAgain 输入框的部件状态栏如右图所示。

175

这些都是与 myPassword 部件一样的地方。但是 myPasswordAgagin 还要进行一个非常重要的验证，那就是

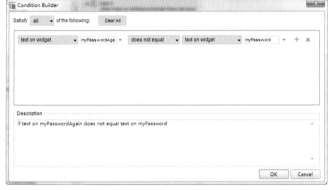

"在 myPasswordAgain"中输入的密码必须与"myPassword"中的一致。这样，才能起到两次输入密码的作用。为此，我们双击 OnLostFocus 中的 Case4，然后在条件编辑器中，在第一个下拉列表中选择"text on widget"，然后第二个下拉列表中选择"myPasswordAgain"，在第三个下拉列表中选择"does not equal"，在第四个下拉列表上也选择"text on widget"，在第五个下拉列表中选择"myPassword"。现在的界面如右图所示。

在描述中我们会看到"if text on widget myPasswordAgain does not equal text on widget myPassoword"。这个刚好是我们所需要的。然后，跟以前一样，添加两个更改 myPasswordAgainTooltip 动态面板的动作。最后，不要忘了添加最后一个将面板状态为更改 lostFocusOK 的 Case5。最终，myPasswordAgain 的部件状态栏如下图（左）所示。

最后生成页面后，在浏览器中查看效果，如下图（右）所示。很成功！

步骤 5　处理验证码

对于昵称的处理，跟之前的步骤一样，我们就不赘述了。而对于验证码的处理，因为 Axure RP 无法随机生成验证码，所以我们放一张固定的验证码的图片，然后验证输入的验证码是否等于这个值就好了。confirmCode 部件的部件属性区域的设置如下。

红色区域就是我们设定的跟验证图片一致的验证码值。

好了，最后我们在浏览器中验证。

总结

至此，我们已经完成了所有输入框在输入过程中的验证。也就是随着用户的输入，我们动态地将必要的验证信息反馈给用户，以帮助用户更快更好地完成注册过程。但是，还有一个最重要的步骤就是当用户点击"立即注册"按钮的时候，我们要在提交之前对所有输入部件进行一次全局的验证，以避免用户有些输入框根本就没有输入任何内容，就直接单击了注册按钮。所以，注册按钮的事件的处理会比较复杂。我们只给出 submit 按钮的部件属性区域的事件列表截图，如右图所示。

注意，我们在网站地图中添加了一个新的页面叫"注册成功"，用作注册成功之后的跳转。为此，我们在 submit 按钮的 Case15 事件中添加了一个"注册成功 Open in Current Window"的动作。

生成项目后在浏览器中验证，现在，即使用户没有单击任何一个输入框进行验证就提交表单，那么也会提示用户进行输入。

至此，我们完成了表单输入和表单验证的工作，配上一个漂亮的背景图，就是我们的注册页面的成品了。在这个案例里面，对于每个输入框的边框，我是直接采用了 Axure RP 里面的矩形部件来实现的，追求完美的用完全可以在 Photoshop 里面制作有光影效果的图片，然后用 Image 部件导入到 Axure RP 中实现更漂亮的边框切换效果。而对于 Droplist 部件，Axure RP 没有提供可以更改其样式的方法，也不能够隐藏边框，所以我们就只能将就了。之后在综合案例中，我们会制作自己的下拉列表。

以上我们花了不少力气，去制作原型图的每个细节，可能大家会问在实际工作中是否有必要把原型图做的如此逼真，画一个图然后跟创意设计和工程师口头交流一下不就可以了吗？这个我只能说，高保真原型图的魅力是无穷的，有些事情只有亲眼见过才知道。如果你提交了高保真原型图，而其他人只是给出了文档和口头说明，你会发现你的项目进行的无比的顺利。

案例20——Aquatilis网站的变换边框

总步骤：4 难易度：难

页面地址：http://aquatilis.tv/

1.效果页面描述

Aquatilis 是一个介绍一个海洋科研项目的网站，用于项目介绍和经费募集。这个网站做得非常具有想象力和美感。当然，打开也需要一些时间。不过它很好地呈现了水母的美丽，让人们对这种生物感到惊叹。这也是这个科研项目的目的所在。所以，你的网站的制作要与你的目的始终保持一致。当你的目的是是为少数感兴趣的人提供惊艳的效果的时候，就不用那么在意打开时间了。

我们并不是要大家对这个网站进行捐款。我们要制作的是这个网站的一个橱窗效果。我们称之为"变换边框"。如下图所示，该例子位于网站的中部。

这个是边框没有鼠标滑动过时候的效果。

鼠标悬停在橱窗上的时候，显示如下。（请注意中间橱窗边框的变化）

大家可以到网站上看一下，效果会更加明显。用文字描述就是：当鼠标悬停在橱窗上方的时候，边框有一个动态移动的效果。

这个效果可以强调橱窗的内容。

2.效果页面分析

我们可以理解为，鼠标悬停前页面显示的状态是动态面板的一个状态。当鼠标悬停的时候，页面显示的是动态面板的另外一个状态。但是如果是这样，就会出现从一个状态直接生硬地跳转到另外一个状态的情况，而不会出现我们看到的这种动态的移动效果。所以我们需要有几个中间状态。我们都知道在动画片中，例如想实现飞机从 A 点飞到 B 点，我们就不能只在 A 点画一个飞机，在 B 点画一个飞机。那样我们就会看到飞机瞬间移动到了 B 点。而不是飞到了 B 点。要实现整个飞行的过程，我们需要在 A 点和 B 点之间画上好几张飞机图片。这样整体动起来的时候，由于人眼的视觉残留，我们就能够看到飞机是飞过去的。

所以同样的道理，我们要制作一个有多个状态的动态面板部件，然后当鼠标悬停的时候，我们让这些状态快速地切换，形成动画效果。

步骤 1　制作动态面板

我们向界面中拖曳一个动态面板部件，属性如下。

名　称	部件种类	坐　标	尺　寸
dpAnimatedFrame	Dynamic Panel	X0 : Y0	W345 : H570

然后我们为这个动态面板添加 10 个状态，分别命名为 State1 到 State10。

接着打开State1。我们将如下的图片添加到State1中。这张图片是我们从Aquatilis网站复制下来的。在实际使用中，读者可以换成自己喜欢的图片。

拖曳一个纯黑色的矩形部件到页面中，放置于在垂直和水平方向上都跟上述图片居中对齐的位置上。Axure RP 会自动识别参考线。当出现下图所示的蓝色参考线时，我们就知道这个时候两个部件已经在水平和垂直方向上均居中对齐了。

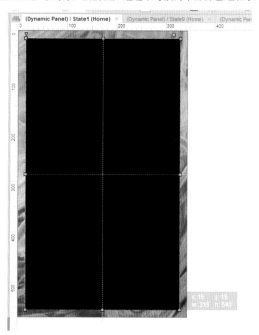

这个时候，State1就算完成了。我们将图片和黑色矩形部件都选中，然后复制。接着我们打开 State2，将它们粘贴进去。

步骤 2　制作过渡的状态

在 State2 中，我们要让图片实现一个动态的效果。我们从原始网站中知道，边框的变换效果是通过边框中的图片以其自身的中心为中心"放大"而实现的。所以，从 State1 到 State10，我们要让边框图片不停地等比例地匀速放大。我们在这里选择的比例是每个状态中的图片都比其上一个状态中的图片在尺寸上放大 5%。也就是说图片的宽和高都是上一个状态中的 1.05 倍。所以，我们在 State2 中的图片的尺寸，就不再是 W345 ：H570，而是 W362 ：H59。

在实际操作中，我们不用分别计算宽和高。我们只要把原始的宽度 345 像素乘以 1.05，得出 362.25 像素，然后取整，就得到了新的宽度 362 像素。然后，我们按住键盘上的 Shift 键的同时，拖动图片的右下角的小方框。这样就可以将图片等比例地拉大了，当我们注意到图片的宽度已经变成 362 像素的时候，放开鼠标就可以了，如下图所示。

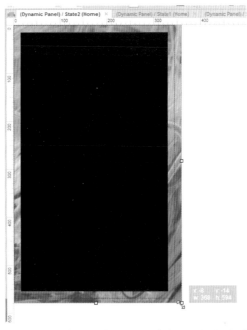

当大家在拖动的时候，有时会发现宽度会在 360 像素和 365 像素之间跳动，很难精确到 362 像素。这个时候，在按住 Shift 键拖动的同时，再按住 Alt 键，就可以实现 1 个像素的精准调整了。

再将宽度调整为 362 像素后，我们仍然要拖动图片，将它与黑色矩形部件在水平和垂直方向上均居中对齐。

同样地，我们制作 State3—State10. 它们当中每个状态中的图片的位置和尺寸，如下表所示。

状态名称	坐　标	尺　寸
State1	X0 : Y0	W345 : H570
State2	X-8 : Y-14	W362 : H599
State3	X-18 : Y-29	W380 : H628
State4	X-27 : Y-44	W399 : H659
State5	X-37 : Y-62	W419 : H693
State6	X-48 : Y-78	W440 : H727
State7	X-58 : Y-96	W462 : Y763
State8	X-70 : Y-116	W485 : H801
State9	X-82 : Y-136	W509 : H841
State10	X-94 : Y-156	W534 : H882

步骤 3　添加鼠标悬停的事件

完成全部动态面板状态制作后，我们要添加鼠标悬停的事件。我们要的效果是当鼠标进入橱窗区域的时候，切换动态面板的状态形成动画；当鼠标移出橱窗区域的时候，反向切换动态面板的状态，恢复到 State1。

首先回到 Home 页面的首页，单击 dpAnimatedFrame 动态面板，然后在右侧的动态面板管理区域双击 OnMouseEnter 这个事件。我们之所以要使用这个事件而不是 OnMouseMove 事件，是因为 OnMouseMove 事件会在鼠标移动的时候多次触发。而我们只希望在进入的时候触发一次。

在用例编辑器中，我们要实现如下的事件。

我们做了什么？每隔 10 毫秒切换一次动态面板的状态。在这个事件间隔进行切换，眼睛是看不出来过渡效果的，一切都很连贯。

如果大家觉得切换得过快，幅度过大，那么可以通过修改 5% 和 10 毫秒这两个参数来控制动画的具体效果。我们在这里就不赘述了。

在浏览器中测试原型，当鼠标移入的时候，已经可以实现动画效果了。

最后，用同样的方式，我们还要处理一下 OnMouseOut 事件。这个时候，我们需要从相反的方向，即从 State10 切换到 State1。全部完成后，OnMouseEnter 和 OnMouseOut 事件列表如下图所示。

步骤 4　添加文字部分

在最后一个步骤中，我们添加放置在橱窗中的文字，如下图所示。

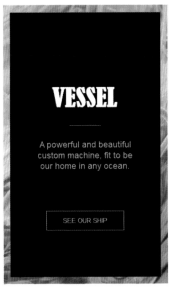

我们用两个 Label 部件，一个 Horizontal Line 部件和一个矩形部件完成了上图的效果。运行原型，我们发现一个问题。就是当鼠标移动到文本上方的时候，Axure RP 就会认为你移出了动态面板的上方，所以就执行了 OnMouseOut 事件。这个是我们不可以接受的。所以，我们不能将文字放在在 dpAnimatedFrame 的上方。那么就只能放在每个 State 中了。所以我们麻烦一点儿，将以上文字复制 10 份儿，分别放在 State1 到 State10 中吧。至此，所有的效果都完成了。

总结

在本节中，其实我们通过一个变换边框的案例，介绍了如何在 Axure 中用简陋的办法实现"动画"。人眼只要每秒能够看到 24 帧画面，就不会感到明显的视觉切换。用同样的基于动态面板多状态切换的方式，我们可以尝试制作更多的动画效果。

案例21——Apple iPhone 6 手机页面的随滚动加载

总步骤：4 难易度：难
页面地址：http://www.apple.com/cn/iphone-6/

1.效果页面描述

我们都有这样的经验，当我们滚动这个页面的时候，某些页面元素会呈现一些特殊的效果，比如图片会进行摆动；文字会在只有我们滚动到那个视野区域的时候才加载。如下图所示。这样的效果可以在我们滚动到某个区域的时候，算作一种提醒并且吸引用户的注意力。

滚动到该区域前

滚动到该区域后

2.效果页面分析

我们很清楚地知道，所有的这些图片的转动，加载，文字的加载，移动，都是由滚动触发的。所以，我们要处理的事件就是页面的 OnWindowScroll 事件。但是，我们怎么知道什么时候去加载或者移动某张图片或某个文字呢？所以，我们需要判断当前滚动条的位置。如果滚动条的位置已经到了某张图片所在的位置右侧，那么我们就移动这个图片；如果滚动条的位置已经到了某个文字所在位置的右侧，那么我们就加载这个文字。

如何知道当前滚动条滚动到了哪个位置呢？ Axure RP 提供了一个全局变量叫作 "[[Window.scrollY]]" 来随时获取当前滚动条在垂直方向的位置。

步骤 1　获取页面素材

我们打开 iPhone 6 的页面 http://www.apple.com/cn/iphone-6/

获取本案例的页面素材的过程，要麻烦一些。原因在于该页面无法被一次性全屏截图。因为页面使用了随滚动动态加载相关脚本的功能。所以如果直接使用 Snag it 截图，最终截的图就是这样的，如下图所示。

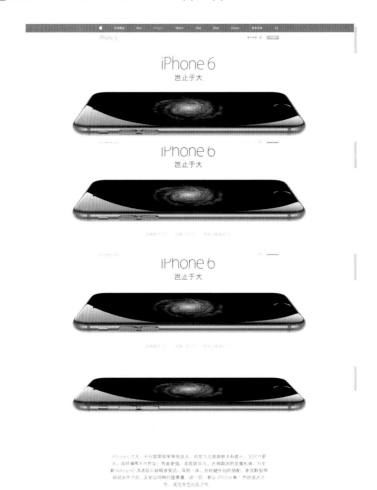

所以，我们只能一屏一屏地截图，然后在 Axure RP 里面把它们拼接起来。
我们先截出来如下两张图片。

　　我们可以看到两张图片最上方都有一个导航。所以在拼接的时候，我们要把第一张图压在第二张图的上面，从而把第二张图的部分重复的内容给隐藏起来。为此，我们使用 "Slice Image" 功能，将第二张图片上方的 iPhone 6 导航部分给切除，如下图所示。

Slice Image

然后，我们把第一张图片放在 X0：Y0 的位置，把第二张图片放在第一张图片的下面，拼接成如下所示的图片。

其实，两张图片是如下图一样地叠在一起的。

大家应该明白这个道理了。同样的方法，我们把 10 张 JPG 图片，拼接成一个整体的页面。大家可以在本章的素材库中找到这 10 张截好的图片。请注意，这 10 张图片的宽度必须是一致的。否则就无法拼接在一起。

步骤 2　显示当前滚动位置的办法

在准备好这个长页面后，我们接下来要做的就是在滚动条滚动到某个位置的时候，动态地实现一些图片或者文本的加载。这就需要我们能够精确地知道当前滚动条的位置，然后做出判断。那么，我们如何知道当前滚动条已经滚动了多远呢？在这里，我们要使用一个技巧。就是把一些特殊的变量值先显示在页面上，用以调试使用。等到调试好之后，再把这些用作调试的元素隐藏起来。

为此，我们向界面中拖曳一个 Dynamic Panel 部件，如下表所示。

名　称	部件种类	坐　标	尺　寸
dpMessage	Dynamic Panel	X790：Y60	W153：H37

然后我们在 dpMessage 的 State1 中添加一个 Label 部件，属性如下。

名　称	部件种类	坐　标	尺　寸	字体大小／颜色
lbMessage	Label	X0：Y0	W153：H37	32/#FF0000

lbMessage 的默认显示文本为 "Heading1"。

现在页面看起来是这样的，如下图所示。

我们就用这个 lbMessage 部件来实时地显示当前滚动条的位置。为此，我们为 Home 页面的 OnWindowScroll 添加动作。

我们双击这个事件，然后在弹出窗口的左侧选择"Set Text"，然后在右侧的部件列表中选择 lbMessage。最后单击 Set text to 部分的"fx"按钮，如下图所示。

在新的弹出窗口中，单击蓝色的"Insert Variable or Functin…"。在弹出的下拉列表中找到 Window 部分的 "Window.scrollY"这个变量。单击它。然后单击"OK"确认。在返回的页面中，我们看到现在是如下设置的。

单击"OK"确认。

回到 Home 页面后，OnWindowScroll 事件现在看起来是这样的，如下图所示。

我们要让 lbMessage 一直显示在视野中，这样我们才能时刻知道滚动条的位置。为此，我们不希望 dpMessage 部件随着滚动条滚动而消失在视野中。为此，我们右键单击 dpMesasge，在弹出的菜单中选择"Pin to Browser…"。

如下图所示，然后在弹出的窗口中选中 Horizontal Pin 选项组中的 left 和 Vertical Pin 中的 lTop。也就是说，在水平方向上，始终持与浏览器左侧的距离，而不会随着横向滚动条滚动；在垂直方向上，始终保持与浏览器顶部的距离，而不会随着垂直滚动条滚动。

设置完成后，我们运行原型，在浏览器中查看一下。

我们发现，当我们垂直滚动滚动条的时候，lbMessage 就会实时的显示一个数字。这个数字，就是当前滚动条离浏览器最上方（也就是没有发生滚动时候的位置）的距离。越往下方滚动，该值就变得越大。越靠近页面的顶部，该值就越小，如下图所示。

好了，现在我们可以随时知道滚动条的位置了。那么我们就可以精确地根据滚动条位置，来动态设置一些元素了。

步骤 3 动态显示文字

我们回到 Apple 的页面 http://www.apple.com/cn/iphone-6/，当我们将页面滚动到"是 iPhone 的至大之作，也是至薄之作。"的时候，我们发现右侧的"6.9 毫米"和"7.1 毫米"是随着滚动显示出来的。所以，我们也希望在原型中实现这个简单的动作。

我们回到 Home 页面，运行原型，在浏览器中观察一下。我们发现，当 lbMessage 显示的数值超过 2000 的时候，我们差不多来到了刚才提到的位置，如右图所示。

所以，我们就需要让原型，在 Window.scrollY 大于 2000 的时候，激发一个事件，来显示 iPhone 6 的厚度。

回到 Home 页面，滚动到显示厚度的部分。我们要先把原先截图中显示 iPhone 6 厚度的部分用一

个白色矩形部件给盖上。然后，拖曳一个动态面板部件到页面中，属性如下。

名　称	部件种类	坐　标	尺　寸
dplphone6Thickness	Dynamic Panel	X1128：Y2658	W182：H242

然后，在它的 State1 中，放置如下的图片在 X0：Y0 的位置。

再回到 Home 页面把这个动态面板设置为隐藏。

接着，我们要修改一下 Home 页面的 OnWindowScroll 事件，添加一个判断条件。为此，我们双击 OnWindowScroll 事件的 Case1，在弹出的窗口中单击 "Add Condition" 按钮，打开如下的窗口。

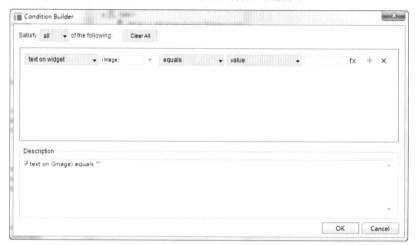

我们要添加的条件用文字描述就是：当 Window.scrollY 大于 2000 时，就显示 dplphone6Thickness 动态面板。因此，我们在 Condition Builer 窗口中的第四个下拉列表中，选择 "value"，然后在第二个输入框右侧，单击 "fx"。在弹出的窗口中，同样地单击 "Insert Variable or Function…"，然后在下拉列表中，同样地选择 Window.scrollY，单击 "OK" 确认。然后在第三个下拉列表中选择 "is greater than"，也就是大于。在第四个下拉列表中保留默认的 "value"，在最后一个输入框中输入 "2000"。完成后，如下图所示。

单击"OK"确认。

在返回到的窗口中，左侧选择 Widgets → Show/Hide → Show，在右侧的部件列表中选择 dpIphone6Thickness。接下来再在窗口的右下角单击 Animate 下拉列表，选择 slide left，也就是向左滑动，渐渐地出现。在右侧输入框中输入出现的时间，我们填入 1500 毫秒，如下图所示。

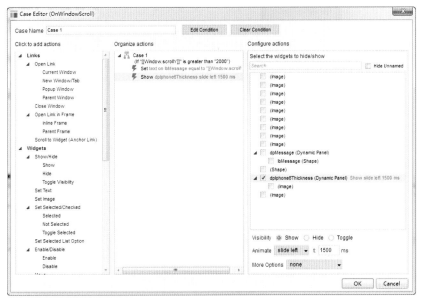

单击"OK"确认。

现在 OnWindowScroll 事件的列表看起来是这样的，如下图所示。

运行原型，然后在浏览器中，我们慢慢地将滚动条滚动到刚才的位置，如下图所示。我们可以清楚地看到，当滚动条我们滚动到是"iPhone 的至大之作，"的右侧的时候，动态面板显示出来了。

2493

是 iPhone 的至大之作，
也是至薄之作。

要开发一个尺寸更大，更先进的 iPhone 显示屏，就要在设计上大大突破极限。从金属与玻璃的精密结合，到光滑圆润的流线机身，每处细节都是深思熟虑的结晶，旨在带给你更为出众的使用体验。因此，虽然 iPhone 6 的显示屏变大了，但却让人感觉大得恰到好处。

进一步了解设计 ›

6.9 毫米
iPhone 6

7.1 毫米
iPhone 6 Plus

我们也可以看到，当前滚动条的滚动位置是 2493 像素，已经超过了 2000 像素的位置。所以触发了事件。

步骤 4　动态显示图片

我们再次回到 Apple 的页面 http://www.apple.com/cn/iphone-6/，当滚动条滚动到"大有动力，大有能效"部分的时候，会发现页面下方的 iPhone 6 图片会随着滚动条的滚动，动态地改变它的角度。如下图所示。

再向下滚动

再滚动

最终

也许这里的截图大家看得不是很清楚。不过在页面中，我们可以很清楚地看到，这个 iPhone 的图片在随着滚动条的滚动而进行转动。

在 Axure RP 中，我们无法实现如上的这种滚动的效果。不过，我们可以使用一个比较笨的方法来模拟这种效果。方法就是，我们把以上 4 张图片分别存成 4 张不同的 JPG 图片，然后放在一个动态面板的 4 个状态中。然后随着滚动条的滚动，我们将不同的状态呈现出来。从而在视觉上，模拟一个动态转动的效果。

跟之前的例子一样，我们首先看看滚动条要滚动到什么位置再触发这个效果比较好。为此，我们运行原型，发现在差不多 5400 的位置上，我们将看到全部展开的图片，如下图所示。

新一代 A8 芯片基于 64 位台式电脑级架构，可提供更为强劲的动力，即便是驱动这样一个更大的显示屏也游刃有余。M8 运动协处理器则能通过先进的传感器和全新的气压计来高效地收集数据。再加上提升的电池使用时间，iPhone 6 能让你拥有更多时间，去做到更多。

进一步了解技术 ›

一个相机，改变了摄影，
又将颠覆摄像。

同时，我们发现，在差不过每隔 100 像素的位置，更换一张图片的角度是合适的。所以，我们将在 5000—5100，5100—5200，5200—5300，5300—5400 这四个阶段上更换不同的图片和状态。但是，其实第一个状态是默认的状态。所以，我们不需要 5000—5100 这一段。

为此，我们回到 Home 页面，然后将滚动条滚动到显示如上图片的位置。第一步是相同的，先用一个矩形部件将之前已经显示出来的图片给盖上。然后，我们拖曳如下的一个动态面板到页面中。

名　称	部件种类	坐　标	尺　寸
dpTwistIphone	Dynamic Panel	X174：Y5889	W1266：H467

我们为它添加 4 个状态。然后分别将 twistiphone1.jpg 到 twistiphone4.jpg 添加到 4 个状态中。这里需要注意的一点是，每张图片的尺寸在截图的时候是不同的。我们需要将这 4 张图片在 4 个状态里面对齐。这样在"转动"的时候，才不会出现跳跃。如何在 4 个状态中对齐不同尺寸的图片呢？我们可以使用参考线。

例如，在 State1 中，我们添加了两条参考线，分别是 x=8 和 y=11。然后，我们把 twistiphone1.jpg 贴着这两条参考线进行放置。也就是让图片的最上边缘和最左边缘跟这两条参考线对齐，如下图所示。

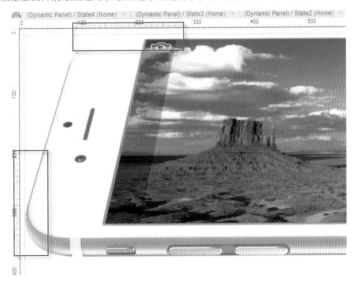

　　然后，同样的方式，我们也在 State2，3、4 中同样的位置放置参考线，然后也分别把每张图片中的 iPhone 与两条参考线对齐。比如在 State4 中，是这个样子的，如下图所示。

　　这样，我们就把 4 个状态准备好了。

　　最后，根据之前判定的位置，我们再次修改 OnWindowScroll 事件。这次要添加 3 个新的条件。分别是如果 Window.scrollY 大于 5100 并且小于等于 5200，那么我们将 dpTwistIphone 的状态设置为 State2；如果 Window.scrollY 大于 5200 并且小于等于 5300，那么我们将 dpTwistIphone 的状态设置为 State3；如果 Window.scrollY 大于 5300 并且小于等于 5400，那么我们将 dpTwistIphone 的状态设置为 State4。

　　所以，第一个条件的设置界面如下。

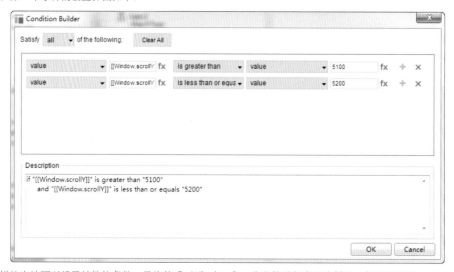

　　用同样的方法可以设置其他的条件。最终的 OnWindowScroll 事件看起来是这样的，如下图所示。

可以看到，在 Case 1 中，我们除了判断 Window.scrollY 大于 2000，也添加了一个小于等于 3000 的限定条件。这样，其他 Case 才能有被执行的可能。否则，一旦滚动条大于 2000，永远都是 Case1 在执行。

最后，我们加了一个 Case5，来保证在开始还没有到达 2000 的时候，lbMessage 仍然会显示当前的滚动条位置。

我们运行一下原型，发现图片确实随着滚动条的滚动发生了变化。但是实际效果确实还不理想。Axure RP 的强项确实不在动画制作。

最终，我们将 dpMessage 动态面板隐藏。整个原型制作完毕。

总结

在本节中，我们学习了如何判断滚动条的位置并且根据其位置，使用 OnWindowScroll 事件来控制页面中其他部件的行为。在这个过程中，我们也学习到了如何使用拼接的方式来制作长页面，学习了如何使用 dpMessage 来实时地调试一些参数。这些技巧都可以用在其他的原型制作中。

案例22——Looklet的真人试衣间

总步骤：5 难易度：难

1.效果页面描述

试衣间是这样的一种应用，用户将看到一种虚拟的模特儿，然后选择身材跟自己相似的模特儿，把一些漂亮的衣服给虚拟的模特儿穿上，看看效果，再决定是不是要买。这是一个很新兴的互动购物方式。在这个例子中，我们参考的网站是 Looklet，如下图所示。

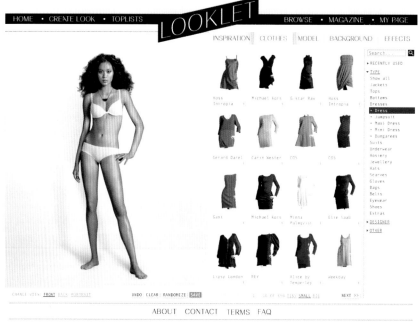

用户可以单击右侧的某件裙子，然后左侧的模特儿就会"穿"上。这样用户在购买之前就可以看到比较真实的效果，如下图所示。

Looklet 是一个很好的打造个人形象和购买市场潮牌的网站。可惜是国外网站，不方便国内用户购买。不过，Looklet 中有很多牌子国内也是有的，比如 Zara、Acne、Adidas、G-Star Raw，等等。所以用户也可以在搭配满意后，在线下购买。

Looklet 就像一个有着无数件漂亮衣服的试衣间，用户可以随意搭配，并且还可以把自己的搭配保存起来，分享给朋友。所以，建议大家亲自去看看吧。

下面我们就学习如何在 Axure RP 中制作这个效果。

2.效果页面分析

首先我们可以判断，身着内衣的女模特儿是一个背景，在选择服装之后，服装会覆盖在模特儿的身上，从而出现模特儿"穿"上了衣服的效果。所以，这些服装肯定是被放置在一些动态面板部件中的。然后通过右侧列表中每件衣服的 OnClick 事件来控制面板的状态，显示或隐藏。

另外，我们怎样来实现搭配呢？最容易想到的方法就是给每件衣服都制作一个动态面板部件，当用户选择这件衣服的时候，就显示出来。然后将之前显示的同类衣服隐藏起来。这样避免模特儿穿上两件外套，两件裤子或者两双鞋。在这里，我们不去为每件衣服都做一个动态面板，因为那样随着衣服的增多，动态面板将变得非常难于管理。而且，想象一下如果我们有 30 件夹克。那么用户选中一件夹克的时候，我们就要写事件来隐藏其他的 29 件夹克的 29 个动态面板！所以，这里我们对每一类服装，使用一个动态面板。比如帽子使用一个，上装使用一个，下装使用一个。这样更换衣服的时候，我们只要把不同的面板设置为不同的状态就可以了。

仍然，为了简便，我们要制作的试衣间只有 16 件衣服。如果读者要制作更多的，那么可以按照同样的方式添加自己喜欢的服饰。

这里还有一个难点就是怎么获得衣服的图片。我们需要背景为透明的衣服的图片。这样，当衣服覆盖在模特儿身上时，才能跟模特儿结合得很好，像是"穿"上去的，而不是盖上去的。比如下面这件衣服的原图片是这样的，如下图所示。不是透明的，而是白色背景的。

如果我们把这张图片放在动态面板中覆盖在模特儿的身上，那就是下图的这种效果。

这当然不是我们想要的。

　　所以我们需要把这张图片在 Photoshop 中打开，然后将服装的部分"抠"出来，之后把其他的部分变成透明的。最终我们需要的是这样的图片，并且将图片保存成 PNG 格式的。

　　我们所需要的是 16 件衣服的 16 张透明背景的 PNG 图片。我已经制作好了在本节的文件夹中，读者可以使用。至于在 Photoshop 中制作背景为透明的图片的"抠图"技巧，不是本书的重点。读者可以查阅 Photoshop 的相关书籍来

进行学习。最好的办法，就是向设计部门的同事们请教，买根冰棍儿，好好学习一下。

步骤 1 准备模特

我们先把模特儿背景准备好，为此，我们访问如下页面。

http://looklet.com/create

然后，我们把身着内衣的模特儿页面整个截取下来，粘贴在 Home 页面中，如下图所示。

我们将把这个作为背景，然后让这个模特儿穿上衣服。

我们先向页面中添加 3 个动态面板部件，分别命名为 hats，tops 和 bottoms。这 3 个动态面板，我们分别用来放置帽子、上装和下装。它们的具体位置和尺寸，要根据里面衣服的位置和尺寸来决定。所以读者在里面放什么样的衣服，就要有什么样的尺寸和位置。这个我们等会表述。

步骤 2 第一件上装

我们先来添加第一件衣服，它是 Michael Kors 的一件毛皮上装。我们已经准备好了这件衣服的透明背景的图片，命名为 michael kors.png，如下图所示。

然后，我们双击 tops 动态面板部件，为它添加一个状态叫作 Michael Kors，然后双击这个状态开始编辑。在这个状态中，我们把上述的图片通过一个 Image 部件添加到页面中来，接下来，就是最关键的，我们要在动态面板中调整这张图片的大小，位置，以使它在 Home 页面中的显示，能够与模特小姐的身形天衣无缝地结合在一起。同时，我们也要调整 tops 动态面板的位置，尺寸，以使它能够装下所有的衣服。比如夹克就比较短，如果我们把 tops 的高度设置的比较矮，那么夹克可以装得下，但是像大衣这种长衣服，下半部分就该显示不出来了。所以，经过调整后，我们得到如下的效果。

大家可以看到。中间淡蓝色的就是动态面板 tops。因为现在 Michael Kors 是第一个状态，所以它就显示了出来。通过我们对 tops 和 Michael Kors 状态中的 Michael kors.png 图片的位置调整，现在这件衣服已经看起来像是"穿"在模特儿身上的了。

Michael Kors

但是要注意，之后我们再添加衣服的时候，就只能调整各自衣服所属的状态中图片的位置，而不能改变 tops 面板的位置了。否则，之前添加的衣服的位置就又不正确了。为此，我们在 Home 页面中，选中 tops 面板，将它锁定。

然后，我们将 Michael Kors 这件衣服在 looklet 右侧选择区的缩略图截图，如右图所示。

然后将截图粘贴到 Home 页面中，调整它的位置，让它刚好将 Home 页面中右侧的选择区的第一件衣服覆盖住，如下图所示。

然后，我们对这个 Image 部件添加如下的事件。

Label 部件名称	Home
部件类型	Image
动作类型	OnClick
所属页面	Home
所属面板	无
所属面板状态	无
动作类型	动作详情
Set Panel state(s) to State(s)	Set tops state to Michael Kors

步骤 3　第二件上装

好！现在我们已经完成了一件衣服了。下面我们处理第二件，第二件是 Gerard Darel 的黑色西装，同样命名为 Gerard Darel.png，如下图所示。

我们给 tops 动态面板再添加一个新的状态叫作 Gerard Darel，并把上图粘贴到这个状态中。之后我们在 Gerard Darel 状态中调整图片的大小和位置，然后到 Home 页面中查看这件衣服是否很好地覆盖了模特儿。但是我们发现，我们在 Home 页面中看到的还是 Michael Kors 这件衣服，如下图所示。

这是因为动态面板默认显示它最上面的那个状态中的内容。为此，我们在动态面板区域中把 Gerard Darel 状态移动到最上面的一层。现在好了，如下图所示。

　　我们能看到，这件衣服还没有"穿"好，所以我们要回到 Gerard Darel 状态中继续调整图片的位置，直到衣服与模特儿贴得很好为止。我们没有移动 tops 动态面板的位置，而只是调整了 Gerard Darel 状态中图片的位置。

　　然后，我们以同样的方式在右侧添加 Gerard Darel 的缩略图和相应的 OnClick 事件。

　　以同样的方式，我们把其他 9 件上装也都添加到 tops 面板中。这样，我们就有了 11 件上装供我们进行搭配。我们生成项目，在浏览器中查看。我们发现，当我们单击右侧的 11 件上装对应的服装缩略图的时候，左侧的模特儿就会不断地更换上装。

步骤 4　第一件下装

　　然后我们回到 Home 页面，再添加一个动态面板部件叫作 bottoms，这个面板我们用来处理下装。添加的方式与上装完全一致。只需要注意 bottoms 面板的位置和尺寸就好。然后我们添加 3 件下装。

　　添加完成后，界面看起来是这个样子的，如下图所示。

注意，我们把 tops 面板放置在 bottoms 面板的上方。也就是说 tops 中的内容有可能会覆盖到 bottoms 中的内容。这也正常，一般来说，我们都是将上装穿在下装的外面。比如西服和大衣会盖住裤子，而不是反过来。（也有人喜欢内扎腰）

然后，我们用同样的方式，添加 hats 面板用来放置帽子。Hats 面板的位置，要位于 tops 的上方。

最后，我们要为 hats，tops 和 bottoms 分别添加一个新的状态叫作 nothing，里面什么也不放置，就是一个空状态。并且将这个空状态设置为每个动态面板的第一个状态，也就是默认状态。全部完成后，在动态面板管理区域看起来是这个样子的，如下图所示。

然后，我们生成项目，在浏览器中查看。单击任何一个右侧的缩略图片，模特儿就会"穿"上相应的服装，如下图所示。很神奇吧？（我搭配衣服的品味看来还不错）

衣服有一些毛边，这个主要是因为笔者的 Photoshop "抠图"功力还不够，跟 Axure RP 没有关系。

步骤 5　脱衣服

最后一步，我们让模特儿穿上衣服了，怎么让她脱下来呢？我们首先可以在 CLEAR 按钮上添加一个 Image Map 部件，然后为它添加如下的事件。

Label 部件名称	Home
部件类型	Image Map
动作类型	OnClick
所属页面	Home
所属面板	无
所属面板状态	无
动作类型	**动作详情**
Set Panel state(s) to State(s)	Set tops state to nothing, bottoms state to nothing, hats state to nothing

同样，我们也可以让用户通过拖曳的方式来为模特儿脱衣服，这样的体验会更加好一些。（这里的体验并没有别的意思）

通过拖曳来为模特脱儿衣服，需要用到动态面板的一个特殊事件，叫作"OnDrag"。这个事件将在用户按下鼠标左键，选中动态面板，并且保持鼠标左键按下，开始拖曳面板的时候发生。与 OnDrag 对应的事件就是 OnDragDrop，这个事件当用户结束拖曳，松开鼠标左键的时候发生。

所以，我们要实现的就是，当用户拖曳一件衣服的时候，衣服会跟随用户的鼠标移动，就好像被鼠标拖住了一样，然后当用户松开鼠标的时候，衣服就消失了。就好像我们在 Windows 中把一个文件拖曳到回收站的图片上一样。

为了实现这个效果，我们为 tops，bottoms 和 hats 动态面板分别添加如下的事件。

Label 部件名称	tops
部件类型	Dynamic Panel
动作类型	OnDrag
所属页面	Home
所属面板	无
所属面板状态	无
动作类型	**动作详情**
Move Panel(s)	Move tops with drag

With drag 的意思就是动态面板会随着用户的拖曳而移动。之后，我们为 tops、bottoms 和 hats 动态面板分别添加如下 OnDragDrop 事件。

Label 部件名称	tops
部件类型	Dynamic Panel
动作类型	OnDragDrop
所属页面	Home
所属面板	无
所属面板状态	无
动作类型	动作详情
Set Panel state(s) to State(s)	Set tops state to nothing
Move Panel(s)	Move tops to (284,195)

X284：Y195 是动态面板 tops 的初始位置。因为我们在 OnDrag 的时候移动了 tops 面板，所以如果我们仅仅只是把 tops 面板的状态设置为 nothing 而没有恢复它的位置，那么之后当我们把 tops 的状态设置为其他服装的时候，我们就会发现服装的位置不对了。

然后我们生成项目并在浏览器中查看，发现随着我们的鼠标拖曳，衣服就会跟着鼠标走，当我们松开鼠标时，衣服就消失了，模特儿就会回到开始没有穿衣服的状态，如下图所示。

注意这个时候鼠标变成了十字型，以提示用户是在拖曳过程中。当我们松开鼠标的时候，就会变成如下的画面。

衣服被"脱"下来了。

总结

试衣间是一个很特殊的应用，而且有一定的复杂度。并非对于所有的服装相关的网站都需要，要看自己的受众是否喜欢这样一种搭配的方式。而且，虽然模型实现起来比较容易，但是实际操作其实是很复杂的，要写很多的代码，处理很多的图片。不过，对于在网上买衣服不能试穿这个问题，也许将来会有更好的解决办法吧。

案例23—— 优衣库羽绒服的购买页面

总步骤：5 难易度：难

1.效果页面描述

这是天猫上优衣库旗舰店的一个轻便羽绒服的页面。我们要制作的效果其实是选择羽绒服尺码和颜色的部分。大家会发现，当我们选择尺码的时候，当选择的这个尺码下某个颜色没有的时候，这些没有的颜色就会变得无法选择。同样的，如果用户先选择的颜色，而在这种颜色下某些尺码没有的时候，这些尺码的按钮就会变得无法选择。最终，我们就是要通过这种设置，让用户仅能购买仍然有库存的商品。

2.效果页面分析

整个页面的难点在于要使用正确的逻辑来控制颜色和尺码按钮的状态。而这个背后的逻辑就是库存情况。在单击颜色按钮的时候，我们在颜色按钮的 OnClick 事件中判断该颜色按钮都有哪些尺码，然后将没有库存的尺码的按钮都"禁用"掉。其实我们在 Axure 中并不能禁用一个由很多部件组成的部件。我们只能禁用单一部件，比如一个输入框部件。所以，我们要做的不是禁用，而是更换状态。那么我们就可以想到，其实尺码按钮就是一个动态面板部件，它有两个状态，一个是正常状态，一个是禁用状态。在单击颜色按钮的时候，我们把不存在的尺码按钮的状态都变为禁用即可。同样的，当单击尺码按钮的时候，我们把不存在的颜色按钮的状态都变成禁用。

步骤 1 准备页面背景

简单起见，我们并不制作页面中除了尺码、颜色和购买按钮之外的其他部分。对于其他部分我们仅仅使用图片作为背景。为此，我们把如下的截图先放置在页面中。

然后我们用一个白色填充，白色边框的矩形部件把尺码和颜色部分的背景覆盖起来，因为我们要重新使用 Axure RP 制作这个部分。覆盖后的页面如下图所示。

步骤 2　制作尺码按钮

我们先拖曳一个动态面板部件到页面中，属性如下。

名　称	部件种类	坐　标	尺　寸
dpS	Dynamic Panel	X704：Y495	W86：H30

动态面板的尺寸是照着原页面上"155/80(S)"这个按钮的尺寸来制作的。然后，我们为这个动态面板添加三个状态，分别叫作 normal，selected 和 disabled。

我们先双击 normal 状态，向其中添加一个矩形部件如下。

名　称	部件种类	坐　标	尺　寸	填充色／边框色
无	Rectangle	X0：Y0	W86：H30	无 /#C1C0C5

然后我们将矩形部件的文字修改为 "155/80(S)"。目前 normal 状态看起来是这样的，如下图所示。

155/80(S)

然后我们双击 selected 状态。我们先把 normal 状态里面的矩形复制一份儿，粘贴到 selected 状态中。然后，我们把边框的颜色修改为 #BE0106，同时也把边框变粗。最后一点是，我们要制作右下角的对勾。简单的方式就是，我们到原始页面上截图，然后将右下角的一块儿截下来，放置在我们制作的矩形部件的右下角，如下图所示。

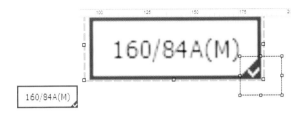

切下来的一小块儿是这样的：

然后我们把这一小块儿跟我们制作好的矩形"拼"在一起，就是这样： `155/80(S)`

现在 seleted 状态就也制作好了。

最后是 disabled 状态。对于这个状态，我们需要把边框从线型边框修改为点状边框，如下图所示。

然后我们把边框颜色和字体的颜色都修改为 #DBDBDB。

完成后如下图所示：

至此，我们把尺寸的 3 个状态都制作完毕了。

我们将 dpS 动态面板部件复制多份儿，分别命名为 dpM，dpL，dpXL。然后将显示的文本也同样地修改为"160/84A(M)""160/88A(L)""165/92A(XL)"。修改好后，我们将新增的 3 个动态面板部件分别放置于 X796：Y495、X888：Y495 与 X980：Y495 的位置。完成之后页面现在看起来是这样的，如下图所示。

大家可以看到，我们为了把尺码按钮放置到正确的位置，使用了参考线。

步骤 3 制作颜色按钮

制作完成尺码按钮后，我们用同样的办法，制作颜色按钮。

同样地，我们把颜色按钮也分为 normal、selected 和 disabled 的 3 个状态。我们先制作 normal 状态。先向页面中拖曳一个矩形部件，属性如下。

名 称	部件种类	坐 标	尺 寸	填充色/边框色
无	Rectangle	X0：Y0	W40：H40	无 /#C1C0C5

然后，我们回到原始页面，将商品颜色按钮中的商品图片截图，如下图所示。

然后将截图放置到矩形部件的中间，如下图所示。

然后完成 selected 状态。我们要做的跟制作尺码按钮一样，将边框的颜色和粗细进行调整，然后将红色小三角块放置到页面的矩形的右下角的区域。完成后如下图所示。

最后，对于 disabled 的状态，我们要修改是边框，颜色，还有衣服的图片。对于衣服的 disabled 状态的图片，我们只需要把一个半透明的白色 GIF 图片覆盖到原始衣服图片上就好了。完成后如下图所示。

最后我们把这个颜色按钮的动态面板部件放置在 X704 ：Y537 的位置。

按照同样的方式，我们要复制另外 5 个颜色按钮，属性分别如下。

dpOrange, X750 ：Y537

dpPink, X796 ：Y537

dpGreen, X842 ：Y537

dpPurple, X889 ：Y537

dpBlue, X935 ：Y537

完成后，界面如下图所示。

步骤 4 添加互动事件

在添加具体的事件前，我们先假设我们有如下一个库存表。

155/80A(S)，有灰色，橘黄色，粉色，绿色，紫色和蓝色

160/84A(M)，有灰色，橘黄色，紫色和蓝色

160/88A(L)，有灰色，蓝色

165/92A(XL)，有灰色，粉色

在这个库存限制下，我们来制作各个按钮的 OnClick 事件。有一点要强调的就是无论是先选择尺码再选择颜色，还是先选择颜色再选择尺码，没有货的就是没有货。

我们还按照之前的顺序，从尺码按钮开始。

第一个处理的是 dpS 动态面板的 normal 状态。当我们单击 normal 状态中的矩形部件的时候，我们要做如下的几件事情。

（1）把 normal 本身变为 selected

（2）取消其他尺码按钮的选中状态，变回 normal

（3）将对应 155/80A(S) 尺码下有颜色的按钮的状态置为 normal

想清楚以上要设置的动作后，我们开始具体的设置工作。首先双击打开 normal 状态，选中矩形部件，然后双击右侧的 OnClick 事件。在弹出的用例编辑器中，选择左侧的 Set Panel State 事件，然后在右侧选择 dpS 部件，将它的状态更改为 selected。然后把 dpM，dpL，dpXL 的状态设置为 normal。

然后，我们再次在左侧选择一个 Set Panel State 事件。因为对于 155/80A(S)，所有的颜色都有货，所以我们要把所有颜色按钮的动态面板的状态都设置为 normal。

全部完成后，155/80A(S) 对应的动态面板 dpS 的 normal 状态中的矩形部件的 OnClick 事件如下。

然后，我们处理 dpS 的 selected 状态中的矩形部件。这里很简单，如果在 selected 状态下单击该矩形部件，那么用户就相当于没有选择任何的尺码。这个时候，我们要做的是将所有尺寸和颜色的动态面板都恢复到 normal 状态。

完成后如下图所示。

最后对于 disabled 状态中的矩形部件，我们右键单击它，在菜单中选择"Disabled"，这样当鼠标悬停在这个矩形部件上时，鼠标将无法单击。

至此，我们完成了第一个尺码按钮的处理。同样的方式，我们处理其他的按钮。在决定要禁用哪些颜色按钮的时候，我们要参考库存表。在具体的操作中，我们可以使用事件的复制和粘贴功能。举个例子，我们先打开 dpS normal 状态中矩形部件的 OnClick 事件，在 Case1 上右键单击，在弹出的菜单中选择"Copy"，如下图所示。

然后，我们打开 dpM 动态面板的 normal 状态，在该矩形部件的 OnClick 事件上同样的右键单击，在弹出的菜单中选择"Paste"，如下图所示。

这个时候我们就发现之前添加的动作就都被复制过来了。接着，我们只要在复制过来的事件上进行修改就可以了。省去了一个一个添加事件的麻烦。

全部完成后，dpM normal 状态中矩形部件的 OnClick 事件如下。

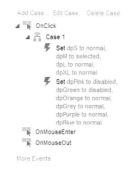

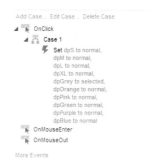

因为 M 尺码的衣服没有粉色和绿色，所以大家可以看到我们把这两个颜色的动态面板置于了 disabled 的状态。

我们不再赘述其他的尺码动态面板的设置。读者可以按照同样的方式完成其他的尺码。接下来我们开始设定 dpGrey 颜色动态面板的 normal 状态中矩形部件的 OnClick 事件。对于这个事件我们要做如下的事情。

1. 把 normal 本身变为 selected

2. 取消其他颜色按钮的选中状态，变回 normal

3. 将对应 Grey 下有尺码的尺码按钮的状态置为 normal

添加完成后的事件如下图所示。

因为灰色所有尺码都有，所以设置起来很简单。对于 dpOrange 来说，只有 S 和 M 码的，所以我们要按照如下设置。

用类似的方式，完成其他颜色的动态面板的设置。完成后，页面看起来是这样的，如下图所示。

我们运行原型，可以看到，在单击各个按钮的时候，颜色和尺码已经可以按照我们预先设定的库存情况进行变化了。

步骤 5　新的问题

现在不同的尺码对应不同的颜色已经完成了。但是新的问题是，由于每次点击尺码都会重新设置颜色，每次单击颜色都会重新设置尺码，我们就无法同时选中合适的尺码和颜色了。所以最终也不能完成购买。这个问题如何解决呢？

这里我们要用到一些高级功能。我们要使用的是函数功能。但在 Axure RP 中并没有函数功能。所以我们要使用特殊的方式来制作函数的效果。我们要使用的方式就是动态面板部件的 OnMove 事件。简单来说，在单击某个尺码按钮的时候，我们将一个新的动态面板移动一下，然后在这个新动态面板的 OnMove 事件中，我们再来处理对于颜色动态面板的变化。

我们来看一个例子。我们选择 dpM 动态面板 normal 状态的 OnCclick 事件来说明。首先，我们拖曳一个动态面板到界面中，命名为 dpMClicked，尺寸为 W40 ：H40。然后，我们按右图所示修改 dpM 的 normal 状态中的矩形部件的 OnClick 事件。

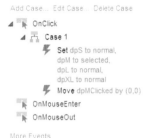

大家可以看到，在最后一部分中，我们不再直接去操作颜色动态面板，而是移动一下新添加的 dpMClicked 动态面板。

然后，我们需要为 dpMClicked 添加一个 OnMove 事件。在这个事件中，我们要处理如下的逻辑。

（1）如果之前用户选中的颜色是该尺码有货的颜色，那么我们什么也不用做。就保持这个颜色选中的状态就可以了。

（2）如果之前用户选中的颜色是该尺码没有货的颜色，那么这个时候我们就要将这个颜色的状态修改为 disabled，同时将其他颜色面板设置为 normal。

（3）如果用户之前没有选定任何一个颜色，那么就把没有货的颜色都禁用了。

因为我们选择的是 M 尺码，这个尺码只有 grey，orange，purple 和 blue 有货。所以如果之前用户选择的是这些颜色中的一个，那么其实我们什么都不用做；如果选择的是 pink 和 orange，那么就需要禁用这个颜色按钮。综上所述，我们如下设置 dpMClicked 的 OnMove 的事件。

注意到我们在这里使用了条件。而且是一个 "or" 的条件事件。意思就是说如果当前 dpPink 或者 dpGreen 是选中状态的话，就执行下面的动作。

同理，我们还是按照库存设定，添加 4 个新的动态面板 dpSClicked、dpMClicked、dpLClicked 和 dpXLClicked。然后为这四个动态面板添加 OnMove 事件，在这些事件里面去判断之前用户选定的颜色状态，再根据之前的状态来决定到底如何修改颜色面板的状态。

最后我们判断是不是所有的颜色都没有被选中，如果是，那么就把 pink 和 green 按钮禁用掉。

完成后，我们多了 4 个新的动态面板，也多了 4 个 OnMove 事件。

到这里当然不算完，因为我们还要处理颜色部件的单击。在单击一个颜色部件的时候，我们也要同样地处理。所以，我们仍然以 dpOrange 为例子。首先，我们也拖曳一个新的动态面板到界面中，命名为 dpOrangeClicked。然后，我们修改 dpOrange 的 normal 状态中的 OnClick 事件，如右图所示。

然后为 dpOrangeClicked 添加如下的 OnMove 事件。

在这个事件中，我们判断当前用户选中的尺码的情况，然后再根据不同的情况来决定如何操作。如果用户选择的尺码是刚好有货的尺码，我们就什么都不做，如果用户选择的是没有货的尺码，那么就需要将当前的尺码按钮禁用。

同样地，我们添加如下的 6 个动态面板来处理当其他颜色面板被单击后尺码面板的行为。

dpGreyClicked

dpOrangeClicked

dpPinkClicked

dpGreenClicked

dpPurpleClicked

dpBlueClicked

全部完成后，界面看起来是这个样子的，如下图所示。

大家可以看到，页面多出了 10 个动态面板。这 10 个动态面板控制了精细的逻辑。

总结

我们通过动态面板的 OnMove 事件，实现了类似函数的作用。在我们要进行一系列复杂的操作的时候，可以将这些复杂的操作分作几个部分，然后将不同的部分放置在不同的动态面板的 OnMove 事件中，之后用一些条件分别去控制这些事件的具体发生情况。这样极大地简化了整个流程，也为添加更多的操作创造了"条件"。

案例24——Pinterest的瀑布流

总步骤：4　难易度：难

页面地址：http://www.pinterest.com/

1.效果页面描述

Pinterest 是一个基于个人兴趣的图片收集网站。它创造性地第一个使用了被称之为"瀑布流"的图片展现方式。大家打开 Pinterest 页面，可以看到如下的界面。

所有的图片都是分栏放置的，图片的宽度相同，但是图片的高度完全是自由的。每个栏目之间没有对齐。最有趣的是，当用户将页面向下滚动的时候，页面会自动地，动态加载更多的图片供用户浏览。也就是说，用户完全不用单击类似"下一页"的按钮就可以无限制地浏览图片。也正是这种无对齐，自动加载，川流不息的特点使之被称为"瀑布流"。

我们今天要实现的，就是这种随滚动自动加载的效果。

2.效果页面分析

我们要处理的，又是一个在页面滚动中进行操作的案例。所以，我们很自然地会想到利用 Home 页面的 OnWindowScroll 事件。然后我们进行判断页面的滚动是否超过了一屏的范围，如果超过了我们就加载第二批图片。请注意，我们并不是像真的网站一样从数据库获取第二批图片，而是事先就已经准备好了第二批图片，只不过我们把它先悄悄地隐藏起来了而已。然后当页面又移动了足够的距离后，我们就加载第三批图片。以此类推，这样就可以实现动态加载的效果了。

所以，简单来说，这是一个判断页面滚动位置并且根据该位置进行动态面板状态控制的案例。

步骤1 搭建一个 Pinterest 的背景

为了使原型看起来更真实，我们首先将 Pinterest 的主导航截图，然后粘贴在原型中，如下图所示。

它的尺寸为 W1406 ：H54。

我们要制作的，是一个有 5 列图片的原型。在导航图片下，我们拖曳一个动态面板部件到界面中，属性如下。

名 称	部件种类	坐 标	尺 寸
无	Dynamic Panel	X0 ：Y64	W1406 ：H3900

这是一个很大的动态面板，我们把它当作整个"瀑布流"的容器。

双击这个大动态面板，我们开始编辑它的 State1。

在 State1 中，我们首先拖曳一个很大的，与上述动态面板一样大的矩形部件来覆盖住整个页面。这个矩形部件将作为整个页面的背景。它的尺寸为 W1406 ：H3900，填充和边框的颜色为：#E9E9E9。

步骤2 制作第一个图片元素

每张 Pinterest 的图片，都是如下格式的。

我们可以看到它是由如下几个部分组成的。

（1）一张圆角图片

（2）两根水平分割线

（3）文本部分

（4）Pinterest 的小图标和文字

Casadei Milan ~ Leather Stilettos, Black, Spring 2015

Daisy Wang
Fashion shoes

如何获取图片呢？我们可以在 Chrome 中打开 Pinterest，然后右键单击页面的任何部分，选择"审查元素"，如下图所示。

然后在出现的工具栏中，选择"Resources"标签，然后在左侧选择 Images。这样我们就可以看到所有在 Pinterest 中显示出来的图片了，如下图所示。

我们只要在这里的图片下方的 URL 上单击，然后在新出现的页面中将图片复制并且粘贴到我们的原型中就可以了。

获取图片后，我们首先把如下图片粘贴到 State1 中。大家可以看到这张图片的尺寸是 W236 ：H354。

然后，我们为这张图片添加一个半径为 7 的圆角效果，如右图所示。

我们可以拖动上图中的黄色三角形到 7 为止。完成后，现在这张图片，如右图所示。

然后，我们拖曳一个矩形部件到页面中。将它的边框颜色设定为 #CCCCCC。之后我们右键单击它，在弹出的菜单中选择"Select Shape"，然后选择"Bottom"，如右图所示。

这个时候，你会发现矩形部件的上边框消失了，并且下方多出了一个黄色的手柄。我们同样调整这个手柄，让圆角的幅度为 7，完成后我们得到一个这样的矩形。

然后我们把这个矩形跟之前的图片"接"在一起。但是让下面的圆角矩形"盖住"圆角图片的一部分，完成后如右图所示。

边框完整了不是吗？

然后加上文字，如右图所示。

| Paragraph |
| H1 |
| H2 |
| H3 |
| H4 |
| H5 |
| H6 |
| Rectangle |
| Top |
| ✓ Bottom |
| Left |
| Right |
| Tab Left |
| Tab Right |
| Tab Bottom Left |
| Tab Bottom Right |
| Placeholder |
| Triangle Up |
| Triangle Right |
| Triangle Down |
| Triangle Left |
| Arrow Button Right |
| Arrow Button Left |
| Ellipse |
| Drop |
| Upside Down Drop |
| Square Bracket |
| Curly Bracket |
| Star |
| Heart |
| Plus |
| Arrow Right |
| Arrow Left |
| Speech Bubble Right |
| Speech Bubble Left |

再拖曳两条 Horizontal Line 到界面中，线条的颜色也是 #CCCCCC。一条置于图片最下沿，一条放在文字的下方。

再添加 Pinterest 的 Logo 和其他文字，如右图所示。现在，是不是 OK 了？

步骤 3 制作所有的图片

用同样的方式，我们要制作很多图片。在实际操作中，我们将下图中的几个部件 Group 成一个整体，然后将它覆盖在每一个新加进来的图片上就可以了。

在放置过程中，为了方便图片对齐，我们也可以使用参考线，如下图所示。

当我们制作了差不过够一屏的图片后，先停一下。现在页面看起来是这样的。

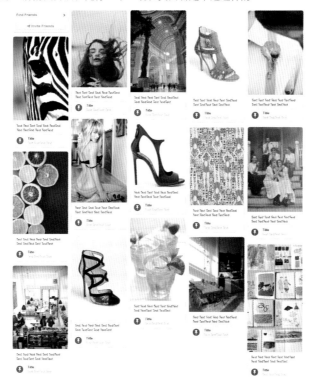

很漂亮了对吗？

第一屏上的图片，是默认加载的，不需要用户滚动页面就可以直接加载。而接下来我们要添加的其他图片，是要用户滚动后页面才会加载的。所以我们要把它们先隐藏起来。

更进一步，我们模拟一下在加载时的 Loading 过程：就像我们在网速不快的时候，向下滚动页面，图片的动态加载需要一定的加载时间。所以，对于接下来的一批图片，是在用户第一次滚动页面的时候加载的。我们先来制作这个批次中的第一张图片。

先用同样的方式制作如下的图片。

　　然后我们选中所有的元素，右键单击，选择"Convert to Dynamic Panel"，也就是把以上元素放到一个动态面板中，如下图所示。

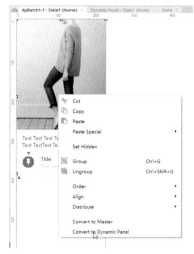

　　我们将这个动态面板命名为 dpBatch1-1。意思是第一批图片中的第一个。然后我们为这个动态面板添加一个状态，命名为 loading。双击 loading，将如下的 GIF 图片放置到视野的中间。

　　然后将 loading 这个状态移动到 State1 前面，如下图所示。

　　这样，loading 状态就变成了默认的状态。现在这个动态面板看起来是这个样子的，如下图所示。

我们用同样的方式，完成10个类似的动态面板。分别命名为dpBatch1-1到dpBatch1-10。全部完成后，如下图所示。

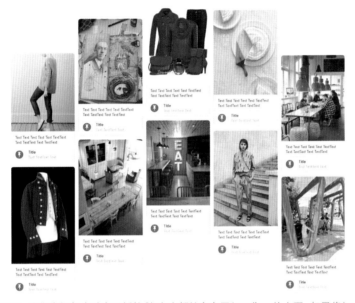

这里为了显示的需要，我们先把每个动态面板的State1都放在在了loading的上面。如果将loading恢复到最上方，我们会看到如下的界面。

很壮观对吧？

然后，我们用同样的方式，制作第二批要加载的动态面板。命名为 dpBatch2-1 到 dpBatch2-10。

全部完成后，整个页面现在是这样的，如下图所示。

到此，我们就算准备好所有的图片了。

步骤 4　让图片跟随滚动动态加载

在处理滚动事件之前，我们不需要让 Batch1（第一批，余同）和 Batch2（第二批，余同）的动态面板露出来。所以我们拖曳几个与背景色相同的矩形部件把它们都覆盖起来。先用 5 个长条形的矩形部件覆盖住 Batch1。这 5 个矩形分别命名为 rectCover1 ～ rectCover5 覆盖后页面，如下图所示。

然后，再用 5 个矩形部件覆盖住 Batch2，命名为 rectCover6 ～ rectCover10。

全部完成后，我们回到 Home 页面，准备添加 OnWindowScroll 事件。

首先我们要对滚动条的位置进行判断。能够标识垂直滚动条当前位置的函数是 Window.scrollY。我们双击 OnWindowScroll 事件，在打开的用例编辑器中单击 "Add Condition"，打开条件编辑器，如下图所示。

因为我们要比较一个函数值，所以在打开的条件编辑器中，在第一个输入框中选择 "Value" 在第二个输入框中，单击右侧的 "fx" 图标，在打开的窗口中单击 "Insert Variable or Function…"【插入变量或者函数】，然后在打开的下拉列表中选择 "Window.scrollY"，如下图所示。

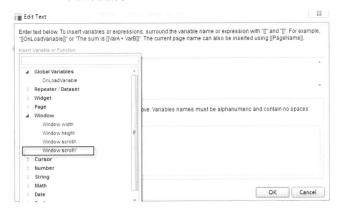

之后，在打开窗口中的第三个输入框中选择"is greater than"，意思是比某某大。第四个输入框中选择"value"，在最后一个输入框中输入"500"。

我们都干了些什么？

很简单，我们设定了一个触发事件的条件，该条件是当窗口在垂直方向上滚动超过了 500 个像素的时候，就触发事件。这个 500，就是页面滚动超出第一屏距离时候的滚动量。读者可以调整这个值来适配自己的屏幕。

条件已经有了，那么当页面滚动了超过 500 像素的距离后，我们要干什么呢？自然是要让 Batch1 当中的 10 张图片显示出来了。所以第一步，就是将 rectCover1-rectCover5 隐藏。然后呢，每个动态面板的 loading 状态就显示出来了。用户就会看到一堆图片在加载中。这个时候我们停留 2 秒，来模拟一下图片加载的过程。2 秒钟过后，我们就把 dpBatch1-1 ～ dpBatch1-10 动态面板的状态全部切换到 State1，也就是图片都加载出来了。所以事件如下图所示。

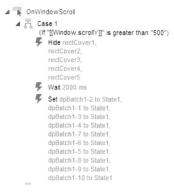

我们运行一下原型，发现第一批图片加载成功了，效果很逼真。

接下来以同样的方式处理第二批图片，完成后事件列表如下图所示。

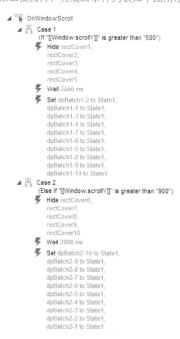

我们选择了 900 像素作为加载第二批图片的边界。运行上述原型，发现第二批图片怎么也不加载。这是什么原因？

原因就是，Axure RP 在执行判断条件的时候，是顺序执行的。也就是说一旦有某个条件被满足了，就不会再执行第二个条件。所以，在超过 900 像素之前，肯定已经超过 500 像素，所以总是第一个用例被执行，而第二个用例永远没有被执行的机会。

为了解决这个问题，我们把 Case2 和 Case1 的顺序调换一下，让 Case2 在 Case1 的前面。调整顺序的方法很简单，用鼠标把 Case2 拖曳到 Case1 前面放下就可以了。调整后，事件列表如下图所示。

这样，我们就会看到，当页面在移动到 500 像素之前，任何一个用例都不会被执行。当页面移动到 500 像素和 900 像素之间的时候，Case2 不会被执行，但是 Case1 会，当页面移动到超过 900 像素的时候，就会执行 Case2 了。

总结

在本节中，我们通过使用 OnWindowScroll 事件，实现了 Pinterest 网站"瀑布流"的图片加载效果。在实际应用中，同样的方式可以用来之制作任何一个无限列表，比如 E-mail 的加载，文章列表，商品列表，还有经典的微信聊天窗口。我们也学会了如何通过加入一个 loading 图片并配合动态面板状态之间的切换，来模拟图片加载的过程。

案例25——小米手机4介绍页面的阶段式滚动

总步骤：5 难易度：难

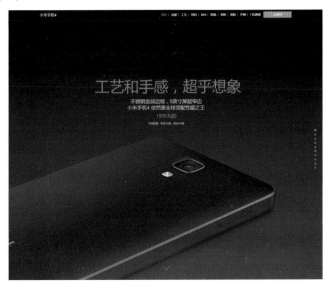

滚动后

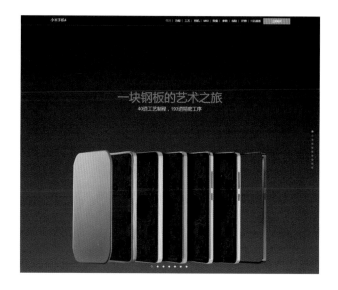

1.效果页面描述

我们在访问小米手机 4 的页面（http://www.mi.com/mi4）时，发现当我们使用鼠标的滚轮向下滚动页面时，页面并非是连续滚动的，而是一下子就跳到了下一个阶段。好像整个页面在纵向上被分成了不同的楼层。每使用一次滚轮，就可以一次性向下移动一个楼层或者向上移动一个楼层。这种设计避免了用户停留在某个"断层"而使产品图片被分割显示。也避免了用户因快速滚动而略过一些重要信息。比较适合展现强调品牌、产品性能或者重要信息的页面。

2.效果页面分析

我们能够从效果页面中看到如下两个重要的点。

1. 页面切换是在鼠标滚动的时候触发的。所以我们需要 Axure RP 7.0 中能够响应鼠标滚动的事件来处理交互。在 Axure RP 7.0 中，这个事件是 OnWindowScroll。

2. 页面右侧并没有出现滚动条，而是出现了一些标识当前"楼层"的点。这些点是不随着楼层的切换而滑动的，而只是切换了位置。

3. 有些楼层还会出现横向的滚动，类似于幻灯片的效果。但是在本节中我们先不处理这些更复杂的部分而是专注于阶段式滚动的效果。

步骤 1　获取页面素材

为了达到逼真的效果，我们"借"用一些小米网站的截图。首先，我们使用 Snag it 软件把小米手机 4 页面的每个楼层进行全屏截图。具体操作步骤可以参考"基础操作"部分的"Snag it 使用简介"。

这样，我们可以得到 10 张图片。大家也可以在本节的素材目录中找到这 10 张图片。命名为 1—10.jpg，分别对应小米页面中从 1 到 10 这 10 楼层。

步骤 2　创建新项目

创建一个新的 Axure RP 项目，命名为"小米手机 4 介绍页面的阶段式滚动"。然后向页面中放置一个如下表所示的动态面板部件。

名　　称	部件种类	坐　标	尺　寸
dpMainContainer	Dynamic Panel	X0：Y0	W1594：H1297

我们为这个动态面板部件添加 10 个状态。分别命名为 State1 ~ State10。在 State1 中，我们将刚才截取的 1.jpg 添加进来。放置在 X0：Y0 的位置。现在界面看起来是这个样子的，如下图所示。

当滚动的事件发生时，我们希望动态面板的不同状态完成一个纵向的切换。但是我们注意到，其实顶部的网站导航部分是静态的，并不随页面进行滚动。但是在目前的图片中，顶部导航跟底部是一体的，所以它也会进行滚动。这不是我们希望得到的效果。为此，我们需要将顶部导航分离出来。

为此，我们向State1页面中拖曳一个矩形部件，属性如下表所示。

名　称	部件种类	坐　标	尺　寸	填充色／边框色
dpMainContainer	Rectangle	X0 : Y0	W1594 : H51	#000000

我们用一个黑色矩形部件将当前图片上的导航部分给覆盖住了。

同样地，我们也不希望右侧的点状指示条随着页面进行滚动。所以我们也要把它覆盖起来。但是覆盖这个部分有点儿难度，因为背景颜色不是纯色的，而是一种渐变的颜色。这个时候，我们就不能用一个纯色的矩形部件去覆盖了。这里我们使用一个小技巧来完成。

我们在 Axure RP 中选中 1.jpg 这个 Image 部件，复制，粘贴出来一个副本。然后，我们将这个副本最右边的，接近小圆点部分的整个竖条截取下来。这个竖条的背景色跟小圆点部分的背景色基本是一致的。截图的方法是右键单击图片副本，选择"Slice Image"，然后使用出现在视野中的十字切刀进行切割，如下图所示。

然后把左侧我们不需要的部分删除掉。接着，我们把切割下来的竖条覆盖在原先的 1.jpg 部件上。这样，整个页面看起来是这样的，如下图所示。

在当前页面中，顶部导航和右侧的指示部分都被很好地隐藏了。

我们将其他 9 张图片分别添加到其他 9 个 State 中，然后也同样对它们进行隐藏顶部导航和右侧指示部分的操作。

这里需要进行几个特殊的处理。第一个是在处理 3.jpg 的时候，我们发现在右侧的指示部分，不单单是一个渐变的背景色，而且有一个手机的边框。所以在截取和进行覆盖的时候，要注意把截取出来的背景部分与原先的图片对齐，如下图所示。

保证手机的边框是平滑的。处理完成后的效果如下图所示。

第二个是在处理 State7 和 7.jpg 的时候，如果我们直接覆盖的话，就会出现如下图所示的效果。

不仔细看是看不出来右侧的国旗是有锯齿状的瑕疵的。我们现在来尝试修改这个地方。为此，我们先把之前覆盖其他状态的导航和右侧指示栏的黑色条粘贴过来。效果如下图所示。

然后我们使用 Chrome 浏览器，打开小米手机 4 的首页，滚动到状态 7，然后用鼠标右键单击页面，选择"审查元素"，如下图所示。

在底部打开的状态栏中，先在横向导航中选择"Resources"，然后再选择 Frames → mi4 → Image，如下图所示。

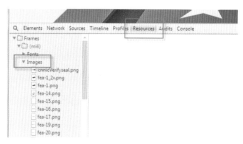

在这里，我们可以找到所有在当前页面中被使用的图片的原始地址。从而可以下载它们。我们找到 fea-7.png 这张图片，如下图所示。可以看到它就是我们在页面中看到的背景为国家旗帜的那张图片，如下图所示。

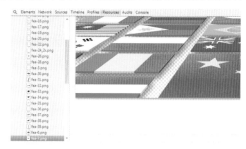

在右侧图片的下方，我们可以看到这张图片的地址。

http://img03.mifile.cn/webfile/images/2014/cn/goods/mi4/ma/fea-7.png

我们在浏览器中打开这个地址，右键单击图片，将它另存为 flag.png。

接着我们回到 Axure RP 中的 State7 中。我们拖曳一个动态面板部件到页面中，属性如下表所示。

名　称	部件种类	坐　标	尺　寸
无	Dynamic Panel	X0 ：Y650	W1594 ：H541

在上述这个动态面板的 State1 中，我们将它的背景色设置为黑色，如下图所示。

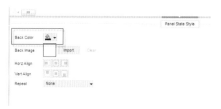

然后，我们把刚才保存下来的 flag.png 添加到 State1 中，并且将它的坐标设置为 X-186 ： Y0。为什么设置为这个坐标？这是为了让动态面板中的 flag.png 能够刚好覆盖住 7.jpg 中的国旗部分。

现在我们回到 dpMainContainer 动态面板的 State7 中，可以看到如下的界面。

是不是已经严丝合缝地覆盖了？

第三个是 State8 中，我们没有使用整个的竖条来覆盖，而只是用一小条来覆盖住了圆点指示区域，如下图所示。

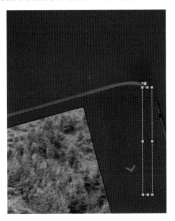

第四个自然就是最后一张 State10 和 10.jpg 了。它们的背景色是白色的。所以覆盖顶部导航条的矩形首先要是白色背景和边框的。其次，我们先用一个白色的窄条将圆点部分覆盖，如下图所示。

然后，我们用同样的方式，在页面的图片库中找到这张图片。

我们把它保存下来，命名为 fea36.png。

然后，我们把这个图片添加到 State10 的界面中。因为它是 PNG 格式的透明背景图片，所以现在界面看起来是这个样子的，如下图所示。

首先右侧多出了一些。这部分没有关系，因为蓝线右侧的部分将不会出现在动态面板的展示部分中，也就不会被用户看见。但是对于另外一个部分，透明的图片显示出了下面的那个我们用来覆盖背景的白色矩形部件。这是不行的。所以我们还需要额外处理一下这个部分。为此，我们用截图软件截取左侧的一小段，如右图所示。

然后把这个小段贴在露出白色矩形的部分，调整位置，让它们合并在一起，如下图所示。

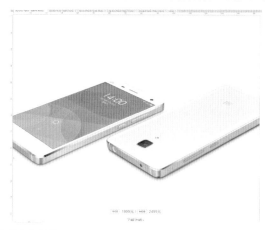

致此我们完成了 10 个状态的创建。

我们之所以要花这么多时间来介绍这些小细节，目的就是告诉大家，在原型制作中，我们可以使用一些"取巧"的方式来达到最终的目的。我们当然可以请设计师去画图，去除背景，甚至 PS 一些效果出来。但是创建原型的目的就是为了在初期能够快速，高效地制作出效果，尽量避免使用一些"昂贵"的资源。所以对于这种能在 5 分钟内解决问题的取巧的方式，我倾向于建议大家多多使用。在最终的产品当中，我们自然要使用常规的解决方式来实现最终的效果，以达到最优的用户体验。我们甚至不希望在图片放大 5 倍的时候出现任何的瑕疵。

步骤 3　创建主导航

完成以上的步骤后，我们来创建主导航。打开 Home 首页，我们看到已经添加了若干 State 的 dpMainContainer 部件。我们要在部件的头部部分，添加若干个 Label 部件，手工制作主导航的内容。

每个 Label 部件的属性如下表所示。

名　称	部件种类	坐　标	内　容	颜色／字体大小
无	Label	X157 : Y14	小米手机 4	#000000/18
无	Label	X750 : Y17	概述	#F32F39/14
无	Label	X798 : Y17	功能	#FFFFFF/14
无	Label	X848 : Y17	工艺	#FFFFFF/14
无	Label	X896 : Y17	相机	#FFFFFF/14
无	Label	X945 : Y17	MIUI	#FFFFFF/14
无	Label	X992 : Y17	图集	#FFFFFF/14
无	Label	X1041 : Y17	参数	#FFFFFF/14
无	Label	X1090 : Y17	保险	#FFFFFF/14
无	Label	X1139 : Y17	评测	#FFFFFF/14
无	Label	X1187 : Y17	F 码通道	#FFFFFF/14

然后放置一个矩形部件，属性如下表所示。

名　称	部件种类	坐　标	尺　寸	填充色／边框色
无	Rectangle	X1255 : Y10	W140 : H30	#FF4A01

全部完成后，现在导航部分看起来是这个样子的，如下图所示。

看起来跟真的网页是不是一样的?

步骤 4　创建右侧圆点标识区域

处理完主导航后，我们来处理右侧的圆点标识区域。我们使用一个动态面板来处理这个区域。动态面板包括 10 个状态，每个状态中对应相应楼层的圆点是"点亮"的。

动态面板的属性如下表所示。

名　称	部件种类	坐　标	尺　寸
dpDots	Dynamic Panel	X1505：Y574	W14：H193

我们放置 dpDots 的位置刚好就是原先图片上右侧圆点提示区域的位置。

然后我们为 dpDots 添加 10 个状态，分别为 State1—State10，我们先双击 State1。

我们从小米的页面中找到如的图片。

把它放置在 dpDots State1 的 X0：Y0 的位置。然后在下面的位置分别放置 9 个尺寸为 W10：H10 的矩形部件。并把它们转换为圆形。转换的方式很简单，只要右键单击一个矩形部件，然后在弹出的菜单中选择"Select Shape"，然后在弹出的子菜单中选择"Eclipse"就可以了。每个矩形部件的填充色和边框色都是 #51504F。

放置完成后，State1 现在看起来是这个样子的，如下图所示。

如果在实际操作中觉得目标太小不容易操作，可以将视野放大到 400% 进行操作，如下图所示。

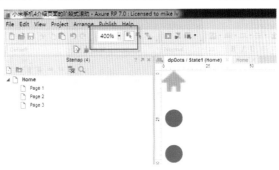

在对齐圆点的时候，可以先将纵向第一个圆点和最后一个圆点的位置确定好，中间的圆点随意。然后选中所有圆点，单击工具栏中的"Distribute Vertically"，如下图所示。

然后就会发现圆点在纵向上均匀分布了，如下图所示。

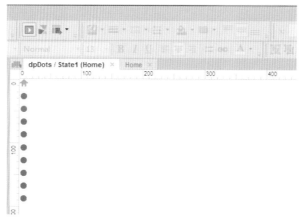

制作好 State1 后，我们将 State1 中的所有元素复制，并粘贴到 State2 中。然后将第一个圆点的边框色修改为 #999999，如下图所示（为了让读者看得清楚，我们放置了一个黑色的背景）

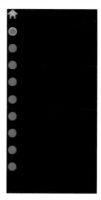

以此类推，我们将每个 State 中相应的圆点的边框色也进行设置。全部完成后，现在的 Home 页面是这个样子的，如下图所示。

最后，我们要把 dpDots 也 Pin to Browser（固定到浏览器）。

步骤 5　添加滚动事件

接下来我们为已经添加好的部件添加事件。首先，我们希望向下滚动鼠标的时候，dpMainContainer 能够切换不同的 State。

同时，我们不能让 dpMainContainer 随着滚动条的滚动而滚动。我们需要 dpMainContainer 一直停留在视野中。为此，我们右键单击 dpMainContainer，选择 "Pin to Browser Window"，如下图所示。

通过选择"Horizontal Pin"→"Left"和"Vertical Pin"→"Top"，我们就把 dpMainContainer 相对于浏览器顶端和左侧的位置锁定了。

我们希望滚动条每滚动 500 像素的距离，就切换一次 dpMainContainer 的状态，也就是如下所示。

滚动条的位置在 500 和 1000 之间时，切换到 State2

滚动条的位置在 1000 和 1500 之间时，切换到 State3

滚动条的位置在 1500 和 2000 之间时，切换到 State4

滚动条的位置在 2000 和 2500 之间时，切换到 State5

滚动条的位置在 2500 和 3000 之间时，切换到 State6

滚动条的位置在 3000 和 3500 之间时，切换到 State7

滚动条的位置在 3500 和 4000 之间时，切换到 State8

滚动条的位置在 4000 和 4500 之间时，切换到 State9

滚动条的位置在 4500 和 5000 之间时，切换到 State10

之所以选择 500 像素，并没有特殊的原因，只是觉得这个距离发生交互比较舒服而已。读者可以根据情况自行设定。如果需要页面滚动得快一点儿，就可以缩小这个距离，如果希望页面滚动得慢一点儿，就增加这个距离。

因为我们希望用户在整个页面中滚动鼠标时，dpMainContainer 都可以发生响应。所以我们要将事件添加到页面上，而不是某个部件上。为此，我们来到 Home 页面，在 Page Interactions 区域找到页面的 OnWindowScroll 事件，如下图所示。

双击该事件，我们先添加第一个动作。对于第一个动作，我们希望在滚动条的位置介于大于 500 像素，小于等于 1000 像素的时候，将 dpMainContainer 的状态设置为 State2。切换状态的时候，使用向上滑入和滑出的效果。完成后事件如下图所示。

运行原型。然后我们就会发现一个非常意外的情况：页面上没有滚动条，根本滚动不了。

为什么呢？因为页面不够高，所以，垂直滚动条根本就没有出现。所以，我们的滚动计划失败了……

那么现在怎么办呢？我们需要让页面足够高，从而让滚动条一直持续地出现。为此，我们放置一个颜色为白色的矩形部件，规格如下表所示。

名　称	部件种类	坐　标	尺　寸	填充色 / 边框色
无	Rectangle	X1519 : Y0	W30 : H12970	#FFFFFF

　　然后，在垂直方向上，我们把这个矩形部件置于最底层。因为背景色也是白色的，所以用户是看不到这个矩形部件的。但是，这个看不见的矩形部件，将页面撑高了，从而使垂直滚动条出现了。我们再次运行原型，发现页面可以滚动了。

　　测试成功后，我们要在 Case1 中也添加上对于 dpDots 状态的更改，如下图所示。

　　再次在浏览器中测试，一切运行良好。

　　然后，我们按照同样的方式，为 OnWindowScroll 继续添加其他的 Case。全部完成后事件如下图所示。

我们在浏览器中测试一下效果，滚动条滚动的时候，页面状态发生了切换。如之前所说，我们可以通过调整 500 这个数值和切换时候的 500ms 这个数值来调整页面的流畅度，从而提升用户的最终体验。具体的细节，留给读者们去测试吧。

总结

在本节中，我们实现了随页面滚动切换动态面板状态的效果。也介绍了一些"取巧"的方式来处理一些图片。运用这种方式，我们可以制作很酷的页面阶段式滚动的效果。但是，我们无法隐藏右侧的滚动条是一个遗憾。希望在未来的 Axure RP 版本中，能够实现对于这种纵向滚动的更好的支持。

案例26——App Store on iPad

总步骤：4 难易度：难
页面地址：Apple App Store on iPad

1.效果页面描述

App Store 由好几个可以横向滑动的区域组成，并且整个页面又是可以纵向滑动的。这些横向的滑动不是循环进行的，而是有边界的。其实每个可以横向滑动的区域都是类似的。

2.效果页面分析

我们可以把整个 App Store 的首页理解为一个动态面板，并且这个动态面板里面套了另外一个动态面板。这个动态面板可以随着用户手指的拖动而上下地移动。然后这个可以上下移动的动态面板，又是由一系列横向的，很宽的动态面板组成的。这些横向的动态面板可以被横向拖动，但是不能被纵向拖动。

步骤 1　创建一个 iPad Air 的背景

为了使原型更加逼真，我们首先来创建一个 iPad Air 的背景。我们不是要真地去画一个 iPad Air，而只是用一张图片来做背景。我们首先在 Baidu 中搜索一张 iPad Air 的高清大图，如下图所示。

大家可以在本节的素材中找到这张图片。我们把它在 Axure RP 中打开。然后将它的尺寸调整到 W866：Y1148，并且放置在 X30：Y50 的地方。至于为什么要是这个尺寸，读者也不必纠结。我们只是希望原型的尺寸看起来跟真正的物理 iPad 的尺寸接近而已。

接着我们拖曳一个动态面板到页面中，属性如下表所示。

名　称	部件种类	坐　标	尺　寸
dpContainer	Dynamic Panel	X126：Y170	W673：H876

现在页面看起来是这样子的，如下图所示。

这个 dpContainer，就是我们用来装其他所有动态面板部件的容器。但是它是固定的，不能够拖动的。

本节的这种制作背景的方法，也是我们在制作原型时的一种非常常用的手法。虽然我们不是在 iPad 上面进行原型的预览，但是我们通过放置一个背景，给人的感觉就好像是在一个真实的 iPad 上操作一样。虽然这不是一种完美的方式，但是足够用了。读者可以想到，同理，我们可以使用很多背景，比如三星手机、锤子手机、小米手机等。

步骤 2　创建可以垂直滑动的动态面板

我们双击 dpContainer，然后在它的 State1 中，拖曳一个如下表所示的动态面板部件。

名　称	部件种类	坐　标	尺　寸
dpVertical	Dynamic Panel	X0：Y0	W673：H1752

这个动态面板的高度很高，所以会超出之前 dpContainer 的边界。不过没有关系，我们就是要它超出，这样才能体现滑动的效果。我们双击 dpVertical，打开它的 State1。然后，我们首先在页面中放置一张这样的图片。

添加一个渐变的图片的目的是为了在垂直滑动的时候，能让大家看到滑动时候的效果。

然后我们回到 dpContainer 的 State1 页面中，选中 dpVertical 动态面板，然后添加如下的事件。

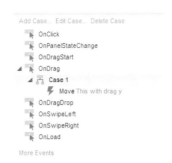

这个动作的意思是，当拖曳这个动态面板的时候，也就是 OnDrag 事件被触发的时候，我们要移动这个动态面板的本身。但是如何移动呢？我们要 "with Drag y"。意思就是在 *Y* 轴上面，跟着拖动走。也就是说实现了在 *Y* 轴方向上的拖动。因为没有 with Drag x，所以这个 dpVertical 动态面板在 *X* 轴方向上是无法移动的。

我们先运行原型，然后用鼠标拖动屏幕中间的渐变矩形，发现可以在纵向上拖动它了。拖动的时候，鼠标会变成十字形。如果我们是在 iPad 上使用这个原型，那么拖动其实就是手指的滑动。我们可以像在真的 App Store 里面一样用手指来移动这个矩形部件，如下图所示。

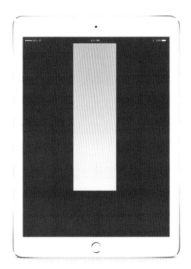

步骤 3　为垂直滑动的动态面板设定边界

垂直的动态面板是不能够无限移动的。比如我们不希望把它移动"出界"到下图中这个位置。

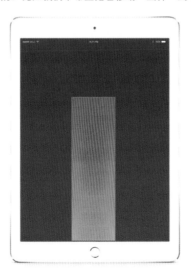

我们需要它像 iPad 上的其他应用一样，在被移出边界的时候，能够动态地"回弹"回来。为了做到这一点，我们再次回到 dpContainer 的 State1，为 dpVertical 添加如下的 OnDragDrop 事件。

这是什么意思呢？首先，OnDragDrop 是在我们拖曳后，放开鼠标或者手指的时候才被执行的事件。如果在用户放开鼠标的时候，dpVertical 动态面板的纵坐标 Y 值大于 0，说明这个时候动态面板已经从最上面出界了。所以这个时候我们要把它恢复到 X0：Y0 的位置。这个移动是线性的，所以我们会看到动态面板慢慢地移动到原始的位置上去。读者也可以尝试除了 linear 之外的，比如 Bounce 的效果，此时就会看到一个回弹的效果。

同样的，我们要保证 dpVertical 在移动到最下面的时候也不会出界，所以我们要为 OnDragDrop 添加第二个用例如下。

步骤 4　制作第一个横向滑动模块

有了一个纵向滑动的模块后，我们来制作第一个横向滑动的模块。在制作前，我们先在真正的 iPad Air 上打开 App Store，然后按住 Home 键和电源键进行截图。之后把这个截图导入到 Axure RP 里面，这样我们好有一个比对。首先我们先把下图中的电源和标题部分切下来，放在 Home 页面中。

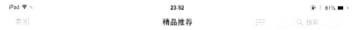

这个部分是不随任何面板滑动的。所以我们把它放在 Home 页面中。它位于 X126：Y150，尺寸为 W673：H55。

然后我们要修改 dpContainer 的尺寸和坐标，因为我们不希望它覆盖上述这个 W673：H55 的部分。所以，我们修改好的 dpContainer 的属性如下表所示。

名　称	部件种类	坐　标	尺　寸
dpContainer	Dynamic Panel	X126：Y205	W673：H841

现在整个界面看起来是这样的，如下图所示。

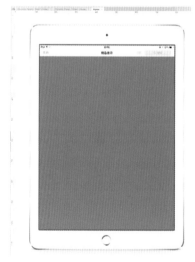

因为修改了 dpContainer 的尺寸，所以我们也需要相应地修改 dpVertical 的尺寸。修改后的 dpVertical 的属性如下表所示。

名　称	部件种类	坐　标	尺　寸
dpVertical	Dynamic Panel	X0：Y0	W673：H1682

同样要记得修改 OnDragDrop 中的判断条件中的坐标值，如下图所示。

接着，我们双击 dpVertical，开始编辑它的 State1。

首先我们拖曳一个白色边框和白色填充的矩形部件到界面中，用作整个垂直动态面板的背景。我们可以把之前添加的那个渐变色彩的矩形部件给删除了。

在具体的制作过程中，我们为了简单化，就不使用真实的图片了。而是使用示意的矩形来标识出页面中的各个元素。之后，我们向界面中拖曳一个动态面板，属性如下表所示。

名　称	部件种类	坐　标	尺　寸
dpHorizontal1	Dynamic Panel	X0 ： Y2	W2117 ： H175

这个动态面板横向上很宽，因为我们要横向拖动它，而不是纵向。

双击它，在 dpHorizontal1 的 State1 中，添加如下属性的 6 个矩形部件作为广告。

名　称	部件种类	坐　标	尺　寸
无	Rectangle	X0 ： Y0	W350 ： H175
无	Rectangle	X353 ： Y0	W350 ： H175
无	Rectangle	X706 ： Y0	W350 ： H175
无	Rectangle	X1059 ： Y0	W350 ： H175
无	Rectangle	X1412 ： Y0	W350 ： H175
无	Rectangle	X1765 ： Y0	W350 ： H175

然后将它们的填充色和边框色都设置为 #999999，文字分别设置为"广告 1"到"广告 6"。

接着回到 dpVertical 的 State1 页面，为 dpHorizontal1 添加如下的事件。

所以，现在当我们拖动 dpHorizontal 动态面板的时候，它会沿 X 轴方向进行移动。同样地，我们也为它添加如下的 OnDragDrop 事件。

这样就不会脱出边界了。现在界面看起来是这样的，如下图所示。

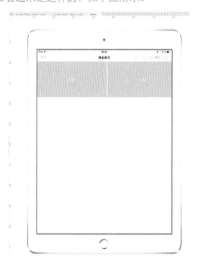

然后我们就开始处理"优秀新 App"部分。首先放置两条文字链，一条是"优秀新 App"，另一条是"显示全部 >"。然后拖曳一个 dpHorizontal2 动态面板，属性如下表所示。

名　称	部件种类	坐　标	尺　寸
dpHorizontal2	Dynamic Panel	X20 ： Y240	W1530 ： H138

双击 dpHorizontal2，在 State1 中添加一排圆角矩形部件，用来模拟 App。这些 App 矩形的尺寸为 W80 ： H80，圆角矩形的半径为 20。

这些矩形部件看起来是这个样子的，如右图所示。

回 到 dpVertical 的 State1， 为 dpHorizontal2 添 加 如 下 的 OnDrag 和 OnDragDrop 的事件。

现在页面看起来是这样的，如下图所示。

是不是越来越像真的了？

同样的方式，我们添加一条 Horizontal Line 作为分割线，然后再添加优秀新游戏部分，完成后页面如下图所示。

我们就不再赘述了。用同样的方式，我们可以一路添加下去。最终，页面看起来是这样的，如下图所示。

是不是很像一个简单版的 App Store？

总结

在本节中我们制作了一个 iPad Air 上的 App 应用。我们使用一张 iPad Air 的图片做背景来提供更加逼真的原型效果。这种方式也可以用在制作很多其他的移动互联网应用上，比如基于 iPhone 的，Windows Phone 的，三星手机的，等等。同时，我们也学会了如何处理纵向和横向的拖曳滚动。

案例27——iPhoto的相册封面效果

总步骤：3 难易度：难
页面地址：Mac 上的 iPhoto 软件的封面效果

1.效果页面描述

读者可以在 Apple 的 MacBook Pro 或者 MacBook Air 上安装 iPhoto 软件。iPhoto 软件是 Apple 提供的一款用于电子照片管理的软件，它是一款软件，而不是一个网站。它同时也有 iPad 和 iPhone 版本。iPhoto 可以将手机，照相机的照片导入到电脑中，然后分批次进行管理。当打开 iPhoto，你可以看到所有已经导入的照片，如下图所示。

iPhoto 会根据时间、地点进行自动地分类管理。当用户用鼠标在一本相册封面上进行移动的时候，就会发现相册的封面会随着鼠标的移动发生变化，不停地显示相册中的图片。鼠标移动得越快，相册封面切换图片的速度也就越快。

这样，对于用户来说，你不用去打开这本相册，就能知道里面大概包含了什么时间拍的什么样的照片，非常方便。

笔者认为这也是一种很好的可以用在网站或者手机上的功能。尤其是在手机上。所以，笔者就把它当作一个例子放进来了。

2.效果页面分析

首先我们要确定哪个事件可以捕捉到这种不停地移动鼠标的动作。我们发现动态面板部件有一个事件叫作"OnMouseMove"。这个正是我们需要的事件。这个事件将在鼠标在动态面板上方移动的时候触发。当鼠标移出动态面板的"领空"后，这个事件就不会被触发了。而且这个事件的妙处在于，只要用户不停地移动鼠标，这个事件就会被不断地触发，移动得越快，触发得越频繁。所以，它就是解决问题的关键。然后，我们只要在这个事件触发的时候，更换动态面板的状态，然后在不同的状态里面，放置不同的图片就可以了。

步骤 1 搭建一个 iPhoto 的背景

因为我们要制作一个 iPhoto 的原型，所以我们要先有一个 iPhoto 的背景。为此，我们先把一张 iPhoto 的截图放到页面中，如下图所示。

我们只需要制作一本相册的效果就可以了。为此我们就制作第一行的第一本相册。

步骤 2 准备一个有多个状态的动态面板

拖曳一个动态面板部件到界面中，属性如下表所示。

名　称	部件种类	坐　标	尺　寸
dpAlbum1	Dynamic Panel	X287：Y71	W232：：H232

然后，我们为它添加 20 个状态，分别命名为 State1—State20，如下图（右）所示。

在每个 State 中，我们都在 X0：Y0 的位置放置一张 W232：H232 的图片，图片为圆角，圆角的半径为 15。比如 State1 中就是这样一张图片，如下图（左）所示：

步骤3 让动态面板随着鼠标的移动切换封面

最后，我们只要回到 Home 页面，选中 dpAlbum1，为它添加一个如下的，简单的 OnMouseMove 事件就可以了。

也就是说，当鼠标移动的时候，我们就把动态面板的状态设置为下一个，这样封面就会随着鼠标的移动不停地进行切换了。最后的 Wrap 的意思是如果已经切换到最后一个状态了，那么就从第一个状态循环开始。

完成后，我们可以在浏览器中测试效果，当鼠标在相册的封面上移动的时候，这本相册的封面会迅速地切换图片。可能我们要慢一点儿移动鼠标，才可以看清楚里面的图片。

总结

我们创造性地将 OnMouseMove 事件用在了一个很有意思的地方——切换相册的封面。从而实现了一个 iPhoto 软件的效果。

案例28——游戏大家来找茬

总步骤：9 难易度：难

1.效果页面描述

"大家来找茬"是一个非常有趣的游戏，虽然像俄罗斯方块一样古老，却又总能随着各种新奇设备的出现而重现光芒。比如在 iPhone 和 iPad 上面玩，在街机上面玩，甚至可以在电视上全家一起玩。

其实用 Axure RP，大家可以非常容易地制作出自己的大家来找茬游戏。下面我们就来娱乐一下。

不过先声明，我们并不会去制作图片，而是用现成儿的，已经有"茬"的图片让大家来找。

2.效果页面分析

"大家来找茬"，会给用户展示两张图片，当用户在任何一张图片上的不同之处点击的时候，程序就会反馈给用户是否是正确的，如果是，那么用户就向成功多迈进了一步，如果不是，那么一般来说就会扣除一部分的时间。所以，这两张图片，其实就是带有一些热区的图片，热区放在有不同的地方，两张图片中的热区的相对位置是一致的。当用户点中了隐藏的，标识为正确的热区的时候，就是成功了，我们通过醒目的标志告诉用户选择正确了。否则，用户就是没有找到"茬"或者找错"茬"了。

这里的唯一难点就是要实现一个倒计时牌。我们可以参考之前"案例10——美团网的倒计时牌"的制作方式。我们给用户每个关卡设计的时间是两分钟，也就是 120 秒。当然，我们也可以用进度条的方式来表示时间的流逝。

为了让整个项目看起来更像一个完整的游戏，我们这次要制作一个多页面的项目。

步骤1 主界面

首先，我们拖曳一个动态面板部件到页面中，这个动态面板是用作游戏的主体的。

名　称	部件种类	坐　标	尺　寸
mainWindow	Dynamic Panel	X30：Y30	W1024：H628

我们先为它添加 3 个状态，第一个是 start，用于在游戏开始的时候选择关卡，第二个是 ingame，用于在游戏进行中的状态，第三个是 fail，用于在游戏过程中用户失败了的时候。首先，我们双击 ingame，先制作游戏的核心部分。

在 ingame 中，我们首先拖曳一个矩形部件到页面中，属性如下。

名　称	部件种类	坐　标	尺　寸	填充颜色	边　框
无	Rectangle	X0：Y0	W1024：H110	#F26824	无

这个矩形部件被用作背景，标识我们游戏区域中的 Header 部分。在这个背景上，我们要显示当前剩余的时间，当前的关卡，玩家已经找到了几个"茬"这样的信息。

然后，我们拖曳 4 个 Text Panel 文本部件，属性分别如下表所示。

Label	用　途	文　本	字　体	尺　寸	坐　标	颜　色
无	显示文字	Time:	Arial Black	W140	X40：Y30	# 333333
textTime	实时显示剩余时间	120	Arial Black	W140	X190：Y30	# 333333
无	显示文字	Level:	Arial Black	W180	X524：Y30	# 333333
textLevel	显示当前关卡	1	Arial Black	W140	X680：Y30	# 333333

其中 textTime 和 textLevel 会随着时间和用户当前进行游戏的关卡发生改变，所以需要设置名称，这样我们可以通过事件来控制它们的显示。

然后，我们拖曳一个动态面板到 Home 页面中，属性如下表所示。

名　称	部件种类	坐　标	尺　寸
diffsFind	Dynamic Panel	X828：Y36	W160：H40

我们为它添加 4 个状态，分别命名为 0，1，2，3。我们先双击"0"状态进行编辑。

在 0 状态中，我们拖曳一个矩形部件到页面中，右键单击它，选择"Edit Button Shape"→"Ellipse"。这个时候，我们会发现矩形变成了一个椭圆形。我们将它的尺寸设置为 W40：Y40，坐标为 X828：Y36，这样它就变成了一个圆形。我们把它的边框设置为黑色较粗的一种，填充颜色设为白色，命名为 circle1。然后我们将 circle1 复制两个，分别命名为 circle2 和 circle3，并排放置。现在页面看起来是这个样子的，如下图所示。

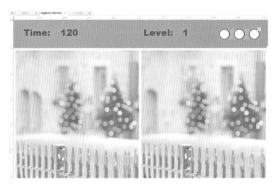

这 3 个 circle 部件是用来显示当前用户已经找到了几处不同的。

我们把这 3 个 circle 复制，然后双击"1"状态开始编辑，将这 3 个 circle 粘贴到状态"1"中。然后选择第一个 circle，将填充颜色修改为 #00FF33。同样的，对于状态"2"，我们将前两个 circle 的填充色都改变为 #00FF33。我们将所有状态整理到一个表格中，大家看得就更加清楚了。

状态名称	Circle 的状态
0	○○○
1	●○○
2	●●○
3	●●●

接下来，我们制作关卡部分。

步骤2 关卡1

然后，我们回到 mainWindow 动态面板的 ingame 状态的首页中。我们拖曳另外一个动态面板部件到页面中，属性如下。

名 称	部件种类	坐 标	尺 寸
gameLevels	Dynamic Panel	X0：Y111	W1024：H516

因为我们希望为这个游戏设置 8 个关卡，所以我们给 gameLevels 这个动态面板会有 8 个状态，分别命名为 1 ~ 8。然后我们双击"1"，开始编辑第一个关卡。

首先，我们把 level1.jpg 图片导入进来。这张图片是我们从其他的找茬游戏中截图出来的。大家也可以制作自己的。因为我们在这里只是说明制作整个流程，所以我们就不去自行制作找的图片了。

导入后，我们将图片的坐标设置为 X8：Y7，尺寸与图片的尺寸一致，是 W1009：H500。我们接下来要做的，就是为图片当中的不同添加热区。对于热区的实现，我们使用动态面板部件，而不用 Image Map 部件。因为 Image Map 部件在被单击后无法改变状态。我们希望的是，如果用户单击了这些热区，那么这些热区会改变自己的状态以使用户意识到他们单击正确，找到了正确的"茬"，比如下图所示。

找到前

找到后

所以我们先拖曳第一个动态面板部件到页面中，命名为 1diff1Left，尺寸和坐标根据我们图片上的第一个不同来设定。要求刚好把不同的部分完全覆盖住。也不要多覆盖，否则用户单击了没有不同的地方也会成功。对于 level1.jpg 这个第一关来说，覆盖第一个不同的动态面板的坐标和尺寸如下表所示。

名 称	部件种类	坐 标	尺 寸
1diff1Left	Dynamic Panel	X71：Y160	W50：H180

然后我们为它添加两个状态，分别为 hidden 和 found，分别用于显示隐藏起来的"茬"和已经找到的"茬"。然后我们双击 hidden，在 hidden 中，我们拖曳一个 W50：H180，X0：Y0 的矩形部件到页面中，无边框无填充。在 found 中，我们添加同样的一个矩形，但是边框颜色设定为 # 00FF00，边框设置为较粗。

然后，我们把 1diff1Left 动态面板复制一个，名称修改为 1diff1Right，放置在右侧图片的相应的不同的位置。也就是坐标 X585：Y160 的位置。完成之后，页面看起来是这个样子的，如下左图所示。

一共有两个动态面板，因为无论用户是在左边的图片中找到了这个"茬"，还是在右边的图片中找到的，都应该算作是找到了。

如果找到了茬，我们就会更换这两个动态面板的状态，那么页面看起来就是这样的，如下右图所示。

注意，这两个动态面板肯定是同时改变状态的。

当我们找到不同的同时，也要将一个叫作 diffsFind 的变量的值加 1，这个变量是用来控制我们之前添加的 diffsFind 动态面板的状态的。如果我们还没有发现不同，那么 diffsFind 动态面板的状态就是状态 "0"，如果发现了一个，就应该将 diffsFind 动态面板的状态设定为 "1"。最后，我们添加一个事件，去移动 diffsFind 动态面板。请注意，我们移动的值是（0，0）。也就是说，我们其实并没有真正地在空间中移动 diffsFind 动态面板，我们只是通过将它在 X 和 Y 方向上各移动零像素来触发 diffsFind 面板的 OnMove 事件。然后在这个事件中，我们根据 diffsFind 变量的值来设定 diffsFind 动态面板的状态。

综上所述，我们为两个动态面板部件的 hidden 状态中的矩形部件添加如下的事件。

Label 部件名称	无
部件类型	Rectangle
动作类型	OnClick
所属页面	Home
所属面板	1diff1Left，1diff1Right
所属面板状态	hidden
动作类型	动作详情
Set Panel state(s) to State(s)	Set1 diff1Left state to found, idiff1Right state to found
Set Variable/Widget value(s)	Set value of variable diffsFind equal to "[[diffsFind+1]]"
Move Panel(s)	Move diffsFind by (0,0)

diffsFind 的初始值是 "0"，随着玩家一个一个地发现新的不同，diffsFind 的值也在自动增长。

然后，我们对 level1.jpg 的其他两个 "茬" 做同样的设置，也就是用动态面板覆盖有 "茬" 的部分。所有的 "茬" 都被覆盖之后，如下图所示。所有的 6 个动态面板部件都同样地设定，并且添加了同样的事件。

步骤 3　显示当前关卡数

接下来，我们要处理 diffsFind 动态面板的 OnMove 事件。在这个事件中，我们要根据 diffsFind 的值来动态地改变 diffsFind 动态面板的状态。事件如下表所示。

Label 部件名称	diffsFind
部件类型	Dynamic Panel
动作类型	OnMove
所属页面	Home
所属面板	mainWindow
所属面板状态	Ingame

续表

动作条件	
if value of variable diffsFind equals "0"	
动作类型	**动作详情**
Set Panel state(s) to State(s)	Set diffsFind state to 0
动作条件	
if value of variable diffsFind equals "1"	
动作类型	**动作详情**
Set Panel state(s) to State(s)	Set diffsFind state to 1
动作条件	
if value of variable diffsFind equals "2"	
动作类型	**动作详情**
Set Panel state(s) to State(s)	Set diffsFind state to 2
动作条件	
Else if True	
动作类型	**动作详情**
Set Panel state(s) to State(s)	Set diffsFind state to 3

现在对于关卡 1，我们已经全部完成了。这个时候回到 Home 页面中，页面是这个样子的，如下图所示。

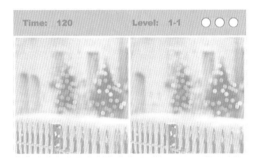

步骤 4 挑选关卡

现在第一关已经可以玩了。下面我们处理一下 mainWindow 动态面板的 start 状态。这样我们就可以有一关先玩一关了。

我们先拖曳一个矩形部件到页面中，属性如下表所示。

名 称	部件种类	坐 标	尺 寸	字 体
无	Rectangle	X0：Y0	W1024：H170	Arial Black
字体尺寸	**字体颜色**	**边 框**	**填充颜色**	
48	#333333	无	#F26824	

这是一个用作头部提示的区域，没有其他作用。文本内容为"选择关卡"。

然后，我们拖曳一个动态面板部件到页面中，属性如下表所示。

名 称	部件种类	坐 标	尺 寸
levels	Dynamic Panel	X280：Y272	W451：H206

它有 8 个状态。我们将它们分别命名为 1～8。状态"1"是只有第一关可以玩；状态"2"是只有第 1，2 关可以玩……以此类推，状态"8"是所有关都可以玩。通过这个，我们可以控制，只有用户玩过一关之后，才可以玩下一关。我们双击状态"1"。

先拖曳一个矩形部件到页面中，右键单击它，选择"Edit Button Shapge"→"Ecllipse"。把它变成椭圆形。然后把它的尺寸设置为 W80：H80，坐标设为 X0：Y0，填充颜色设为 #666666，无边框，字体设为 Arial，字体大小设为 36，字体颜色为白色。

我们把上述的圆形部件复制 8 个，分别输入文本 1—8，用来代表 8 个关卡。然后，将 1 号圆形部件的填充颜色修改为 #0066FF。现在页面看起来是这个样子的，如下图所示。

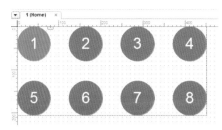

这就是状态"1"的样子。然后我们为 1 号圆形部件添加如下的 OnClick 事件。

Label 部件名称	无
部件类型	Rectangle
动作类型	OnClick
所属页面	Home
所属面板	levels
所属面板状态	1
动作类型	**动作详情**
Set Variable/Widget value(s)	Set value of variable level equal to "1"
Set Variable/Widget value(s)	Set value of variable time equal to "120"
Set Variable/Widget value(s)	Set value of variable diffsFind equal to "0"
Set Panel state(s) to State(s)	Set mainWindow state to ingame, gameLevels state to 1
Set Panel state(s) to State(s)	Set timer state to State2

这里有 5 个动作，第一个动作将当前的 level，也就是关卡设置为 1，然后将剩余的时间恢复到 120 秒，然后将当前已经发现的不同的个数，也就是找到的"茬"的数量设置为"0"，接下来，将 mainWindow 动态面板，也就是主要的游戏区域的状态设置为 ingame。接着把 ingame 动态面板中的 gameLevels 动态面板的状态设置为 1，也就是第一关。最后，我们把 timer 的状态从 State1 改变为 State2，这样就会启动 timer 的倒计时。关于倒计时的处理，我们在下一节会介绍。

同理，我们双击状态"2"，添加如下的界面。

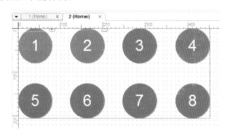

我们给按钮 2 添加如入的 OnClick 事件。

Label 部件名称	无
部件类型	Rectangle
动作类型	OnClick
所属页面	Home
所属面板	levels
所属面板状态	1
动作类型	**动作详情**
Set Variable/Widget value(s)	Set value of variable level equal to "2"
Set Variable/Widget value(s)	Set value of variable time equal to "120"
Set Variable/Widget value(s)	Set value of variable diffsFind equal to "0"
Set Panel state(s) to State(s)	Set mainWindow state to ingame, gameLevels state to 2
Set Panel state(s) to State(s)	Set timer state to State2

levels 动态面板的其他状态都同理可得，我们不再赘述了。

然后，我们将 mainWindow 的 start 状态设置成它的第一个状态，也就是默认状态，如下图所示。

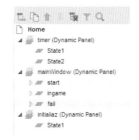

步骤 5   一个关键的地方

还有一个很小的但是很关键的步骤，在 ingame 状态中的 gameLevels 动态面板的状态 "1" 中，我们用 6 个动态面板部件作为热区覆盖了页面的 "茬"，但是整个背景图片，也就是 level1.jpg，我们并没有给它添加 OnClick 事件。这样会导致当用户在玩游戏的过程中，当鼠标触及热区的时候，鼠标会变成手形，而不在热区的时候，还是三角形。这样用户通过鼠标的形态变化就能 "看" 到哪里是不同。这是不行的。我们不能就这样泄露了机密。为此，我们需要为背景图片也添加一个 OnClick 事件，但是这个事件什么也不做。所以，我们为 level1.jpg 添加如下的事件。

Label 部件名称	无
部件类型	Image
动作类型	OnClick
所属页面	Home
所属面板	gameLevels
所属面板状态	1
动作类型	动作详情
Move Panel(s)	Move gameLevels by (0,0)

我们通过调用 Move Panel 动作，并把移动的距离写成（0，0），实现了只触发移动动态面板的事件，但是其实什么也没有移动的目的。

我们现成生成项目，在浏览器中查看，可以看到如下页面。

单击蓝色的数字 1，就会带我们来到第一关，如下图所示。

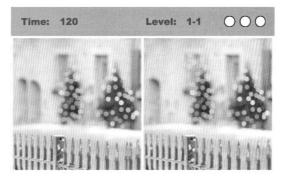

我们可以开始玩第一关喽。

步骤 6 倒计时

但是我们的关卡还没有倒计时，所以没有什么紧迫感，差点儿意思。在这一个步骤中，我们就制作 120 秒的倒计时。具体的做法，大家可以参考倒计时牌的做法。就是使用一个 timer 来实现。我们将案例 9 或者案例 10 中使用的 timer 动态面板复制一个，然后粘贴在 Home 页面中，尺寸设为 W60：Y60，坐标设为 X0：Y0。然后，我们仅仅把 timer 的 OnPanelStateChange 事件修改如下表所示。

Label 部件名称	timer
部件类型	Dynamic Panel
动作类型	OnPanelStateChange
所属页面	Home
所属面板	无
所属面板状态	无
动作条件	
If value of variable time is greater than "0" and state of panel timer equals State1	
动作类型	**动作详情**
Wait Time(ms)	Wait 1000 ms
Set Variable/Widget values(s)	Set value of variable time equal to "[[time-1]]"
Set Variable/Widget values(s)	Set text on widget textTime equal to "[[time]]"
Set Variable/Widget value(s)	Set text on widget textLevel equal to "[[level]]"
Set Panel state(s) to State(s)	Set timer state to State2
动作条件	
If value of variable time is greater than "0" and state of panel timer equals State2	
动作类型	**动作详情**
Wait Time(ms)	Wait 1000 ms
Set Variable/Widget values(s)	Set value of variable time equal to "[[time-1]]"
Set Variable/Widget values(s)	Set text on widget textTime equal to "[[time]]"
Set Variable/Widget value(s)	Set text on widget textLevel equal to "[[level]]"
Set Panel state(s) to State(s)	Set timer state to State1
动作条件	
Else if True	
动作类型	**动作详情**
Set Variable/Widget values(s)	Set value of variable time equal to "120"
Set Variable/Widget values(s)	Set text on widget textTime equal to "[[time]]"
Set Variable/Widget values(s)	Set value of variable diffsFind equal to "0"
Set Panel state(s) to State(s)	Set mainWindow state to fail
Set Panel state(s) to State(s)	Set timer state to State1

我们简单解释一下：首先，我们对每一关预定的时间是 120 秒，所以 time 变量的初始值也是"120"。如果时间不为零，而且 timer 当前的状态是 State1，那么我们就等待 1 秒钟，然后把 time 减去一秒，并且让减去时间后的 time 通过 textTime 显示出来。这样用户在游戏界面上就可以看到 120 秒变成了 119 秒。然后，我们显示当前的关卡数。最后，要把 timer 动态面板的状态从 State1 变成为 State2，这样可以让 OnPanelStateChange 事件继续下去。

对于时间不为零，但是 timer 的状态为 State2 的处理方式跟 State1 是一样的。

最后，如果时间已经为零了，证明这个时候用户失败了。那么我们首先要把 time 变量的初始值恢复到"120"，并且把 diffsFind 变量，也就是记录用户找到了多少茬的变量也恢复到"0"，为用户开始下一次尝试做准备。最重要的，我们要把 mainWindow 动态面板的状态设置为 fail，也就是提示用户失败了。我们会在接下来的部分说明 fail 状态的功能是什么。

步骤 7 失败了

我们双击 fail 状态，首先，我们拖曳一个矩形部件到页面中，作为这个页面的 header 部分，属性如下表所示。

名称	部件种类	坐标	尺寸	字体	边框	填充颜色
无	Rectangle	X0：Y0	W1024：H170	Arial Black	无	#F26824

然后，我们拖曳两个 Text Panel 部件到页面中，第一个尺寸为 W140，坐标为 X100：Y52，字体为 Arial Black，

大小为 48，字体颜色为 # 333333，文本内容为"Level"。然后第二个尺寸为 W508，坐标为 X404 ： Y64，字体为黑体，字体大小为 48，字体颜色也是 # 333333，内容为"差一点哦，再来一次？"

接着，我们拖曳一个动态面板部件到页面中，属性如下表所示。

名　称	部件种类	坐　标	尺　寸
Textlevel	Dynamic Panel	X250 ： Y50	W100 ： H80

我们双击 State1。在 State1 中，我们拖曳一个 Text Panel 部件，属性如下表所示。

名　称	部件种类	坐　标	尺　寸	字　体	字体尺寸	字体颜色
textLevel	Text Panel	X16 ： Y2	W70	Arial Black	48	#333333

之后我们会通过事件来改变 textLevel 的值，让它显示出当前用户玩到的这一关。

然后，我们回到 fail 状态的页面中，为 textPanel 动态面板添加如下的事件。

Label 部件名称	textLevel
部件类型	Dynamic Panel
动作类型	OnMove
所属页面	Home
所属面板	mainWindow
所属面板状态	fail
动作类型	动作详情
Set Variable/Widget values(s)	Set text on widget textLevel equal to "[[level]]"

然后，我们回到 timer 的 OnPanelStateChange 事件中，修改最后一个条件，就是 Else if True 的事件，如下表所示。

动作条件	
Else if True	
动作类型	动作详情
Set Variable/Widget values(s)	Set value of variable time equal to "120"
Set Variable/Widget values(s)	Set text on widget textTime equal to "[[time]]"
Set Variable/Widget values(s)	Set value of variable diffsFind equal to "0"
Set Panel state(s) to State(s)	Set mainWindow state to fail
Set Panel state(s) to State(s)	Set timer state to State1
Move Panel(s)	Move textLevel by (0,0)

我们就添加了一个动作，就是将 textLevel 动态面板移动。这样就能够触发我们刚才添加的 OnMove 事件。

现在我们生成项目，在浏览器中查看，发现如果我们在 120 秒内没有通过关卡，那么页面就会跳转到 fail 状态，提示我们重新玩一次，如下图所示。

然后，回到 fail 状态的首页中。我们添加 list.png 图片到页面中，尺寸为 W96 ： H96，坐标为 X296 ： Y284。我们为这个 Image 部件添加如下的事件。

Label 部件名称	List
部件类型	Image
动作类型	OnClick
所属页面	Home
所属面板	mainWindow
所属面板状态	fail

续表

动作条件	
If value of variable level equals "1"	
动作类型	**动作详情**
Set Panel state(s) to State(s)	Set levels state to 1
Set Panel state(s) to State(s)	Set mainWindow state to start
动作条件	
If value of variable level equals "2"	
动作类型	**动作详情**
Set Panel state(s) to State(s)	Set levels state to 2
Set Panel state(s) to State(s)	Set mainWindow state to start
动作条件	
If value of variable level equals "3"	
动作类型	**动作详情**
Set Panel state(s) to State(s)	Set levels state to 3
Set Panel state(s) to State(s)	Set mainWindow state to start
动作条件	
If value of variable level equals "4"	
动作类型	**动作详情**
Set Panel state(s) to State(s)	Set levels state to 4
Set Panel state(s) to State(s)	Set mainWindow state to start
动作条件	
If value of variable level equals "5"	
动作类型	**动作详情**
Set Panel state(s) to State(s)	Set levels state to 5
Set Panel state(s) to State(s)	Set mainWindow state to start
动作条件	
If value of variable level equals "6"	
动作类型	**动作详情**
Set Panel state(s) to State(s)	Set levels state to 6
Set Panel state(s) to State(s)	Set mainWindow state to start
动作条件	
If value of variable level equals "7"	
动作类型	**动作详情**
Set Panel state(s) to State(s)	Set levels state to 7
Set Panel state(s) to State(s)	Set mainWindow state to start
动作条件	
If value of variable level equals "8"	
动作类型	**动作详情**
Set Panel state(s) to State(s)	Set levels state to 8
Set Panel state(s) to State(s)	Set mainWindow state to start

我们根据当前用户玩到了第几关，来决定当用户单击回到 mainWindow 的 Start 状态的时候，我们应该显示 levels 动态面板的哪个状态。

接下来，我们添加 again.png 图片到页面中，尺寸为 W96 ：H96，坐标为 X588 ：Y284。我们为这个 Image 部件添加如下的事件。

Label 部件名称	**Retry**
部件类型	Image
动作类型	OnClick
所属页面	Home
所属面板	mainWindow
所属面板状态	fail
动作条件	
If value of variable level equals "1"	

续表

动作类型	动作详情
Set Panel state(s) to State(s)	Set gameLevels state to 1
Set Variable/Widget value(s)	Set value of variable time equal to "120", and value of variable diffsFind equal to "0"
Set Panel state(s) to State(s)	Set timer state to State2
Set Panel state(s) to State(s)	Set mainWindow state to ingame

动作条件
If value of variable level equals "2"

动作类型	动作详情
Set Panel state(s) to State(s)	Set gameLevels state to 2
Set Variable/Widget value(s)	Set value of variable time equal to "120", and value of variable diffsFind equal to "0"
Set Panel state(s) to State(s)	Set timer state to State2
Set Panel state(s) to State(s)	Set mainWindow state to ingame

动作条件
If value of variable level equals "3"

动作类型	动作详情
Set Panel state(s) to State(s)	Set gameLevels state to 3
Set Variable/Widget value(s)	Set value of variable time equal to "120", and value of variable diffsFind equal to "0"
Set Panel state(s) to State(s)	Set timer state to State2
Set Panel state(s) to State(s)	Set mainWindow state to ingame

动作条件
If value of variable level equals "4"

动作类型	动作详情
Set Panel state(s) to State(s)	Set gameLevels state to 4
Set Variable/Widget value(s)	Set value of variable time equal to "120", and value of variable diffsFind equal to "0"
Set Panel state(s) to State(s)	Set timer state to State2
Set Panel state(s) to State(s)	Set mainWindow state to ingame

动作条件
If value of variable level equals "5"

动作类型	动作详情
Set Panel state(s) to State(s)	Set gameLevels state to 5
Set Variable/Widget value(s)	Set value of variable time equal to "120", and value of variable diffsFind equal to "0"
Set Panel state(s) to State(s)	Set timer state to State2
Set Panel state(s) to State(s)	Set mainWindow state to ingame

动作条件
If value of variable level equals "6"

动作类型	动作详情
Set Panel state(s) to State(s)	Set gameLevels state to 6
Set Variable/Widget value(s)	Set value of variable time equal to "120", and value of variable diffsFind equal to "0"
Set Panel state(s) to State(s)	Set timer state to State2
Set Panel state(s) to State(s)	Set mainWindow state to ingame

动作条件
If value of variable level equals "7"

动作类型	动作详情
Set Panel state(s) to State(s)	Set gameLevels state to 7
Set Variable/Widget value(s)	Set value of variable time equal to "120", and value of variable diffsFind equal to "0"
Set Panel state(s) to State(s)	Set timer state to State2
Set Panel state(s) to State(s)	Set mainWindow state to ingame

动作条件

续表

If value of variable level equals "8"	
动作类型	**动作详情**
Set Panel state(s) to State(s)	Set gameLevels state to 8
Set Panel state(s) to State(s)	Set timer state to State2
Set Variable/Widget value(s)	Set value of variable time equal to "120", and value of variable diffsFind equal to "0"
Set Panel state(s) to State(s)	Set mainWindow state to ingame

这样，当用户点击这个"再玩一次"按钮之后，就可以回到刚才失败的那一关继续尝试。我们在每个事件中都会将 timer 的状态从 State1 修改为 State2，这样是为了重新启动 timer。

现在，我们已经有了"失败"的页面了。但是如何成功地去玩下一关呢？

步骤 8　一关接一关地玩

我们打开 mainWindow，ingame 状态的首页，找到 diffsFind 这个动态面板，我们应该还记得，这个动态面板有一个 OnMove 事件。这个事件会根据 diffsFind 这个变量的值，来动态地决定 diffsFind 应该显示哪个状态，也就是有几个状态"亮"起来。事件如下表所示。

Label 部件名称	**diffsFind**
部件类型	Dynamic Panel
动作类型	OnMove
所属页面	Home
所属面板	mainWindow
所属面板状态	Ingame
动作条件	
If value of variable diffsFind equals "0"	
动作类型	**动作详情**
Set Panel state(s) to State(s)	Set diffsFind state to 0
动作条件	
If value of variable diffsFind equals "1"	
动作类型	**动作详情**
Set Panel state(s) to State(s)	Set diffsFind state to 1
动作条件	
If value of variable diffsFind equals "2"	
动作类型	**动作详情**
Set Panel state(s) to State(s)	Set diffsFind state to 2
动作条件	
Else if True	
动作类型	**动作详情**
Set Panel state(s) to State(s)	Set diffsFind state to 3

我们仔细看这个事件，就能发现，当 Else if True 的情况发生时，也就是 diffsFind 等于"3"的时候，其实就是"成功"了。我们只要在这里处理相应的成功提示和关卡切换就可以了。

但是还有一个问题，根据当前 level 变量不同的值，我们需要切换到不同的关卡。比如当前如果是第二关，用户成功了，那么我们需要切换到第三关；如果当前是第三关，那么我们就需要切换到第四关。在当前已经有一个判断条件"Else if True"的情况下，我们怎么再对 level 变量进行判断呢？

为此，我们又要使用动态面板部件的"虚拟移动"方式来解决这个问题了。我们先添加一个动态面板到 ingame 状态的首页中，命名为 levelSwitch，尺寸为 W50：H50，坐标为 X1050：Y30。然后，我们把 diffsFind 动态面板的 OnMove 事件的最后一个条件的动作修改为如下的内容。

动作条件	
Else if True	
动作类型	**动作详情**
Set Panel state(s) to State(s)	Set diffsFind state to 3
Wait time(ms)	Wait 300 ms

续表

Move Panel(s)	Move levelSwitch by (0,0)
Set Variable/Widget value(s)	Set value of variable level equal to "[[level+1]]"
Move Panel(s)	Move diffsFind by (0,0)

等待300秒是让用户在进入下一关之前，有一个反应时间。然后我们"虚拟移动"一下levelSwitch这个动态面板。接下来对于level变量的判断，就都放在levelSwitch动态面板的OnMove事件中来处理啦。我们看OnMove事件如下表所示。

Label 部件名称	levelSwitch
部件类型	Dynamic Panel
动作类型	OnMove
所属页面	Home
所属面板	mainWindow
所属面板状态	Ingame
动作条件	
If value of variable level equals "1"	
动作类型	动作详情
Set Panel state(s) to State(s)	Set gameLevels state to 2
动作条件	
If value of variable level equals "2"	
动作类型	动作详情
Set Panel state(s) to State(s)	Set gameLevels state to 3
动作条件	
If value of variable level equals "3"	
动作类型	动作详情
Set Panel state(s) to State(s)	Set gameLevels state to 4
动作条件	
If value of variable level equals "4"	
动作类型	动作详情
Set Panel state(s) to State(s)	Set gameLevels state to 5
动作条件	
If value of variable level equals "5"	
动作类型	动作详情
Set Panel state(s) to State(s)	Set gameLevels state to 6
动作条件	
If value of variable level equals "6"	
动作类型	动作详情
Set Panel state(s) to State(s)	Set gameLevels state to 7
动作条件	
If value of variable level equals "7"	
动作类型	动作详情
Set Panel state(s) to State(s)	Set gameLevels state to 8
动作条件	
Else if True	
动作类型	动作详情
Open Link in Current Window	Open Page 1 in Current Window

只有最后一个条件需要解释一下，因为如果用户已经完成了第八关，那就是通关了。这个时候我们把页面跳转到Page 1去，给用户一个恭喜的页面就可以了。这个页面嘛，大家就自己制作吧。

步骤9 解决几个Bug

最后一个步骤，我们为gameLevels动态面板添加更多的关卡就可以了。跟添加gameLevels的状态"1"是一样的，更多的截图就好了。我们就不再赘述了，我们一共添加了8关。

完成之后，我们顺序地进行游戏的时候，没有问题，但是如果从失败页面返回某个关卡重新玩的时候，我们会发现某个关卡已经被完成了，如下左图所示。

我们在第三关失败了，然后单击右侧的"再玩一次"按钮，如下右图所示。

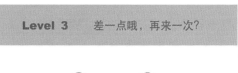

我们会发现，第三关已经被玩了一半了，跟我们上一次在失败的时候完成的程度一样。

怎么解决这个问题呢？显然如果我们一关一关地向前玩儿，就没有这个问题。问题在于跳转到之前玩过的一关。那么，我们就需要在 fail 状态的两个按钮上作文章。为此，我们在 Home 页面的首页，添加一个叫作 initilize 的动态面板，我们同样还是用"虚拟移动"的方式来添加一个事件，然后在该事件中，我们初始化所有的热区动态面板就可以了。

所以，Home 页面中的 initilize 动态面板的尺寸为 W40 ：H40，坐标为 X30 ：Y690。我们为它添加如下的 OnMove 事件。

Label 部件名称	initilize
部件类型	Dynamic Panel
动作类型	OnMove
所属页面	Home
所属面板	无
所属面板状态	无
动作类型	动作详情
Set Panel state(s) to State(s)	Set 1diff1Left state to hidden, 1diff1Right state to hidden, 1diff2Left state to hidden, 1diff2Right state to hidden, 1diff3Left state to hidden, 1diff3Right state to hidden，2diff1Left state to hidden, 2diff1Right state to hidden, 2diff2Left state to hidden, 2diff2Right state to hidden, 2diff3Left state to hidden, 2diff3Right state to hidden，3diff1Left state to hidden, 3diff1Right state to hidden, 3diff2Left state to hidden, 3diff2Right state to hidden, 3diff3Left state to hidden, 3diff3Right state to hidden，4diff1Left state to hidden, 4diff1Right state to hidden, 4diff2Left state to hidden, 4diff2Right state to hidden, 4diff3Left state to hidden, 4diff3Right state to hidden，5diff1Left state to hidden, 5diff1Right state to hidden, 5diff2Left state to hidden, 5diff2Right state to hidden, 5diff3Left state to hidden, 5diff3Right state to hidden，6diff1Left state to hidden, 6diff1Right state to hidden, 6diff2Left state to hidden, 6diff2Right state to hidden, 6diff3Left state to hidden, 6diff3Right state to hidden，7diff1Left state to hidden, 7diff1Right state to hidden, 7diff2Left state to hidden, 7diff2Right state to hidden, 7diff3Left state to hidden, 7diff3Right state to hidden，8diff1Left state to hidden, 8diff1Right state to hidden, 8diff2Left state to hidden, 8diff2Right state to hidden, 8diff3Left state to hidden, 8diff3Right state to hidden

我们可以看到，我们添加了一个"超级"动作，在"回到"之前的关卡之前，把所有的状态都重置了。

然后，我们分别在 fail 状态的 list 和 retry Image 部件的 OnClick 事件中添加如下的一个动作就可以了。

动作类型	动作详情
Move Panel(s)	Move initilize by (0,0)

这种办法虽然暴力了一点儿，或者说"笨"了一点儿，性能会很差。但是对于一个原型来说，我们幸运的是不用去考虑这些让人头疼问题，只要实现效果就可以了。聪明的工程师们会在编写真正的代码的时候展现他们的实力的。我们还是不要瞎操心了。

完成之后，我们重新运行游戏，似乎已经正常了。开始玩玩试试吧！

总结

我们用比较"笨"的办法实现了一个小游戏。在这个例子中，我们多次使用了"虚拟移动"这个方法，"虚拟移动"能够让我们把一个功能给独立出来，很像编程里面的一个函数。这个"函数"仅仅只实现一个或者一类很独立的功能。然后，当别的事件中的动作需要调用这个"函数"的时候，只要去 Move 一个动态面板就可以了。而这个动态面板是不可见的。利用这种方式，我们可以简化一些流程，或者说，即使不能简化流程，也可以使流程变得更加清晰一些。

案例29——响应式页面设计

总步骤：3　难易度：难

页面地址 Http//：www.36kr.com

1.效果页面描述

响应式页面设计（Responsive Design）是指设计一套页面，然后页面可以根据浏览设备的不同，自动显示不同的内容或者不同尺寸的内容来适应界面。这种设计方式给了设计师和工程师一种设计思路来解决现在多设备浏览的问题。我们在本节中就以 36Kr 网站为例来制作一个会随着浏览设备的宽度来变化内容的网页。

2.效果页面分析

我们先分析一下 36kr 网站。

当你在桌面浏览器中，以较宽的窗口打开网站的时候，显示如下的内容。

如果我们缩小浏览器的宽度，会看到如下布局的页面。

可以注意到右侧的广告区域和社区互动的内容消失了。

如果进一步缩小页面的宽度，会看到如下的布局页面。

再缩小，页面就会进一步精简为如下的界面。

通过以上图片大家可以看到，36kr 用一套内容，分别自适应了宽屏浏览器，普通浏览器，平板电脑和手机的显示。这种实现方案虽然在技术上需要做不少额外的工作，但是在浏览体验上，给予了用户非常统一的体验和内容。

步骤 1 体验视野设计

下面我们就在 Axure RP 7.0 中实现这个互动的效果。大家之后使用这种效果，可以制作跨屏幕的体验。我们先新建一个 Axure RP 项目。我们来建立一个非常简单的，模拟 36kr 内容的简单网站，因为我们本节的目的并不在于具体的页面内容和美观。

因此，我们向界面中添加如下简单的元素。在这里我们就不赘述了。就是一些文本部件，矩形部件的组合。具体大家可以参考原文件。

为了简单起见，我们并没有制作一个很长的页面。只添加了一些主要的元素：导航区域，Banner 区域，左侧的 Feaure Tag，中间的 Latest News，右侧的 Banner 和社区互动区域。

有了这个界面，我们就可以在它的基础上来实现不同浏览设备上的响应式页面了。

我们单击视野中的如下按钮，该按钮位于坐标 X0：Y0 的左上角。

打开自适应视图管理器，如下图所示。

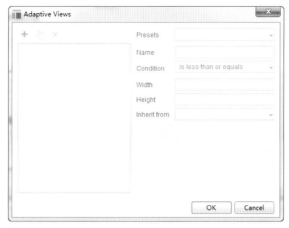

这里是管理自适应视图的地方。每一个自适应视图，都将适应一个屏幕尺寸范围。我们将创建如下的4个自适应视图。

宽度大于等于1200像素时的宽屏视图

宽度小于1200像素，但是大于等于1024像素的窄屏视图

宽度小于1024像素，但是大于等于673像素的平板电脑视图

宽度小于等于360像素的视图，用于智能手机

为此，我们在自适应视图管理器中单击绿色的加号，先创建如下宽屏视图。

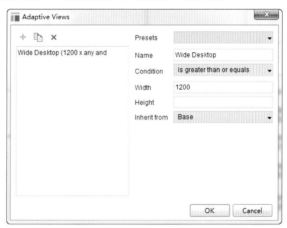

这个截图就是说，在我们需要创建一个视图时，当屏幕的宽度大于等于1200像素的时候，就显示这个视图。

同样地，我们创建如下的3个视图。

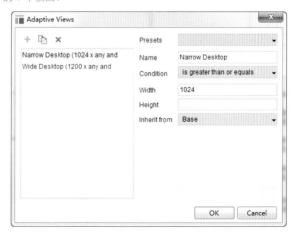

单击"OK"确定，回到主视图，我们现在可以看到如下的界面。

我们可以在页面中看到，现在出现了 4 种视野，分别为 360 像素、673 像素、1024 像素和 1200 像素。我们单击相应的黄色标签，就能看到那个尺寸的视野中的内容。比如当我们单击"673"像素时，就能看到如下界面。

与普通的 base 视图没有区别，只是多了一条红色的参考线，告诉用户该视野是以红色参考线标记的宽度为 673 像素的位置为基础进行展现的。因为该视野将在屏幕大于等于 673 像素的设备上显示，所以用红色线来告诉用户界限在什么地方。

我们先单击"1200"这个标签，编辑用于宽度大于等于 1200 像素的界面的显示内容。因为 1200 像素的界面是继承于 Base 视图的，所以这个时候 1200 像素的界面中显示的就是开始时我们创建的视图，如下图所示。

因为这个界面就是我们希望在宽屏时候显示的内容，所以我们无须修改这个页面。唯一要做的就是在页面样式区域单击"居中显示"，如下图所示。

单击"1024"这个标签，在桌面窄屏的时候，我们可以不显示原视图界面中右侧的 Banner6 和下面的社区部分，所以在 1024 像素的界面中，我们做如下的调整。

（1）删除右侧的 Banner6 及下方的社区部分

（2）调整导航项目之间的距离，让它们离的近一些

调整后的页面如下图所示。

同样的，我们让页面居中对齐。

再单击"673"这个界面，我们需要进一步减少界面中的元素。调整后的页面如下图所示。

最后，对于 360 像素的界面，我们不再减少元素，而只是缩小图片的大小和将文本的宽度变窄。调整后的页面如下图所示。

步骤 2　添加 iPhone 模拟

我们把案例 14 中的 iPhone 6 Plus 背景复制粘贴到 Page 1 中，同时把 Page 1 重命名为 iPhone。然后，仅保留状态栏部分的内容，如下图所示。

然后我们拖曳一个 Inline Frame 部件到页面中，属性如下表所示。

名　称	部件种类	坐　标	尺　寸
ifMainContainer	Inline Frame	X85：Y185	W360：H618

我们先右键单击 ifMainContainer，然后选择 "Toggle Border"，将部件的边框去除。接着还是右键单击，在弹出的菜单中选择 "Scrollbars"，再在弹出的子菜单中选择 "Never Show Scrollbars"，也就是永远不出现滚动条。因为出现滚动条，就会破坏我们的 iPhone 预览页面。

然后我们双击 ifMainContainer，在弹出的链接属性界面中，选中 "Home"。如下图所示。这个意思就是说，我们将这个 Inline Frame 的目标网页设定为我们创建的 Home 页面。Home 页面将在这个 ifMainContainer 中显示。

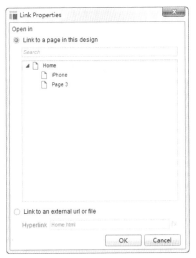

完成后，我们在保持当前选定页面为 iPhone 页面的情况下，单击预览按钮，在浏览器中查看 iPhone 页面，我们能够看到如下的界面。

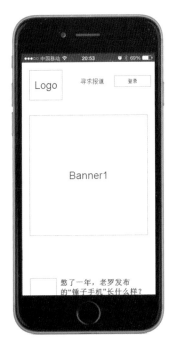

大家可以看到，在界面中显示了 360 像素版本的 Home 页面。这是为什么？这是因为我们为 Home 页面添加了多个视野的缘故。有一个视野是专门针对小于等于 360 像素宽度的浏览器的。而我们的 iPhone 的浏览界面，刚好是 360 像素。所以，我们可以想象，当用户是在桌面浏览器中浏览 Home 页面的时候，用户看到的就是 1200 像素版本的

Home 页面，当用户在手机上浏览 Home 页面的时候，我们看到的就是 360 像素版本的。

步骤 3 添加 iPad 模拟

以同样的方式，我们可以添加一个 iPad 的模拟。与 iPhone 类似，我们先放置一个 iPad 的背景，然后拖曳一个如下的 Inline Frame 到界面中。

名　称	部件种类	坐　标	尺　寸
ifMainContainer	Inline Frame	X126：Y173	W673：H873

其他的设置都与 iPhone 模拟类似。我们运行 iPad 页面的原型，能够看到如下的页面。

我们可以看到它显示的是 673 像素的界面，也就是那个要在界面宽度大于等于 673 像素的浏览器中显示的视野。

总结

至此，我们使用 Axure 7 的自适应视图功能，完成了一个响应式页面设计的例子。使一个原型可以很容易地使用在不同的设备上。如果我们需要针对 iOS 和 Android 制作不同的页面显示，只要他们的屏幕尺寸稍有不同，我们就可以利用不同的自适应视图来适应它们。

案例30——Apple Watch

总步骤：6 难易度：难
页面地址：Apple Watch

1.效果页面描述

Apple 发布 Apple Watch 后，很多 App 应用有了 Apple Watch 的版本。用户可以在不打开 iPhone 的前提下，通过抬起手腕激活 Apple Watch 的方式来查看通知信息，进行互动。在本节中，我们就介绍一下如何制作基于 Apple Watch 的互动原型，希望大家能够多利用这种新兴的方式来开发更多有趣的基于个人的应用。

2.效果页面分析

Apple Watch 的互动方式与 iPhone 基本类似。虽然我们无法模拟抬腕的动作，但是可以同样地制作左右滚动和上下滚动的交互效果。在 Apple Watch 里面，有一个特殊的交互操作，叫作 Force Touch。也就是说"用力长按"。在 Axure RP 中，我们刚好有一个 OnLongClick 事件可以用来模拟这个效果。也就是说，按和长按是不同的互动效果。

我们在这里使用一个简单的天气应用的效果来说明如何制作 Apple Watch 的效果图。虽然是一个简单的天气应用，但是这个应用包括了所有 Watch App 的常规效果。

步骤 1 制作 Apple Watch 的场景图

首先我们登录 Apple 官网的 Apple Watch 页面：我们选择了这款 42 毫米不锈钢表壳搭配亮蓝色皮制回环形表带的 Apple Watch 来做为我们制作的背景。

在这个页面中，单击"表盘"打开如下的页面。

在这个手表表盘的图片上，右键单击，选择"审查元素"，如下图所示。

然后，在 Chrome 中打开的工具栏中选择"Resources"→"Images"，然后找到如下这张表盘的图片，把它保存下来。

然后将这张图片导入到 Axure RP 中，放置在 X0：Y0 的位置，如下图所示。

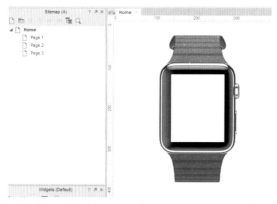

大家可以看得出来，这个表盘中间的空白区域，就是我们之后的工作区域了。它的大小是 W138 ：H170。 我们向页面中拖曳一个矩形部件，将它的背景和边框都设置为纯黑色，然后将它放置在 X143 ：Y127 的位置，也就是表盘的中间，如下图所示。

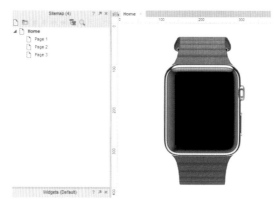

工作区域已经准备好了，下面我们开始填充"物料"。

步骤 2 从 Apple Watch 导入图片

我们的思路与之前相同，我们并不会去花时间制作 Apple Watch 上已经有的应用的小细节，而是通过截图的方式"借"用一些图片来做说明。为此我们在 Apple Watch 上运行天气应用，然后对不同城市的界面进行截图。我们有四个城市的界面需要截图，北京，上海，威尼斯和佛罗伦萨。在 Apple Watch 上截图的方式是同时按住"音量键 + 数字表冠"，然后，截的图片就会自动出现在 iPhone 中的图片应用中。之后，我们可以通过 iTunes 或者其他第三方工具将这些图片导入到电脑中。在本节的素材中，大家可以找到这四个城市的图片。

我们右键单击上一个步骤中最后导入的那个黑色的矩形，选择"Convert to Dynamic Panel"。这时候矩形就会变成一个动态面板部件了。我们把它命名为"dpWatchFace"。然后，我们为这个动态面板部件添加 4 个状态，分别命名为 Beijing、Shanghai、Venice 和 Florence。在 Beijing 状态中，我们将 beijing.jpg 拖曳进来，将它的尺寸修改为 W138 ：H170，并放置在 X0 ：Y0 的位置，如下图所示。

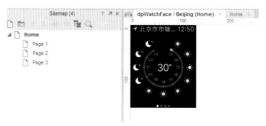

同样地，我们分别在其他 3 个状态中添加与之相应的城市的 JPG 图片。完成后，我们回到 Home 页面。现在界面看起来是这样的，如下图所示。

然后，我们要添加横向滚动的效果。我们选中dpWatchFace，然后在事件区域双击"OnSwipeLeft"【向左滑动事件】。我们为 dpWatchFace 添加如下的事件。

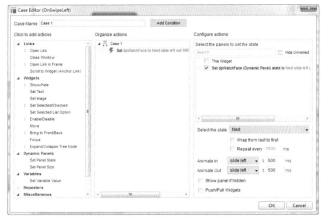

解释一下：当用户在表盘上向左滑动的时候，我们需要向左切换到下一个城市的天气状况，所以我们添加的动作是 SetPanetState，然后将 State 设置为"Next"。这样，动态面板就会切换到下一个城市。注意不要选择"wrap from last to first"【从头开始】这个选项。选中这个选项会导致如果滑动到了最后一个城市，然后继续向左滑会从第一个城市从头开始的效果。我们并不希望这样。

然后，我们希望切换的时候，上一个状态能够向左移出视界，下一个状态能够同时向左移入视界。所以，我们将 Animate In 和 Animate Out 的效果均选为 Slide Left，时间为 500 毫秒。

同理，当我们向右滑动的时候，我们希望表盘切换到上一个状态，所以，我们同样地添加一个 OnSwipeRight 事件，如下图所示。

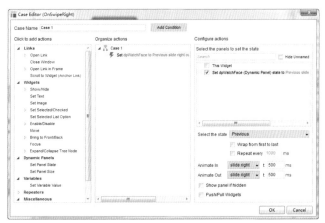

这个时候，我们运行原型，就可以看到我们已经可以通过鼠标的模拟拖曳，来向左和向右移动表盘了。

步骤 3　纵向滚动效果

对于北京的天气情况，我们来添加更多的内容。如果用户向下滚动表盘，将可以看到更多的天气情况，如下图所示。

下面我们来制作这个效果。首先，我们双击 dpWatchFace，打开 Beijing 这个 state。我们右键单击 beijing.jpg 这个图片，然后选择"SliceImage"。我们要将顶部的"北京市辖区"和时间保留下来，因为这两个部分不随着滚动而移动。切割完后，原来的一张图片变成，如下的两张图片。

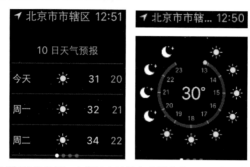

我们将小的图片仍然放置在 X0:Y0 的位置，大图片直接放在小图片的下面。然后把大图下面的 4 个小圆点也切割掉。因为小圆点也不应该随着大图的移动而移动。

然后，我们在如上两张图片下面，添加如下的内容。

这是一些文本部件和分割线部件的组合。我们在之前的小节中已经多次遇到过这种制作方式了。所以在这里就不赘述了。

然后我们制作一组 4 个小圆点，如下图所示。

第一个圆点因为是白色，所以大家看不到。我们把这组圆点放置在 X55 ：Y162 的位置，用它来代替之前图片中的小圆点锚点。

现在整个 State1 是这样的，如下图所示。

然后，我们选中除了黑色背景，北京市辖区，小圆点这三个部分之外的所有内容，右键单击，将它们变为一个Dynamic Panel。因为这些元素要随着页面的滚动而进行滚动。我们把这个动态面板命名为 dpScroll。

然后，我们为这个 dpScroll 添加如下的 OnDrag 事件。

就这么简单。当然，为了不让这个动态面板移出视界，我们需要对它添加一些边界控制。另外，我们也希望用户在dpScoll 上面进行左右滑动的时候，也能够切换到下一个或者上一个状态。为此，我们为 dpScroll 再添加几个如下的事件。

大家可以试验一下，我们已经可以纵向和横向滚动 dpScroll 了。

步骤 4　让数码表冠产生动作

Apple Watch 里面一个新的特点就是数码表冠，也就是右侧的这个部分，如下图所示。

我们希望向上拨动这个表冠的时候，表盘能够向上滚动；当我们向下滚动这个表冠的时候，表盘能够向下滚动。为此，我们拖曳一个动态面板部件到界面中，用它覆盖数码表冠，如下图所示。

我们拖曳的新的动态面板就是上图中绿色边框的部分，我们把这个动态面板命名为 dpDigitalCrown。然后，为了让这个动态面板能对向上滑动产生响应，我们为它添加如下的事件。

可以看到我们使用了一个新的事件 OnSwipeUp。当你用鼠标去向上滑动这个动态面板的时候，就会触发这个事件。我们在浏览器中测试一下，当我们使用鼠标向上滑动 dpDigitalCrown 的时候，Scroll 表盘确实在向上滚动了。每次触发事件，表盘就向上滚动 50 个像素。证明我们的制作方式是正确的。我们改进一下，如下图所示。

这里的一个问题是，我们无法控制 dpScroll 被移出界。因为我们没有一个 OnDragDrop 事件来做收尾。但是无论如何，我们已经可以使用数码表冠产生一些控制动作了。

步骤 5　Force Touch

在本节开始的时候，我们提到了 Apple Watch 的一个特殊的交互叫作 Force Touch，也就是"用力长按"。我们使用 Axure RP 提供的 OnLongClick 来模拟这个交互。我们先拖曳如右的图片到界面中。

尺寸为 W138 ：H170。右键点击，将它转换为一个动态面板部件，命名为 dpWeatherSwitch。我们将这个动态面板设置为隐藏，然后放在 X143 ：Y127 的位置上。

接着我们为 dpWatchFace 添加如下的事件。

在浏览器中测试，我们发现只有"北京市辖区"这个部分能够响应 OnLongClick。为什么呢？这是因为 dpWatchFace 下面有一个 dpScroll 动态面板，当我们长按时，会触发 dpScroll 的 OnLongClick 事件。所以，我们也需要为 dpScroll 添加 OnLongClick 事件，如下图所示。

完成后，我们在浏览器中测试，发现长按已经可以触发如下的面板出现，而短的单击不会触发任何事件。

读者们可以自己对"天气状况""降水概率"和"温度"添加 OnClick 事件，我们在这里也就不赘述了。

步骤 6　假装加载

接下来，我们在一切开始之前，加上一个模拟的加载数据的过程。所以，我们再添加一个新的动态面板叫作 dpLoading。在该动态面板的 State1 放置一个 loading.gif。然后，我们为 Home 页面添加如下的 OnPageLoad 事件。

意思就是显示动态面板 dpLoading 3 秒钟，然后隐藏它。

在浏览器中测试，一切正常。

总结

总体来说，在 Apple Watch 上制作原型与在 iPhone 上和桌面上没有太大的区别。我们通过导入一个 Watch 的背景来限定工作区域，就可以生成比较逼真的效果。同样地，用这种方式，我们可以在未来轻松地制作基于各种手机，平板电脑，手表的效果图，只要有一张背景图就好啦。

05

综合案例

　　在本章中，我们将综合使用之前的一些案例中的技巧，演示一些综合的互联网应用。比如说一个整体的网站，一个 iPhone 应用，等等。我们不单单会涉及到页面制作的部分，也会涉及整个网站的策划背后的思考，定位和构建。主要是为了帮助大家熟悉整个流程，在之后的工作中能够加强沟通。

　　注重细节，加强沟通，是项目中最关键的部分。策划，技术，成本和预算都只是项目的一部分而已。

在综合案例部分，每个章节的安排会与案例部分有所不同。每节会分为如下的部分。

- 需求分析：在需求分析中，我们会陈述问题，罗列需求清单和网站架构，并且会把项目的一些难点着重强调一下。

- 线框图：这个部分是之前的案例中没有的部分。因为之前的案例都是在成熟网站已经有功能的基础上再进行模仿和制作。而综合案例几乎都是新的页面，所以我们要自己规划。线框图是一种低保真的原型图。其主要用途是将需求分析中的内容用一种视觉化的方式进行表达，将网站的结构通过线框图表达出来，让所有的项目人员对网站有一个明确的认识。

- 设计图：设计图部分我们会展现设计师根据线框图进行美学创意后的最终效果页面。

- 高保真线框图：最后的部分跟案例部分一样，我们会按照步骤一步一步地进行高保真线框图的制作。

5.1 电商网站

项目名称：时装时刻网

项目描述：针对白领女性的时尚服饰购物网站

5.1.1 需求描述

在本节中，我们要制作一个针对服装的电商网站的高保真原型。为什么呢？因为每个人都穿衣服，都买衣服，所以一些关于衣服的术语和流程大家都会比较熟悉。

我们要制作的电商网站，会包括如下的一些页面结构。同样地，我们进行了一些简化，省略了一些页面，比如帮助页面等辅助型页面。这样可以让我们专注于电商网站的主要页面和主要流程：浏览和购买。

首先，我们列出一个简单的需求列表，这也是我们要开始制作和规划一个网站前的第一步。我们的电商网站的需求列表，也叫作 Feature List 如下。

需求名称	需求描述
登录 / 注册	用户需要登录和注册才可以进行购买（我们不支持匿名购买），登录和注册需要提供 E-mail 或者手机号
分类导航	网站的服装涵盖男装，女装，袜子，童装和配饰。男装又分为上衣，裤子，夹克，衬衣，T 恤等子分类；同样女装也会有多个子分类。所以需要多级导航
搜索	根据关键字搜索商品
结账	支持货到付款，支付宝和网银
评论	用户可以对自己购买的商品进行评论。非购买用户不能评论商品
购买一个商品的用户也购买的商品	能够列出购买当前一个商品的用户也购买了其他的什么商品
热门商品	一个分类中的热门商品，按销售量由高到低排序
购买过一个商品的用户	这是一个社交功能。用户可以看到购买了某个商品的用户都哪些，从而关注这些用户其他的一些购买行为

续表

需求名称	需求描述
用户问答	用户可以就一个商品进行询问。所有的问题和答案都会罗列在商品的详情页上，供其他用户查阅
促销位置	页面中要穿插一些促销位置，用于单品和促销专题的 Banner 广告
列表页	罗列某个商品分类里面的所有商品，或者某个搜索关键词下的所有商品
详情页	商品的详情页，要求包括商品名称，商品描述，尺码，颜色，商品的各种属性，模特几图片，静物图片等内容。可以参考淘宝的商品详情页
搭配推荐	搭配师推荐的与一个单品商品搭配的其他商品
强调搭配	需要设置专门的页面用于介绍搭配

我们暂时罗列这些，很简单不是吗？真实的需求列表会比这个要详细一些，项目也要多一些。但是我们能够看到，文字的内容非常抽象。比如说"页面中要穿插一些促销位置"，是一个很清楚的指示，但是，到底促销位置是什么样子的呢？多少算多，多少又算少呢？更重要的是，基本上很多时候只有写这个列表的人会仔细看，而其他人看到的效果是这样的。

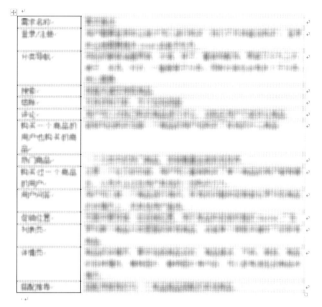

而且基本上几分钟以后，他们就只记得你在会议上展示了一个什么表格，然后会议就结束了。

这仅仅只是针对网站前端的一些需求而已。比如说产品经理的需求就是"要实现搜索功能"，而工程师的需求就变成了"要给商品的标题，描述，关键字在数据库中做全文索引"。

我们假设上述需求已经被确认了，接下来我们进入下一个部分。

5.1.2 线框图

接下来，产品经理就会进行线框图的制作。这不一定是产品经理的具体工作，也就是说产品经理不一定要"亲手"（如果可以，我强烈建议产品经理亲手制作）制作线框图，但是这个绝对是产品经理的职责。有很多时候，因为时间的限制，可能会直接让设计师从需求列表开始设计，相信我，那绝对不是一个好主意。设计师花费的时间会很多，而且反复的修改会让设计师无法专注于想法，而变成了一个每天修改 PSD 的人肉工具。慢慢地，所有的人都会忘记最初的设计原因而开始无休止地纠结于"红色好还是蓝色好"的问题。所以，如果你想尽快完成项目的话，线框图是一个必备的步骤。

对于线框图来说，我们仅仅需要 Text Panel、Rectangle、Placeholder 这些部件就可以了。因为在这个时候，我们不需要填充颜色，也不需要对内容进行文字的修饰。我们只要大体地制作出网站的结构就可以了。

1.页头【Header】

页面部分，我们一般要放置如下的内容。

273

（1）网站 Logo

（2）登录注册的链接

（3）主导航

（4）副导航

（5）热门关键词

（6）搜索

（7）购物车

（8）登录后访问我的订单

（9）400 电话

（10）订阅网站信息

所以，根据上面的内容和我们的需求，我们在 Axure RP 中新建一个项目，然后在 Home 页面中进行如下的部件布局。我们仅仅使用了 Text Panel 部件，Rectangle 部件，Text Field 部件和 Button Shape 部件，只要拖曳就可以了，十分简单。具体的步骤我们就不赘述了。

看起来如何？是的，跟最终的网站差得非常远。我们的线框图可以不逼真，但是一定要确保如下的内容。

（1）颜色一般不用添加。如果需要，我们可以通过不同的灰度，或者字体加深来对不同内容的重要性进行区分。比如在这个例子当中，我们把主导航用黑体进行了标注。

（2）内容的位置可以不对，这个设计师会进行最好地布局和搭配。但是该有的内容一定要有。不能说"忘了搜索框"了。也就是说，我们一定要以一种合适的方式把需求中需要的模块罗列在页面上。不要大纠结于布局，因为设计师是专家，他们会解决这个问题的。

（3）整体尺寸和相对的尺寸要对。比如说我们的页面是宽 960 像素。那么在线框图中任何一个部分的宽度都不能大于 960 像素。导航要在最上面，这个一般也不能随意变化。当然，如果有了特别好的主意，并且改变是必要的，能够提供更好的用户体验，那么我们也可以打破常规。事实上，打破常规在长期来看总是有好报的，而墨守成规在长期来看总是有报应的。

（4）网站的分栏是很重要的。比如整个页面在横向上分为 3 栏（资讯网站），2 栏（比如一般的博客网站），5 栏（一般的电商网站）。这个一定要决定好。

页头完成之后。我们为了在之后的多个页面中反复使用这个部分，我们将它变成一个 Master 主部件。方法是在 Home 页面中选中当前页头的所有部件（按 Ctrl+A 键也可以），然后右键单击，选择"Convert To Master"，如下图所示。

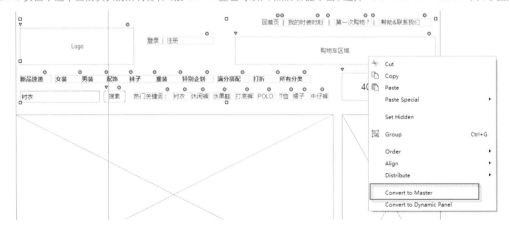

然后将新的主部件命名为 Header,确定后在页面的主部件区域能够看到我们新创建的 Header 主部件,如下图所示。

2.页尾【Footer】

对于电商网站,页尾一般会放置一些辅助信息,比如网站的服务标准,友情链接,公司介绍,加入我们,隐私声明,退换货政策等内容。最重要的是,还有一些资质和安全证明。一般电商网站都会提供这些内容。然后就是一些当地的法律法规所规定的内容。比较简单。我们规划的页尾如下。

有时候也会在页尾的地方放置主要的分类或者另外一个导航,方便用户在页面滚动到下方的时候,还能做一次选择。这个大家可以酌情添加。

3.首页

在首页中,我们首先将整个页面的宽度确定为 960 像素,并且分为 5 栏。分栏是网页布局策划的一种常见方式。比如京东的首页就是 3 栏的,凡客也是 3 栏的,淘宝首页上部是 3 栏的,中部是 2 栏的,下部是 1 栏的。

对于我们这个电商网站来说,我们选择 5 栏。这样比较灵活。5 栏可以很容易地变成 2 栏(1+4,或者 3+2),变成 3 栏(1+3+1 或者 3+1+1)。

对于首页来说,重点要包含如下的内容。

(1)幻灯部分:幻灯可以有大有小。幻灯的作用就是在第一屏中,给用户一个比较不一样的,大气的商品展示。可以说,幻灯在很大程度上可以决定一个网站给人的第一印象,决定一个网站的品牌特点。

(2)主打商品的罗列:除了幻灯部分会对主打商品进行展现之外,在首页一般也会有单独的区域对主打或者特色商品进行介绍。

(3)网站的分类:如果网站的商品品类很多,一般也会在首页进行展现,让用户在第一时间知道这个网站到底在卖什么。而且,每个分类都会放几件商品用作示例。

(4)其他专题的入口:在首页通过促销广告位将用户分流到其他的专题首页。

(5)特色服务或者功能:网站的特色功能部分,比如说团购,秒杀,社区等其他网站不具有的服务和功能也要明显地在首页展示出来。

下面我们开始制作首页。首先，为了方便之后的操作，我们先建立几条全局的参考线。参考线的使用与 Photoshop 中的参考线一样，是为了方便大家对齐的。

我们在 Home 页面区域中的空白处右键单击，选择 "Grid and Guides" → "Create Guides…"，如下图所示。

然后我们在 # of Columns 后面输入 "1"，确保弹出窗口下方的 "Create as Global Guides" 被选中。然后单击 "OK" 确定。确定后，页面中会出现 3 根绿色的参考线。我们将它们的分别拖曳到 X=50（页面的左边界）、X=260 和 X=1010（页面的右边界）的位置。这样我们在放置内容的时候，就不会超出边界了。X=260 的参考线我们在其他页面中要用到。

在 Home 页面中，我们先把 Header 主部件拖曳到页面中，坐标为 X60：Y20。

然后，我们拖曳一个 Placeholder 部件到页面中，坐标为 X50：Y230，尺寸为 W720：H350。其实我们不必太纠结于坐标和尺寸。这个 Placeholder 部件是先用来为幻灯占位的。然后拖曳 4 个矩形部件到页面中，这 4 个矩形区域会是不同的幻灯片的标题。然后我们在右侧再放置一个 Placeholder 部件用于右侧的广告位。完成后，我们看幻灯区域是这个样子的，如下图所示。

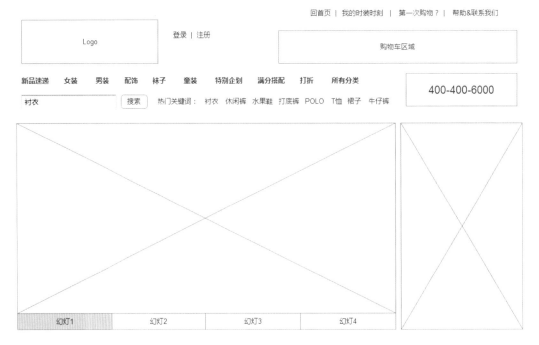

接下来我们制作分类的商品区域。第一个区域是新品区域。如下图所示，从新品区域开始，我们采用的布局是3+1+1。所以新品区域占据了3栏的位置。

然后，在新品区域的右侧，是一栏宽的社交部分的内容。我们列出当前一段时间内进行购买的用户，当前登录用户可以看其他用户都在买什么，如果发现跟某个用户的品味比较一致，那么就可以"关注Ta"。

最右侧的一栏是热门促销，特别企划，满分搭配，订阅信息，新闻媒体和关注我们的部分。这个部分从页面上方一直贯穿到页面下方。高度是根据内容的多少自动变化的。跟左侧的相关内容在布局上面没有对齐的关系，如右图所示。

新品速递

标题标题标题标题标题
价格：¥399
赞（258）
点击查看详情

标题标题标题标题标题
价格：¥399
赞（258）
点击查看详情

标题标题标题标题标题
价格：¥399
赞（258）
点击查看详情

标题标题标题标题标题
价格：¥399
赞（258）
点击查看详情

标题标题标题标题标题
价格：¥399
赞（258）
点击查看详情

标题标题标题标题标题
价格：¥399
赞（258）
点击查看详情

更多新品>>

然后首页下方的其他分类的商品展示，比如女装，男装，童装和配饰，我们都用统一的布局进行罗列，如下图所示。

这个部分是 4 栏的。刚好跟右侧的一栏合并成为 5 栏的布局。

在首页的最下方我们放置 Footer 部件，等下我们会制作这个部分的内容。

整体完成后的首页布局请参考本章素材目录中的线框图效果。

大家通过参考本节的素材，可以对线框图的认识更加清晰。

4.列表页

列表页是罗列多个商品的页面。在开始制作列表页的线框图之前，我们要搞清楚如下的问题。

（1）一行要放几个商品？也就是说商品列表的布局是什么样子的？一般主流的布局有 4 个的，5 个的，7 个的。这个跟产品有关系。有些产品，比如服装，需要更大的图片进行展示。

（2）每个商品要显示哪些信息？比如对于服装，我们要显示服装的名称，价格（可能有多个价格），查看详情的链接，还有颜色和尺码信息。

（3）每页最多放置几个商品？如果超过了这个数目，就要考虑翻页的设置了。

明确了以上几个问题之后，我们就开始进行列表页的制作。

首先，我们把 Header 主部件拖曳进来，坐标设置为 X60 ： Y20。

接下来，我们需要一个面包屑导航。这样可以让访问这个页面的用户知道当前访问的是什么分类的产品的列表。这个只需要一个 Text Panel 部件就可以解决了，如下图。

首页 > 女装

然后，在页面的下方，左侧的一栏，我们用来放置商品分类和促销位置。如下图所示，对于商品分类，我们分为上下两个部分。上面的部分是热门分类，包括一些最新商品，打折商品，等等，下面一部分是标准的服装分类，比如上衣，牛仔裤，等等。促销位置，我们希望放置一些促销的广告图片。我们先用占位符解决这个部分的问题。

然后，右侧的 4 栏部分。我们也分为上下两个部分。上部为一个促销广告位，一个大的 Banner。我们也先用占位符处理，如下图所示。

下部就是重点的商品列表部分。因为这个部分是 4 栏的布局。所以，我们每行有 4 个商品。我们先完成一行的内容，如下图所示：

然后把这个部分转变为另外一个主部件，名称为 productList。这样，一旦我们以后需要对这个部分进行修改，比如说再加上一个促销价格等，只要修改主部件就可以了，其他的部分都会自动地更新，完成后如下图所示。

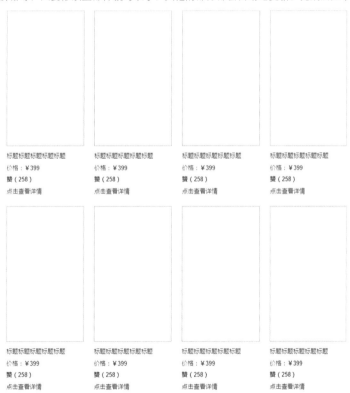

最后，我们把 Footer 主部件拖曳进来，坐标为 X50 : Y3248。然后，让我们看看，现在整个列表页是什么模样的，如下图所示。

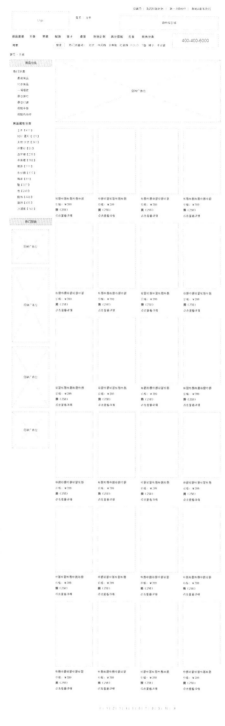

5.详情页

详情页是详细介绍一个商品的页面。一般一个单独的商品都会有一个自己的商品详情页。上面包含如下的内容。

（1）购买商品的相关信息，比如标题，规则，型号，颜色，尺码，价格等。

（2）商品的照片，大量的商品的照片。对于服装来说，一般包括模特儿图，静物图，细节图，搭配图，包装图等。有时候也可以加入视频。

（3）当前商品的相关商品，比如说打包购买，搭配的商品，购买该商品的用户还购买了哪些商品，同分类中的其他热门商品，等等。

（4）用户评论和购买记录。

（5）服务声明，品质保证，质量承诺等其他可以促进用户购买的内容。

（6）一些促销推广位。

结合我们的需求，我们如下规划详情页。

我们还是先拖曳 Header 到页面中，坐标仍然为 X60 ： Y20。

然后是"面包屑"导航，让用户知道当前的商品是属于什么分类的，当前用户是如何一步步到达当前页面的。导航如下图所示。

首页 > 女装 > 秋冬新品 > 大衣外套 > 深秋中长款毛呢大衣外套

然后，我们放置商品的销售区域，也就是商品的图片和用户查看商品名称，价格，编号，颜色和尺码的地方。这个区域也是用户的行动区域。行动区域的意思就是说，如果用户准备购买这个商品，那么进行购买的行为就将发生在这个区域里面。就像超市的结款通道一样。之前用户都在超市各个过道中随意浏览，但是一旦要结账了，用户就要能够明确知道结款台在哪里，该如何进行下一步操作。所以，整个销售区域我们如下规划。

左侧区域就是商品的图片。会根据颜色的切换自动更换为相应颜色的商品图片。并且用户还可以选择图片的背景。我们对所有的图片都会做抠图的透明处理。这样，我们就可以把透明的图片放置在不同的背景上，这样用户就可以知道他们在不同的场景穿上这些衣服的效果。我们提供了几种常见的效果，比如演出派对，星巴克。

右侧的区域，我们为用户提供了 4 个价格。一个是网站正常的价格，一个商品的市场价格，一般要比网站正常价格高很多。最后一个是"您的价格"，也就是当前登录用户能够享受到的价格。如果当前用户是一个老用户，之前多次购买过，那么他就可以享受会员价。

其他的地方，没有特别需要强调的。请注意，"放入购物袋"和"一键结账购买"是最重要的行动按钮，所以我们暂时用深灰色的按钮标识。

至此，一栏的区域结束了。详情页的下半部分，我们使用 1+4 的栏目划分方式布局。左侧由上到下分别是搭配商品栏目，如下图所示。

购买此商品的顾客也购买了，如下图所示。

该分类中的热销商品，如下图所示。

购买过此商品的用户，如下图所示。

促销推荐栏目，如下图所示。

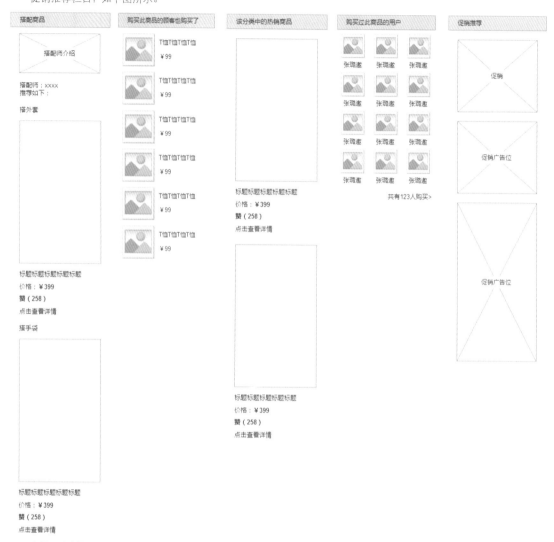

这样，左侧的部分就完成了。右侧部分是横跨 4 栏的内容，主要都是商品的图片，如下图所示。

头部是商品的一些固有属性和商品的描述。上部的全面展示，专业信息，用户评论 & 问答以及服务细则是用于页面内导航的链接。方便用户在不同信息区域进行跳转。

图片部分我们分为 Model 展示，静物展示，细节展示 3 个部分。每个部分都是一样的，如下图所示。

然后是用户评论部分，如下图所示。我们会列出所有的用户评论，但是需要程序进行控制。只有购买了这个商品的用户才能对这个商品进行评论。

用户评论		
评论时间	评论内容	评论用户
2011年7月15日	我的衣服很不错啊，非常时尚	芳芳的公园
2011年7月15日	我的衣服很不错啊，非常时尚	芳芳的公园
2011年7月15日	我的衣服很不错啊，非常时尚	芳芳的公园
2011年7月15日	我的衣服很不错啊，非常时尚	芳芳的公园
2011年7月15日	我的衣服很不错啊，非常时尚	芳芳的公园
2011年7月15日	我的衣服很不错啊，非常时尚	芳芳的公园
2011年7月15日	我的衣服很不错啊，非常时尚	芳芳的公园
2011年7月15日	我的衣服很不错啊，非常时尚	芳芳的公园
2011年7月15日	我的衣服很不错啊，非常时尚	芳芳的公园

然后是用户问答部分。问答是任何用户都可以进行的。

用户问答		我要提问
魅力的**问	我1米65，腰围1尺9，是否可以穿这个衣服呢？	2011年8月22日 12：34：31
答	亲，你的身材简直就是黄金比例啊，羡慕死了，你不但可以穿，而且穿上还可以当模特展示给其他人看呢！建议您选择M号	2011年8月22日 12：34：31
魅力的**问	我1米65，腰围1尺9，是否可以穿这个衣服呢？	2011年8月22日 12：34：31
答	亲，你的身材简直就是黄金比例啊，羡慕死了，你不但可以穿，而且穿上还可以当模特展示给其他人看呢！建议您选择M号	2011年8月22日 12：34：31
魅力的**问	我1米65，腰围1尺9，是否可以穿这个衣服呢？	2011年8月22日 12：34：31
答	亲，你的身材简直就是黄金比例啊，羡慕死了，你不但可以穿，而且穿上还可以当模特展示给其他人看呢！建议您选择M号	2011年8月22日 12：34：31
魅力的**问	我1米65，腰围1尺9，是否可以穿这个衣服呢？	2011年8月22日 12：34：31
答	亲，你的身材简直就是黄金比例啊，羡慕死了，你不但可以穿，而且穿上还可以当模特展示给其他人看呢！建议您选择M号	2011年8月22日 12：34：31

最后是服务细则部分，主要用于对商品服务的一些详细描述。比如商品的退换货政策等。有些商品会有特殊的送货服务，也需要在这里说明，如下图所示。

服务细则	
配送说明	内容
配送时间	订单提交后1个工作日
退货说明	内容
换货说明	内容

全部完成的详情页页面比较长，不适合在此处进行截图。大家可以在本节的素材中参考。

6.购物流程

购物流程包括查看购物车、确认订单、付款和付款后信息（成功或者失败）四个部分。我们在本节中先完成第一部分。

购物车首先要包含一个简化的页头部分。之所以简化，是希望用户在整个付款流程当中可以从付款流程中单击相关链接，避免干扰用户，让用户只能专注于付款。就像如果在 ATM 机上放很多广告和视频，用户可能取着钱，就走神了，结果不是忘了密码，就是忘了拿卡。

简化的头部是这样的，如下图所示。

Logo	需要帮助? 请点击
	〉**联系客服** 或 〉**在线帮助中心**

然后在其下面，我们要放置一个"面包屑"导航。面包屑导航的名字来源于一个童话故事。大概是小朋友进入森林，为了记得出来的路，就拿着面包屑一路撒着，这样回来的时候就可以知道路。但是这里的面包屑导航除了记得回去的路外，也能够告诉用户目前进展到哪一步了，还有多少步。让用户对整个付款流程有一个实时的把握。如下图所示。

购物车>核对订单>提交订单付款

加黑的部分是当前用户所处的步骤。这样用户立刻知道，目前处于整个购物流程的第一步(在购物车)，而下一步是"核对订单"，一共需要 3 个步骤才能完成所有的工作。

再下面就是用户购买的商品列表了，在这里要列出用户所有已经加入购物车、准备购买的商品。商品列表下面是两个行动的按钮，一个按钮是继续购物，继续向购物车中添加其他的商品。还有一个是"点击结算"，也就是进入下一步骤。

商品名称	商品属性	价格	数量	小计
风衣	黑色 172 CM	1，299 00	- 1 +	1，299 00

点击结算

数量旁边的减号和加号分别是用来让用户修改数量的。

最下面自然就是页尾了，页尾也是一个简化的版本。保留了可以增加用户购物信心的优惠信息和服务部分。

小结

几个主要页面的线框图我们已经完成了。大家可以看到，通过将需求线框图化，我们已经对网站有了更深层次的了解，需求也更实体化。至少这个时候，所有的人看到的不再是虚拟的文字了，而是有了一个实体可以进行讨论和反馈。之后大家对于页面的了解都一致了，因为有了视觉化的东西。在线框图上的修改很容易，制作线框图的成本也很低。

一般来说，就笔者之前的经验，都是拿着线框图开始进一步的讨论，确认和提案。因为这个时候你得到的反馈才是有意义的。比如有人说想在首页加上一些用户评论，那么你立刻就可以在页面上加出来给他看。

有了线框图，工程师也就可以开始对工作量进行评估了。因为他们的工作量跟视觉是非常相关的。此外，设计师现在也有了"框"，他们可以"框中作画"了。

5.1.3 设计图

设计师在拿到确认的需求和线框图，以及其他一些确定的视觉要求（比如老板喜欢红色，大气，时尚，与众不同这些虚无的概念描述）后，就可以进行视觉创意了。然而，视觉创意绝非是"PS"一下，美化一下那么简单。设计和体验是分不开的。好的设计就包括了视觉的美观和优秀的使用体验。最简单的例子就是苹果的 iPad，iPhone，不但设计优美，而且使用起来让人爱不释手，不需要说明书就可以上手。

设计图是静态的，无法体现全部的网站和用户的交互。那是高保真线框图要完成的内容。在设计图部分，设计师要完成的是平面的视觉部分。

下面我们来看一下，设计师在我们之前的线框图基础上完成的平面设计的效果。

1.首页

2.详情页

是不是跟我们的线框图很一致？而且又美观了许多？

5.1.4　高保真线框图

1.统一坐标

为什么会有这么奇怪的一节呢？这个非常的重要。设计师在使用 Photoshop 进行页面创意的时候，会使用 Photoshop 里面的坐标和空间设置。比如设计师在设计一个 960 像素的页面的时候，可能会将 Photoshop 中的画布尺寸设定为 W1680 ：H3000，然后页面的部分居中设计，如下图所示。（为了清楚，我给图片加了一个红色的边框）

所有在当前 Photoshop 中的设计，都是以左上角为坐标原点进行坐标的分配的。当我们在 Photoshop 中用选框工具选中一个区域的时候，在信息面板（F8）中可以看到当前选择区域左上角的坐标，当前鼠标的坐标和选中区域的宽和高。例如，我们选中了 Logo 部分，虚线部分是我们选中的区域，如下图所示。

时装时刻

然后在信息面板中我们会看到如下的内容。

X344 ：Y34 是当前选中区域左上角的坐标，X542 ：Y83 是当前鼠标的坐标，W199 ：H48 是选中区域的宽和高。

我们要做的，就是使相同的元素在 Photoshop 中的坐标与在 Axure RP 中的坐标保持一致。这样做的好处是显而易见的，使我们可以保证 Axure RP 的高保真线框图的坐标和布局与设计师的设计完全一致。这是很重要的。我们知道，在线框图一节中，我们的侧重点是将所有的元素包含进来，但是没有对尺寸，坐标，对齐等细节进行关注。而高保真线框图要跟最终的网站保持一致，所以必须是严格遵循格式。而且，坐标保持一致，可以省去我们在制作过程中更换坐标的麻烦。比如假设我们在 Axure RP 中的工作区域尺寸是 W960 ：H3000。那么在 Photoshop 中坐标为 X400 ：Y400 的点，到了 Axure RP 中坐标就要变化为 X40 ：Y400 才能保证点的相对位置正确。所以，为了简便，我们在开始阶段，就要保证 Axure RP 的工作区域，与设计师在 Photoshop 中的工作区域的大小一致，坐标一致。

所以，我们在 Axure RP 中新建一个项目。然后创建两根全局参考线，分别位于 X=360 和 X=1320 的地方，用于标识出我们的工作边界。然后，我们在 Axure RP 中对于各种部件的布局，就严格按照 Photoshop 中的坐标来进行就可以了。这样最后出来的高保真线框图，就会跟 Photoshop 中的设计图一模一样了。

下面我们根据设计师的设计图，需求文档，与设计师一起开始高保真线框图的制作。这个部分其实可以跟设计图部分同时开始。设计师做一部分，我们做一部分，这样比较省时间。但是为了书中章节的清晰，我们假设设计师完成了所有的设计之后我们再开始高保真线框图的制作。

关于 Photoshop 和 Axure RP 的过渡内容，请参考"基础操作"一章中的"从 Photoshop 到 Axure RP"一节的内容。

2.时装时刻首页

（1）Logo 部分

我们先制作首页的 Header 部分。我们先在 home.psd（在本节的素材目录中可以找到）中（已经在 Photoshop 中打开），设计图的头部区域，选中如下的区域。

时装时刻

这个时候，我们在信息面板中看到，它的坐标为 X371 ： Y36。然后，执行编辑菜单栏中的"Ctrl+Shift+C"【合并拷贝】命令，这个命令可以将选择区域中所有图层的内容都拷贝下来，避免我们没有选择到正确的图层就进行拷贝了。然后我们回到 Axure RP 的 Home 页面中，选择"粘贴"或者按 Ctrl+V 键。将刚才拷贝的内容粘贴到 Axure RP 中。

这种合并拷贝然后粘贴的方式是我们之后经常要在 Photoshop 和 Axure RP 之间进行的操作。这样比较节省时间。当然我们也可以在 Photoshop 中将这个区域先保存为一张图片，然后再在 Axure RP 中通过 Image 部件添加进来，但是那样就比较麻烦了。

粘贴之后，我们将它在 Axure RP 中的坐标设置为 X371 ： Y36，与 Photoshop 中的一样，如下图所示。

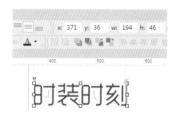

左侧的红色参考线就是我们设定的 X=360 的那条参考线。

所有静态图片的部分，我们都可以通过这种合并拷贝的方式，从 Photoshop 中"挪"到 Axure RP 中。这种方式非常的方便。

（2）注册登录

而文本部分，我们不能通过拷贝的方式进行，因为我们希望它们能够被添加链接和响应用户的互动，所以我们需要在 Axure RP 中通过设置同样的字体字号颜色的方式，模仿 Photoshop 中的进行制作。下面我们就开始制作注册登录的文本部分。我们拖曳 4 个 text Panel 到 Home 页面中，属性如下。

名　称	部件种类	坐　标	尺　寸	字　体	字体大小	字体颜色
无	Text Panel	X668 ： Y53	W102 ： H14	宋体	12	#7A7A7A
无	Text Panel	X766 ： Y53	W64 ： H14	宋体	12	#000000
无	Text Panel	X668 ： Y71	W52 ： H14	宋体	12	#7A7A7A
无	Text Panel	X720 ： Y71	W60 ： H14	宋体	12	#000000

然后，我们为其中的"点这里注册"和"请这边登录"加上下划线。这样，我们在 Axure RP 中查看，已经跟 Photoshop 中的一样了。文字部分坐标的获取方法，与 Logo 部分的一样，我们就不再赘述了。

（3）顶部导航

接着我们制作页面右上角的一行导航链接。对于这部分链接，我们希望它们在鼠标悬停的时候能有下划线效果，所以我们使用 Rectangle 部件来制作这个部分的文字链。我们将第一个"回首页"的文字链的属性罗列如下，其他部分以此类推。

名　称	部件种类	坐　标	尺　寸	字　体
无	Rectangle	X946 ： Y11	W44 ： H17	宋体
字体大小	字体颜色	边　框	填　充	悬停样式
12	#777474	无	无	下划线

在这部分文字链中，中间的分割符号和"我的时装时刻"后面的黄色箭头，都是通过合并拷贝的方式挪过来的图片，方法与我们挪动 Logo 的方法是一样的。

（4）购物车

接着，我们把购物车的如下部分合并拷贝到 Axure RP 中，坐标设为 X948 ： Y41。

注意，在 Photoshop 中，这个区域原本是这个样子的，如下图所示。

我们需要把几个文本部分和"去结账"部分的图层先隐藏起来。因为这几个部分是我们不希望合并拷贝的，而是我们接下来要在 Axure RP 中真实制作的。

然后我们拖曳几个 Text Panel 部件，完成购物车部分的制作。注意，0 件商品的"0"和共计 0 元的"0"是两个单独的 Text Panel 部件。它们被分别命名为 cartNumber 和 cartMoney。因为这两个部分是要随着用户的行为而发生改变的，之后我们需要通过事件和动作来更改它们的值。

文字链的坐标我们就不赘述了。同样地在 Photoshop 中进行测量后然后添加即可。字体为宋体 12 号，颜色为黑色。

合并拷贝"去结账"这个按钮。然后在它的右侧添加"打开购物袋"文字链。完成这个步骤后，我们的 Axure RP 的 Home 页面看起来是这个样子的，如下图所示。

Nice！！！

（5）主导航

然后我们合并拷贝那条分割线。坐标为 X360：Y104，尺寸为 W757：H1，然后将它合并拷贝到 Axure RP 中。

主导航的制作也非常容易，仅用 Text Panel 就可以完成。只是字体是黑色的 12 号宋体，鼠标悬停时加上下划线效果。对于"We Sale"部分我们使用了图片，"浏览所有分类"也是一个图片按钮。完成后这个部分如下图所示。

| 新品速递 | 美人馆 | 型男馆 | 足装馆 | 配饰馆 | 童装馆 | 特别企划 | 满分搭配 | We ♥ Sale | 浏览所有分类 |

（6）搜索部分

我们先将如下的部分合并拷贝粘贴到 Axure RP 中，坐标为 X370：Y142，尺寸为 W349：H40。

然后，我们把一个 Text Field 部件拖曳到页面中，属性如下。

名　称	部件种类	坐　标	尺　寸	字　体	字体大小	字体颜色
Keyword	Text Field	X384：Y150	W164：H22	宋体	13	#999999

我们需要将这个 Text Field 部件的边框去除。

然后，我们把下拉列表的背景也合并拷贝粘贴过来：

然后，对于上面的文字，我们要使用一个 Text Panel 部件，并且命名为 searchcategory。然后把搜索按钮的图片也合并拷贝粘贴过来，完成后如下图所示。

接着，我们要实现商品类别这个下拉列表的效果。因为这个下拉列表的样式跟 Axure RP 中默认的不一样，所以我们要定做一个。为此，我们拖曳一个动态面板部件到页面中，属性如下。

名　称	部件种类	坐　标	尺　寸
Category	Dynamic Panel	X562：Y176	W68：H84

然后在它的 State1 中，我们添加 4 个 Text Panel 部件和一个用作边框的 Rectangle 部件，如下图所示。

女装
男装
童装
配饰

为上图中的每个文字链添加如下的 OnClick 事件。

Label 部件名称	无
部件类型	Text Panel
动作类型	OnClick
所属页面	Home
所属面板	Category
所属面板状态	State1
动作类型	动作详情
Hide Panel(s)	Hide Category
Set Variable/Widget value(s)	Set text on widget searchcategory equal to "女装"

其他几个文字链的动作也是一样的。只不过文本的设置分别为"男装""童装"和"配饰"。

接着，我们为下拉列表的背景图片添加如下的 OnClick 事件，也就是如下的这张图片。

⌄

Label 部件名称	无
部件类型	Image
动作类型	OnClick
所属页面	Home
所属面板	无
所属面板状态	无
动作类型	动作详情
Toggle Visibility for Panel(s)	Toggle Visibility for Category

然后把 Category 动态面板设置为隐藏。

接着我们生成一下项目，在浏览器中，我们可以看到这个我们自制的下拉列表部件已经可以很好地工作了。

（7）400 电话

加上 400 电话的部分后，整个 Header 部分就完成了。现在，在 Axure RP 中的界面是这个样子的，如下图所示。400 电话的坐标为 X1139：Y103，尺寸为 W181：H79。

关于搜索和购物车的事件部分，我们之后再进行添加。

（8）幻灯区域

我们先拖曳一个动态面板部件到页面中，大家知道，这个动态面板是用来加载幻灯图片的。我们所使用的这个幻灯图片跟案例部分中的"案例 1——雅虎首页幻灯"的制作方式非常类似。只不过控制幻灯切换的，不是四张小图片，而是四个会改变背景填充色的矩形而已。动态面板的属性如下。

名　称	部件种类	坐　标	尺　寸
Slide	Dynamic Panel	X360：Y193	W757：H427

然后，我们为它添加 4 个状态，分别添加 4 张尺寸为 W757：H427 的幻灯图片。

接着，在 Slide 动态面板的下面添加 4 个矩形部件，属性如下所示。

名 称	部件种类	坐 标	尺 寸	字 体	字体大小
Tab1	Rectangle	X360：Y620	W192：H33	Arial	13
字体颜色	边 框	填 充	选中字体颜色	选中边框颜色	选中填充颜色
#666666	#D3D0CA	#E3E3E2	#FFFFFF	#393937	#393937
名 称	部件种类	坐 标	尺 寸	字 体	字体大小
Tab2	Rectangle	X552：Y620	W192：H33	宋体	13
字体颜色	边 框	填 充	选中字体颜色	选中边框颜色	选中填充颜色
#666666	#D3D0CA	#E3E3E2	#FFFFFF	#393937	#393937
名 称	部件种类	坐 标	尺 寸	字 体	字体大小
Tab3	Rectangle	X744：Y620	W193：H33	宋体	13
字体颜色	边 框	填 充	选中字体颜色	选中边框颜色	选中填充颜色
#666666	#D3D0CA	#E3E3E2	#FFFFFF	#393937	#393937
名 称	部件种类	坐 标	尺 寸	字 体	字体大小
Tab4	Rectangle	X936：Y620	W180：H33	宋体	13
字体颜色	边 框	填 充	选中字体颜色	选中边框颜色	选中填充颜色
#666666	#D3D0CA	#E3E3E2	#FFFFFF	#393937	#393937

我们将这 4 个 Rectangle 部件设置到同一个选择组中，并将该组命名为 slideTab。

然后，对于 Tab1，我们添加如下的事件。

Label 部件名称	Tab1
部件类型	Rectangle
动作类型	OnMouseEnter
所属页面	Home
所属面板	无
所属面板状态	无
动作类型	动作详情
Set Widget(s) to Selected State	Set Tab1 to Selected
Set Panel state(s) to State(s)	Set slide state to State1

其他几个矩形部件的 OnClick 事件也是类似的。在这里，我们就不添加自动切换的幻灯片了。如果大家有兴趣，可以参考之前我们制作自动切换的幻灯片的方法。

接着，我们添加右侧的单独的图片。幻灯片区域完成后，如下图所示。

鼠标在下面 4 个 Rectangle 部件上悬停的时候，幻灯片就会自动切换。

（9）新品速递

新品速递区域主要是图片和文字链。对于图片，我们都使用合并拷贝就可以了，首先，在 Photoshop 中用矩形选择工具选中图片，并记录下它左上角的坐标，然后合并拷贝再粘贴到 Axure RP 中，再将它的坐标设置为与 Photoshop 中一样即可。对于文字链，全部是宋体的 12 号字体，黑色。这里的技巧是如何将它们很好地对齐。我们可以再次借助辅助线。因为新品速递区域是三栏的布局，所以我们在 X=371，X=563，X=755 处建立三条新的辅助线。然后将图片和文字链沿着它们对齐，如下图所示。

最外面一圈儿的 1 个像素的灰色线框，我们也截图了。其实也可以使用 Axure RP 中的 Horizontal Line 和 Vertical Line 来实现同样的功能。

（10）我的时装圈

这是一个没有太多技巧的部分，唯一要注意的就是奇行和偶行的背景颜色不同。

在 Photoshop 中选择张璐邀（不会有重名的读者吧）的头像，如下图所示。

我们在 Photoshop 中知道了它的左上角坐标为 X951 ： Y713，然后合并拷贝，接着粘贴到 Axure RP 中，将它的坐标也设为 X951 ： Y713。文字链按照 Photoshop 中的位置添加。文本的坐标获得方法与图片一样，如下图所示。

购买了潮人必备3

然后读取左上角的坐标即可。

偶数行的背景，我们用一个 Rectangle 部件来解决，它的尺寸为 W170 ： H81，填充颜色为 #EDEDED，无边框。

完成后如下图所示。

其实在我们完成两组后，选中这两组，按住 Ctrl+Shift 键，然后在垂直方向上拖动就可以在垂直方向上复制出多组内容了，这样效率比较高。

（11）男装，女装，足装和配饰

男装叫作"型男馆"，而女装叫作"美人馆"，袜子叫作"足装馆"，配饰还叫作"配饰馆"。"型男"和"美人"两个区域在首页是各占两栏的布局方式。制作方式与新品区域类似，我们就不赘述了。而"足装"占据了三栏，配饰占据了一栏。

有一点要注意的就是，Axure RP 在垂直方向的滚动是有限制的。如果页面过长，当我们在 400% 的视野下编辑页面的时候，页面下方的内容就看不到了。这个问题没有解决的方法。一个好的建议就是，页面不要制作得过长。

（12）We Sale

这个区域都是图片，我们直接大量使用合并拷贝再粘贴的方式即可。

（13）特别企划

特别企划这里有一个小技巧。这里是一批文字链，当鼠标悬停在某条文字链的上方的时候，文字链的背景会变成亮黄色，而且文字链的高度会发生变化，并且有背景图形。我们来制作这个效果。首先，我们简单分析一下，目前一共有9 条文字链，单击每条文字链的时候，当前鼠标悬停的文字链就会变大变宽。所以，我们可以理解为这是一个有 9 个不同状态的动态面板部件。当鼠标悬停在某条文字链上方的时候，就将动态面板设定成那条文字链变高的状态。

首先，我们拖曳一个动态面板到页面中，属性如下。

名 称	部件种类	坐 标	尺 寸
SpecialText	Dynamic Panel	X1139：Y2177	W170：H362

我们为它添加 9 个状态，然后双击 State1 开始编辑。我们仍然使用 Rectangle 部件来制作文字链。State1 是文字链 1 变大的状态。为此，我们先拖曳一个矩形部件到页面中，属性如下，这个矩形是用来做那个亮黄色的背景的。

名 称	部件种类	坐 标	尺 寸	边框颜色	填充颜色
SpecialText 1	Rectangle	X0：Y0	W170：H90	#D3D0CA	#FFE430

然后，我们从 Photoshop 中截图：

它是具有黄色背景的图片。我们把它粘贴到 Axure RP 中，坐标为 X10：Y58，尺寸为 W14：H14。然后，我们拖曳一个 Rectangle 部件到页面中,属性如下。

名 称	部件种类	坐 标	尺 寸	字 体
无	Rectangle	X30 : Y56	W85 : H17	宋体
字体大小	字体颜色	边 框	填 充	
12	#000000	无	无	

文本内容为"安全穿戴法则"。现在,第一条文字链就已经制作好了,如下图所示。

然后,我们复制如下的图片并粘贴到 Axure RP 中,这是第二条文字链前面的图标,坐标为 X1 : Y100。 这张图片的背景色是白色。

然后,我们拖曳一个 Rectangle 部件到页面中,这个部件是用来制作第二条文字链的,属性如下。

名 称	部件种类	坐 标	尺 寸	字 体
无	Rectangle	X0: Y90	W170: H34	宋体
字体大小	字体颜色	边 框	填 充	
12	#000000	无	无	

文本内容为"如何变身办公室潮人"。这就是第二条文字链。然后,我们还要在文字链的右侧,坐标为 X159 : Y103 的部分粘贴如下的箭头。

最后,就是添加坐标为 X0 : Y124,尺寸为 W169 : H1 的分割线。这样,第二条文字链就制作好了,如下图所示。

然后,其他 7 条文字链的设置与文字链 2 一模一样,只是内容不同,每条文字链在垂直方向上的坐标比它上面的文字链要大 34 个像素。所以,我们选中所有组成文字链 2 的部件,按 Ctrl+G 键,或者单击工具栏上的组合图标,将它们组合在一起。然后按住 Ctrl+Shift 键和鼠标左键,在垂直方向进行拖曳,就可以复制出其他的文字链了。然后微细调整一下,让文字链在垂直方向上的间距保持在 34 个像素。这样就得到了 State1 的所有内容了,如下图所示。

然后,我们为它们添加事件。

我们为黄色矩形部件添加如下表所示。

Label 部件名称	无
部件类型	Rectangle
动作类型	OnClick
所属页面	Home
所属面板	SpecailText
所属面板状态	State1
动作类型	动作详情
Open Link in New Window/Tab	Open page 1 in New Window/Tab

文字链 1 的事件如下，因为它已经展开了，所以我们不为它添加 OnMouseEnter 事件。

Label 部件名称	无
部件类型	Rectangle
动作类型	OnClick
所属页面	Home
所属面板	SpecailText
所属面板状态	State1
动作类型	动作详情
Open Link in New Window/Tab	Open Page 1 in New Window/Tab

对于文字链 2 和其他文字链，我们要添加 OnClick 和 OnMouseEnter 事件。OnClick 事件与文字链 1 的没有区别，我们主要看 OnMouseEnter 事件。

Label 部件名称	无
部件类型	Rectangle
动作类型	OnMouseEnter
所属页面	Home
所属面板	SpecailText
所属面板状态	State1
动作类型	动作详情
Set Panel state(s) to State(s)	Set SpecialText state to State2

文字链 3 的事件就会将 SpeciaText 的状态设置为 State3，以此类推，比如对于文字链 9，事件是这样的。

Label 部件名称	无
部件类型	Rectangle
动作类型	OnMouseEnter
所属页面	Home
所属面板	SpecailText
所属面板状态	State1
动作类型	动作详情
Set Panel state(s) to State(s)	Set specialText state to State9

这样，SpecialText 动态面板的 State1 就完成了。

State 2 的制作方式也是一样的，只不过我们要将文字链 1 恢复为正常，而将文字链 2 进行处理，只是一些坐标的调整。有一点需要注意，当文字链 1 恢复之后，我们要为它添加 OnMouseEnter 事件，并且要将已经变大的文字链 2 的 OnMouseEnter 事件去除。完成后，State 2 变成了下图（左）的样子。

以此类推，我们完成所有 9 个状态的制作。然后，在浏览器中，我们就可以看到，当鼠标划过文字链区域的时候，文字链就会一个一个地变大然后缩小，如下图（右）所示。

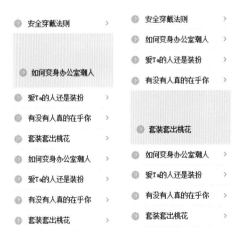

（14）满分搭配

满分搭配也是一个鼠标悬停后会改变状态的文字链区域。跟特别企划区域的制作方式是一样的，我们就不赘述了。只是亮黄色背景变成了图片而已。

（15）时刻互动

这个区域主要放置订阅，博客和微博的相关内容。订阅部分需要一个 Text Field 部件。这个部件因为是不能定制的，所以我们无法按照设计师的要求制作一个灰色背景的输入框，只能够妥协一下。不过我们还是要把设计师设计的图片放在这里，因为工程师是可以通过代码制作出来这种效果的，只是不能通过 Axure RP 模拟。

完成后如下图所示。

其中在我们制作时刻 Blog 部分的几条文字链时，可以借用特别企划一节制作的文字链，复制粘贴过来 3 个就可以了。在项目当中，能够重复使用的地方我们还是要重复使用的。不必全部都制作出来。

（16）小结

最后，我们把 header 部件和 footer 部分转化为主部件，这样在之后的页面制作中就可以直接调用了。在浏览器中浏览的时候，我们发现，页面并没有出现在浏览器的中间，左边有留白而右侧没有。如下图所示，右侧直接就是滚动条了。

这是因为浏览器默认只展开足够显示原型的尺寸，所以当浏览器发现右侧已经没有任何部件的时候，它就不会显示留白了。为了让页面看起来居中，我们像页面中拖曳一个 Rectangle 部件，设置为白色填充无边框，尺寸为 W1680：H4100，坐标为 X0：Y0，然后将它置于底层并且锁定。这个时候，因为它的存在，"撑大"了浏览器的窗口，所以页面看起来就在中间了。

然后，我们为页面中所有能点击的部件都添加了一个到 Page 1 的链接。这样是为了简单。添加了 OnClick 事件后，当鼠标在可单击的部件上方悬停的时候，就会变成手型，这样对用户是一种提示。

在这个页面的制作中，我们大量使用了"合并拷贝 +Photoshop 坐标 + 粘贴 +Axure RP 坐标"的做法。这个技巧是案例部分没有包括的。因为这个流程主要是方便了在设计师的 PSD 设计图和 Axure RP 之间工作。设计师的设计图未必是 PSD 格式的，PNG，JPD 的都可以。

我之所以提倡设计师和产品经理一起工作，是因为两者的部分工作是重叠的。比如设计师将素材图片制作好后放置在 Photoshop 中，产品经理再从 Photoshop 中合并拷贝粘贴到 Axure RP 中，其实这两部分工作就是重复的。设计师完全可以在 Photoshop 中制作素材图片，然后在 Axure RP 中完成页面设计。设计师在 Photoshop 中熟悉的操作和功能，在 Axure RP 中几乎都是一样的。比如对齐，图层，字体，颜色，拖曳，颜色等，而且操作更加简便。比如对于我们刚才完成的页面，设计师只要在 Photoshop 中完成图片的制作和渲染，就完全可以开始在 Axure RP 中工作了。而且，用 Axure RP 制作出的页面更加接近于真实环境中的页面。比如 Photoshop 中的宋体，有锐利，尖锐，平滑，强烈几种选项，所以设计师在设计图中可以制作出非常漂亮的字体，但是在真实的页面中，我们就只有宋体一种选择。这样就会导致真实页面与用 Photoshop 制作的不同。但是如果是在 Axure RP 中选择的字体，那么一定是所见即所得的。

如果设计师也能够在 Axure RP 中工作，然后产品经理在设计师的基础上进行互动效果的制作和评估，那么整体的效率又会提高很多。

设计师的价值在于设计能力，在使用 Photoshop 进行页面布局的过程中，很多时间会浪费在布局上。尤其是拥有几十个图层的 Photoshop 文件，选择正确的图层在很多时候也会成为一件挺麻烦的事情。此外，有些简单的功能在 Photoshop 中反而比较复杂，比如把七个一样的矩形在垂直方向上等距分布。在 Photoshop 中可能需要把画面放大后进行调整，而在 Axure RP 中，一个按钮就完成了。

我们不是说 Photoshop 不好，而是说，在页面效果的制作上面，Axure RP 是胜出的。

3.详情页

详情页中也有大量的图片，我们通过"合并拷贝 + 粘贴"功能都可以解决。我们需要着重处理的是页面顶部的选择尺寸，颜色和购物车的部分。

（1）颜色，尺码，数量选择

首先，我们拖曳一个动态面板部件到页面中，属性如下。

名　称	部件种类	坐　标	尺　寸
shopwindow	Dynamic Panel	X360：Y226	W565：H370

我们为它添加 9 个状态。在这 9 个状态中，其中 5 个用来放置不同颜色的图片，另外 4 个用来放置场景的图片。现在图片已经添加好了，但是图片的尺寸与动态面板稍微有不同，不过因为多余的部分是无法"漏"出来的，所以不影响使用。

完成幻灯之后，我们开始在幻灯的右侧放置文字说明等内容。我们着重说一下颜色和尺码的选择部分。这个部分是用 Image 部件制作的，而且每个 Image 部件我们都添加了 Sselected Image，也就是当某个颜色或者尺码被选中之后，该部件的边框就会变为红色。

所有的颜色选择图片都被设定为同一个选择组"color"，而所有的尺寸选则图片都被设定为同一个组"size"。

黄色的是一个动态面板部件，这个部件负责把用户当前选择的颜色，尺码和数量进行汇总，方便用户二次确认。属性如下。

名　称	部件种类	坐　标	尺　寸
Info	Dynamic Panel	X946：Y564	W373：H32

因部件较多，布局比较复杂，所以大家需要注意，对于坐标和对齐要格外地小心。完成之后的界面如下。

然后，我们为颜色的 Image 部件添加如下的事件。

Label 部件名称	red
部件类型	Image
动作类型	OnClick
所属页面	Detail
所属面板	无
所属面板状态	无
动作类型	动作详情
Set Widget(s) to Selected State	Set red to Selected
Set Panel state(s) to State(s)	Set shopwindow state to State1
Set Variable/Widget value(s)	Set value of variable color equal to "红色"
Move Panel(s)	Move Info by (0,0)

最后一个动作也是虚拟移动。然后我们会在 info 动态面板的 OnMove 事件中更新显示。除了更改动态面板的状态之外，还要设置一下变量。其他颜色的 Image 部件也是如法炮制。

尺码的 Image 部件的事件如下。

Label 部件名称	xs
部件类型	Image
动作类型	OnClick
所属页面	Detail
所属面板	无
所属面板状态	无
动作类型	动作详情
Set Widget(s) to Selected State	Set xs to Selected
Set Variable/Widget value(s)	Set value of variable size equal to "XS"
Move Panel(s)	Move Info by (0,0)

为场景的 Rectangle 部件添加如下的事件。

Label 部件名称	无
部件类型	Rectangle
动作类型	OnClick
所属页面	Detail
所属面板	无
所属面板状态	无
动作类型	动作详情
Set Panel state(s) to State(s)	Set shopwindow state to State6

因为 shopwindow 动态面板的 State6—State9 是场景的图片，所以我们在这里将状态设置为 State6。

然后是 Info 的 OnMove 事件。

Label 部件名称	Info
部件类型	Dynamic Panel
动作类型	OnMove
所属页面	Detail
所属面板	无
所属面板状态	无
动作条件	
IF value of variable color equals "" Or value of variable size equals "" Or text on widget number is not numeric	
动作类型	动作详情
Set Variable/Widget value(s)	Set text on widget productsummary equal to "请选择颜色，尺码和数量！"
动作条件	
Else if True	
Set Variable/Widget value(s)	Set text on widget productsummary equal to "您已经选择了""[[color]]" "[[size]]" 码 " [[LVAR1]]" "件"

这里我们使用到了 Local Variables 功能。Local Variables 能够让我们在动作中使用其他部件的值来构建新的值。

如下图所示，比如说 "LVAR1" 就被我们设置为了等于 number 这个 Text Panel 部件的 text。这样，如果用户选择了红色，L 码，并且选择了 2 件，那么 productsummary 这个 text Panel 的 text 文本就会被动态设置为 "您已经选择了 红色 L 码 2 件"。

（2）放入购物袋

放入购物袋的动作需要如下几个步骤。

一、确定用户已经选择了颜色，尺码和数量，缺一不可。

二、提示用户添加成功。

三、更新 Header 中购物车的显示。

我们拖曳一个动态面板部件到页面中，属性如下。

名　称	部件种类	坐　标	尺　寸
cart	Dynamic Panel	X930 ：Y540	W380 ：H130

然后在 State1 中，我们先拖曳一个用作背景的 Rectangle 部件，属性如下。

名　称	部件种类	坐　标	尺　寸	边　框	填充颜色
无	Rectangle	X0 ：Y0	W380 ：H130	#009900	#F0FFE5

然后添加一些文字链和图片，最终完成后如下图所示。

我们把 "购物车共有 1 种商品，合计：100 元" 这个 Text Panel 命名为 cartinfo，之后我们要动态改变它的显示内容。然后将这个动态面板设置为隐藏。

然后，我们为 "放入购物袋 "按钮添加如下的事件。

Label 部件名称	无
部件类型	Image
动作类型	OnClick
所属页面	Detail
所属面板	无
所属面板状态	无
动作条件	
IF value of variable color equals　"" Or value of variable size equals　"" Or text on widget number is not numeric	

续表

动作类型	动作详情
Set Variable/Widget value(s)	Set text on widget productsummary equal to "请选择颜色，尺码和数量！"
动作条件	
Else If True	

动作类型	动作详情
Set Variable/Widget value(s)	Set value of variable numberofproduct equal to "[[numberofproduct+LVAR1]]" (LVAR1=text on number)
Set Variable/Widget value(s)	Set value of variable tempmoney equal to "[[LVAR1*196]]" (LVAR1=text on number，196 是每件商品的价格)
Set Variable/Widget value(s)	Set value of variable totalmoney equal to "[[totalmoney+tempmoney]]"
Set Variable/Widget value(s)	Set text on widget cartinfo equal to "购物车共有 [[numberofproduct]] 种商品，合计：[[totalmoney]] 元"
Set Variable/Widget value(s)	Set text on widget Header/cartnumber equal to "[[numberofproduct]] 件商品"
Set Variable/Widget value(s)	Set text on widget Header/cartmoney equal to "[[totalmoney]] 元"
Show panel(s)	Show cart

进行了很多动作对吧？首先保证用户选择了颜色，尺码和数量，然后。

第一个动作，我们将用户选中的商品数累计起来，并且赋值给变量 numberofproduct。

第二个动作，将本次加入购物车的商品的金额计算出来，计算方法是用加入商品的个数乘以商品价格，当前的商品价格就是 196 元。

第三个动作，将本次的商品价格加入到总的商品价格变量里面。

第四个动作，将 cart 动态面板中 cartinfo 部件的文本设置为"购物车共有 xxx 件商品，合计：xxx 元"的格式。

第五个动作和第六个动作，将 Header 中关于商品总数和商品总金额的数值修改。

最后一个动作，将 cart 面板显示出来。

一键结账购买"按钮，我们先为它添加一个链接跳转到 check out 页面，之后我们再处理它。

然后，我们要为以后显示在购物车中的商品明细做点儿准备。为此，我们拖曳一个动态面板部件到页面中，这个动态面板就是纯粹为了实现一个虚拟移动而添加的，属性如下。

名　称	部件种类	坐　标	尺　寸
Setproductnumber	Dynamic Panel	X1250 : Y400	W50 : H50

然后，它的 OnMove 事件如下：

Label 部件名称	Setproductnumber
部件类型	Dynamic Panel
动作类型	OnMove
所属页面	Detail
所属面板	无
所属面板状态	无
动作条件	
If value of variable color equals "红色" and value of variable size equals "XS"	

动作类型	动作详情
Set Variable/Widget value(s)	Set value of variable redxs equal to "[[redxs+LVAR1]]"
动作条件	
Else If value of variable color equals "红色" and value of variable size equals "S"	

动作类型	动作详情
Set Variable/Widget value(s)	Set value of variable reds equal to "[[reds+LVAR1]]"
动作条件	
If value of variable color equals "红色" and value of variable size equals "m"	

动作类型	动作详情
Set Variable/Widget value(s)	Set value of variable redm equal to "[[redm+LVAR1]]"
动作条件	
If value of variable color equals "黄色" and value of variable size equals "XS"	

动作类型	动作详情
Set Variable/Widget value(s)	Set value of variable yellowxs equal to "[[yellowxs+LVAR1]]"
动作条件	
Else If value of variable color equals "黄色" and value of variable size equals "S"	
动作类型	动作详情
Set Variable/Widget value(s)	Set value of variable yellows equal to "[[yellows+LVAR1]]"
动作条件	
If value of variable color equals "黄色" and value of variable size equals "M"	
动作类型	动作详情
Set Variable/Widget value(s)	Set value of variable yellowm equal to "[[yellowm+LVAR1]]"
动作条件	
If value of variable color equals "灰色" and value of variable size equals "XS"	
动作类型	动作详情
Set Variable/Widget value(s)	Set value of variable greyxs equal to "[[greyxs+LVAR1]]"
动作条件	
Else If value of variable color equals "灰色" and value of variable size equals "S"	
动作类型	动作详情
Set Variable/Widget value(s)	Set value of variable greys equal to "[[greys+LVAR1]]"
动作条件	
If value of variable color equals "灰色" and value of variable size equals "M"	
动作类型	动作详情
Set Variable/Widget value(s)	Set value of variable greym equal to "[[greym+LVAR1]]"
动作条件	
If value of variable color equals "绿色" and value of variable size equals "XS"	
动作类型	动作详情
Set Variable/Widget value(s)	Set value of variable greenxs equal to "[[greenxs+LVAR1]]"
动作条件	
Else If value of variable color equals "绿色" and value of variable size equals "S"	
动作类型	动作详情
Set Variable/Widget value(s)	Set value of variable greens equal to "[[greens+LVAR1]]"
动作条件	
If value of variable color equals "绿色" and value of variable size equals "M"	
动作类型	动作详情
Set Variable/Widget value(s)	Set value of variable greenm equal to "[[greenm+LVAR1]]"
动作条件	
If value of variable color equals "橙色" and value of variable size equals "XS"	
动作类型	动作详情
Set Variable/Widget value(s)	Set value of variable orangexs equal to "[[orangexs+LVAR1]]"
动作条件	
Else If value of variable color equals "橙色" and value of variable size equals "S"	
动作类型	动作详情
Set Variable/Widget value(s)	Set value of variable oranges equal to "[[oranges+LVAR1]]"
动作条件	
If value of variable color equals "橙色" and value of variable size equals "M"	
动作类型	动作详情
Set Variable/Widget value(s)	Set value of variable orangem equal to "[[orangem+LVAR1]]"

注：LVAR1=Txet on number

　　复杂度在于，我们一共有 5 种颜色和 3 种尺码，所以一共就有 15 种商品。我们分别用 redxs，reds，redm 这样的变量代表红色加小码，红色小码和红色中码的商品。通过对这 15 种情况的判断，无论用户如何选择商品，我们都能够把用户选择的商品完全地记录下来。当然，这是最简单的情况，因为我们只有一种商品。如果我们有 10 种商品，那么就会有上百种可能性了。这种复杂度是原型所无法承载的了。

　　当然，我们要在"放入购物袋"这个按钮的事件中添加一个动作"Move setproductnumber by (0,0)"，这样才能使上述的代码生效。

（3）小结

详情页的下半部分没有什么特别的，所以我们为了节省时间和篇幅，就不完全制作出来了。大家在实际操作中，可以酌情进行制作。高保真线框图也并不意味着一定要100%的一致。它毕竟是原型。所以，到底做到什么程度就可以了？清楚就可以了！

4.试衣间

试衣间是一个很有趣的功能，能让用户选择跟自己尺码类似的模特儿，在线进行搭配和挑选。搭配完成后，再进行下单操作。这样方便用户更加了解商品，也方便用户进行多件搭配购买。试衣间的功能，我们已经在之前的案例中实现了。在此处的实现方式也是一样的，我们就不赘述了。要实现的设计图如下所示。大家自行合并拷贝再粘贴就可以了。

（1）结账页面步骤1

结账的第一步，就是将购物车中所有的商品展示给用户进行二次确认。在制作这个部分的过程中，我们需要把在上一个页面中设置的那些变量都重新读取出来，然后根据这些变量的值来设置界面。这个部分的制作相当复杂，大家做好心理准备。笔者当时制作的时候也煞费精力。原因就在于Axure RP并非真正的编程软件，所以我们只能使用非常简单的逻辑判断和流程来实现相对复杂的效果，这样就导致工作量比较大。比如Axure RP中没有数组，也不能在事件运行当中通过代码添加部件，更没有排序和For循环。

我们首先把结帐页面的头部完成，如下图所示。

都是图片和文字链，不再赘述。

然后，我们开始向页面中添加用于显示不同商品的商品动态面板。难度在于需要几个？我们从上一节中知道，用户可能选择的商品数的最大值是15个（用电商的行话来说，就是SKU是15个），因为一共有5种颜色，每种颜色有3种尺码。红色的M码和红色的S码是不一样的，所以我们不能在商品列表中把它们混在一行，而是要分开显示。因为我们不能在事件执行过程中动态地添加动态面板，所以我们一开始就要按照可能的最大值添加商品动态面板。因此，我们需要15个商品动态面板。【我们不能这样，比如if redxs>0 then add Dynamic Panel at (10,10)，希望之后的Axure RP版本能支持这样的功能】

我们先添加一个，然后再进行复制就可以了。保持高效。

第一个商品动态面板的属性如下。

名　称	部件种类	坐　标	尺　寸
redxs	Dynamic Panel	X360 ：Y231	W960 ：H65

我们编辑它的 State1。在 State1 中我们再添加一个动态面板，属性如下。

名　称	部件种类	坐　标	尺　寸
pic	Dynamic Panel	X45 ：Y8	W45 ：H45

我们为它添加 5 个状态，分别命名为 red，yellow，grey，green，orange。在每个状态里面分别放置相应颜色的商品缩略图，也就是下面这样的。

然后在 State1 中再添加其他的 Text Panel。将其中显示颜色和尺寸的命名为 colorsize，将显示这个商品总金额的 Text Panel 命名为 money，显示商品个数的是一个 Text Field 部件，我们将它命名为 number。

完成后如下所示（我们先添加了一些默认值）。

 深秋中长款手呢大衣外套　　　　　　　红色 L　　　　　¥196　　　　　1　　　　　2

然后，我们为 redxs 商品动态面板添加 OnMove 事件。在 OnMove 事件中，我们要处理一个很复杂的逻辑，简要说明如下。

我们需要遍历 15 个商品个数变量，从 redxs 到 orangem。如果发现有哪个变量的数值大于零，那么就证明用户选择了这个商品。我们就将 redxs 商品动态面板中的 pic 面板设置为与这个变量所对应的商品颜色相同的那个状态，然后把其他的部件也设置为这个变量对应的那件商品的数量，尺码，颜色和金额。设置完成后，我们需要将这个变量数值设置为零。这是为什么呢？因为我们要让 15 个商品动态面板中的每个都遍历一下 15 个商品数量变量。我们遍历完第一次后，将我们已经处理的变量设置为零，这样之后的面板就不会再次显示这个商品了。这样就保证了用户选择的每个商品都必然被显示一次，而且最多一次。

还有一个要解决的问题，就是如果添加了 15 个商品动态面板，但是用户只选择了 3 种商品，那么有 12 个动态面板我们是用不到的。还要让它们显示在界面中吗？当然不要。我们所使用的方式是"滑动遮盖"，我们添加一个叫作 screen 的大的动态面板，尺寸刚好可以覆盖 15 个商品动态面板。我们将它的尺寸设为 W960:H975(975=65×15，每个商品动态面板的高度是 65 像素)，初始坐标设为 X360 ： Y231。然后，我们每发现一个不为零的商品个数变量，就将这个动态面板向下移动 65 个像素，这样就可以露出一个商品动态面板。如果有 3 个变量不为零，那么 screen 就会移动 65×3 像素，这样就只会露出 3 个商品动态面板，而其他的 12 个面板都被遮盖住了，用户看不到。

完整的 redxs 动态面板的 OnMove 事件如下。

Label 部件名称	redxs
部件类型	Dynamic Panel
动作类型	OnMove
所属页面	Check out step1
所属面板	无
所属面板状态	无
动作条件	
If value of variable redxs is greater than "0"	

动作类型	动作详情
Move Panel(s)	Move screen by (0,65)
Set Variable/Widget values	Set text on widget colorsize equal to "红色 XS 码" ,and text on widget number equal to "[[redxs]]" ,and text on widget money equal to "[[redxs*196]]"
Set Variable/Widget values	Set value of variable redxs equal to "0"
Set Panel state(s) to State(s)	Set pic state to red
动作条件	
If value of variable reds is greater than "0"	

动作类型	动作详情
Move Panel(s)	Move screen by (0,65)
Set Variable/Widget values	Set text on widget colorsize equal to "红色 S 码",and text on widget number equal to "[[reds]]",and text on widget money equal to "[[reds*196]]"
Set Variable/Widget values	Set value of variable reds equal to "0"
Set Panel state(s) to State(s)	Set pic state to red

动作条件
If value of variable redm is greater than "0"

动作类型	动作详情
Move Panel(s)	Move screen by (0,65)
Set Variable/Widget values	Set text on widget colorsize equal to "红色 M 码",and text on widget number equal to "[[redm]]",and text on widget money equal to "[[redm*196]]"
Set Variable/Widget values	Set value of variable redm equal to "0"
Set Panel state(s) to State(s)	Set pic state to red

动作条件
If value of variable yellowxs is greater than "0"

动作类型	动作详情
Move Panel(s)	Move screen by (0,65)
Set Variable/Widget values	Set text on widget colorsize equal to "黄色 XS 码",and text on widget number equal to "[[yellowxs]]",and text on widget money equal to "[[yellowxs*196]]"
Set Variable/Widget values	Set value of variable yellowxs equal to "0"
Set Panel state(s) to State(s)	Set pic state to yellow

动作条件
If value of variable yellows is greater than "0"

动作类型	动作详情
Move Panel(s)	Move screen by (0,65)
Set Variable/Widget values	Set text on widget colorsize equal to "黄色 S 码",and text on widget number equal to "[[yellows]]",and text on widget money equal to "[[yellows*196]]"
Set Variable/Widget values	Set value of variable yellows equal to "0"
Set Panel state(s) to State(s)	Set pic state to yellow

动作条件
If value of variable yellowm is greater than "0"

动作类型	动作详情
Move Panel(s)	Move screen by (0,65)
Set Variable/Widget values	Set text on widget colorsize equal to "黄色 M 码",and text on widget number equal to "[[yellowm]]",and text on widget money equal to "[[yellow*196]]"
Set Variable/Widget values	Set value of variable yellowm equal to "0"
Set Panel state(s) to State(s)	Set pic state to yellow

动作条件
If value of variable greyxs is greater than "0"

动作类型	动作详情
Move Panel(s)	Move screen by (0,65)
Set Variable/Widget values	Set text on widget colorsize equal to "灰色 XS 码",and text on widget number equal to "[[greyxs]]",and text on widget money equal to "[[greyxs*196]]"
Set Variable/Widget values	Set value of variable greyxs equal to "0"
Set Panel state(s) to State(s)	Set pic state to grey

动作条件
If value of variable greys is greater than "0"

动作类型	动作详情
Move Panel(s)	Move screen by (0,65)

Set Variable/Widget values	Set text on widget colorsize equal to "灰色 S 码"，and text on widget number equal to "[[greys]]"，and text on widget money equal to "[[greys*196]]"
Set Variable/Widget values	Set value of variable greys equal to "0"
Set Panel state(s) to State(s)	Set pic state to grey
动作条件	
If value of variable greym is greater than "0"	

动作类型	**动作详情**
Move Panel(s)	Move screen by (0,65)
Set Variable/Widget values	Set text on widget colorsize equal to "灰色 M 码"，and text on widget number equal to "[[greym]]"，and text on widget money equal to "[[greym*196]]"
Set Variable/Widget values	Set value of variable greym equal to "0"
Set Panel state(s) to State(s)	Set pic state to grey
动作条件	
If value of variable greenxs is greater than "0"	

动作类型	**动作详情**
Move Panel(s)	Move screen by (0,65)
Set Variable/Widget values	Set text on widget colorsize equal to "绿色 XS 码"，and text on widget number equal to "[[greenxs]]"，and text on widget money equal to "[[greenxs*196]]"
Set Variable/Widget values	Set value of variable greenxs equal to "0"
Set Panel state(s) to State(s)	Set pic state to green
动作条件	
If value of variable greens is greater than "0"	

动作类型	**动作详情**
Move Panel(s)	Move screen by (0,65)
Set Variable/Widget values	Set text on widget colorsize equal to "绿色 S 码"，and text on widget number equal to "[[greens]]"，and text on widget money equal to "[[greens*196]]"
Set Variable/Widget valucs	Set value of variable greens equal to "0"
Set Panel state(s) to State(s)	Set pic state to green
动作条件	
If value of variable greenm is greater than "0"	

动作类型	**动作详情**
Move Panel(s)	Move screen by (0,65)
Set Variable/Widget values	Set text on widget colorsize equal to "绿色 M 码"，and text on widget number equal to "[[greenm]]"，and text on widget money equal to "[[greenm*196]]"
Set Variable/Widget values	Set value of variable greenm equal to "0"
Set Panel state(s) to State(s)	Set pic state to green
动作条件	
If value of variable orangexs is greater than "0"	

动作类型	**动作详情**
Move Panel(s)	Move screen by (0,65)
Set Variable/Widget values	Set text on widget colorsize equal to "橙色 XS 码"，and text on widget number equal to "[[orangexs]]"，and text on widget money equal to "[[orangexs*196]]"
Set Variable/Widget values	Set value of variable orangexs equal to "0"
Set Panel state(s) to State(s)	Set pic state to orange
动作条件	
If value of variable oranges is greater than "0"	

动作类型	**动作详情**
Move Panel(s)	Move screen by (0,65)
Set Variable/Widget values	Set text on widget colorsize equal to "橙色 S 码"，and text on widget number equal to "[[oranges]]"，and text on widget money equal to "[[oranges*196]]"

续表

Set Variable/Widget values	Set value of variable oranges equal to "0"
Set Panel state(s) to State(s)	Set pic state to orange
动作条件	
If value of variable orangem is greater than "0"	
动作类型	动作详情
Move Panel(s)	Move screen by (0,65)
Set Variable/Widget values	Set text on widget colorsize equal to "橙色 M 码" ,and text on widget number equal to "[[orangem]]" ,and text on widget money equal to "[[orangem*196]]"
Set Variable/Widget values	Set value of variable orangem equal to "0"
Set Panel state(s) to State(s)	Set pic state to orange

添加大批事件用例的时候，可以使用复制和粘贴功能，选中要进行复制的用例，右键单击，选择"Copy"，然后，再用鼠标选中要粘贴的位置，右键单击，选择"Paste Case（s）"就可以了，如下图所示。

还可以一次把一个事件下面的所有用例都复制了进行粘贴。

完成这个后，我们把 redxs 商品动态面板复制 14 份儿，从上到下分别命名为 redxs，reds，redm，yellowxs，yellows，yellowm，greyxs，greys，greym，greenxs，greens，greenm，orangexs，oranges，orangem。

在 redxs 的 OnMove 事件中的动作，是更改 redxs 中的 number 部件的值，当我们把 redxs 面板复制，然后重新命名为 reds 后，那么 reds 的 OnMove 事件就会自动去更改 reds 中的 number 的值，而不是仍然指向 redxs。这个过程是 Axure RP 自动完成的。

当然，不要忘了我们的"卷帘大将"动态面板 screen。它有两个状态，分别叫作 notempty 和 isempty，分别用来显示购物车有商品的时候和购物车中没有商品的时候的状态。

其中，notempty 是这样的。

除了一个用来显示总金额的 Text Panel 之外，没有特别的地方。

而对于"点击结算"按钮，有些特殊。因为用户有可能修改了购物列表中的商品数量，所以我们要在结算的时候再计算一次。因此，我们为"点击结算"按钮添加如下事件。

Label 部件名称	无
部件类型	Image
动作类型	OnClick
所属页面	check out step1
所属面板	无
所属面板状态	无
动作类型	**动作详情**
Set Variable/Widget value(s)	Set value of variable totalmoney equal to "[[redxs+reds+redm+yellowxs+yellows+yellowm+greyxs+greys+greym+greenxs+greens+greenm+orangexs+oranges+orangem]]"
Open Link in current Window	Open check out step2 in Current Window

其中的 redxs，reds，redm 等变量是临时变量，分别等于每个商品动态面板中的 Text Panel 的值。这样，如果用户在这些 Text Panel 中更新了数量的话，就可以体现在新的变量当中。

接下来，对于 screen 动态面板的 isempty 状态，是如下这个样子的。

这个页面中的"点击结算"按钮其实是没有作用的，因为如果没有商品，是无法继续到下一步的。其实它应该是处于"禁用"状态的一个按钮。

那么，我们如何控制 screen 动态面板显示哪个状态呢？答案是我们需要借助一个新的动态面板来实现虚拟移动，这个面板的属性如下。

名　称	部件种类	坐　标	尺　寸
Setscreen	Dynamic Panel	X260 : Y170	W70 : H70

我们为它添加如下的 OnMove 事件。

Label 部件名称	Setscreen
部件类型	Dynamic Panel
动作类型	OnMove
所属页面	check out step1
所属面板	无
所属面板状态	无
动作条件	
If area of widget screen is over area of widget pic	
动作类型	**动作详情**
Set Panel state(s) to State(s)	Set screen state to isempty
动作条件	
Else if True	
动作类型	**动作详情**
Set Variable/Widget values	Set text on widget totalmoney equal to "[[totalmoney]]"

条件一是"如果 screen 动态面板跟 redxs 商品动态面板中的 pic 重合"，意思是如果在所有商品动态面板移动之后，

screen 面板仍然与 redxs，也就是最上面的这个动态面板中的 pic 动态面板重合的话，那么只有一个可能性，那就是购物车是空的。所以这个时候我们把 screen 的状态设置为 isempty。如果没有重合，那么证明购物车不是空的，这个时候，我们把 notempty 中的 totalmoney 设置好就可以了。

最后，自然是 check out step1 页面的 OnPageLoad 事件了，我们要在这里让所有的动态面板虚拟移动起来。

Label 部件名称	check out step1
部件类型	Page
动作类型	OnPageLoad
所属页面	check out step1
所属面板	无
所属面板状态	无
动作类型	动作详情
Move Panel(s)	Move redxs by (0,0)
Move Panel(s)	Move reds by (0,0)
Move Panel(s)	Move redm by (0,0)
Move Panel(s)	Move yellowxs by (0,0)
Move Panel(s)	Move yellows by (0,0)
Move Panel(s)	Move yellowm by (0,0)
Move Panel(s)	Move greyxs by (0,0)
Move Panel(s)	Move greys by (0,0)
Move Panel(s)	Move greym by (0,0)
Move Panel(s)	Move greenxs by (0,0)
Move Panel(s)	Move greens by (0,0)
Move Panel(s)	Move greenxm by (0,0)
Move Panel(s)	Move orangexs by (0,0)
Move Panel(s)	Move oranges by (0,0)
Move Panel(s)	Move orangem by (0,0)
Move Panel(s)	Move greenxs by (0,0)
Move Panel(s)	Move setscreen by (0,0)

一定要按照这个顺序从上到下的移动动态面板。

(2) 结账页面步骤 2

在步骤 2 中，我们让用户输入送货地址，选择送货方式和付款银行。严格来说，在步骤 2 中我们还要再罗列一遍用户选择的商品，给用户做确认。因为在步骤 1 中用户有可能又一次修改了商品。但是在这里，为了简单，我们就不放置这个部分的内容了。

我们拖曳一个动态面板到页面中，属性如下。

名 称	部件种类	坐 标	尺 寸
Address	Dynamic Panel	X360：Y194	W960：H186

我们为它添加两个状态，分别是 set 和 edit。set 状态用来显示正常显示的内容，edit 状态是编辑内容时使用的状态。

其中，set 状态如下所示，用来显示收货信息的 4 个 Text Panel 部件分别被命名为 name、address、postcode 和 mobile。之后，我们要在 edit 状态的"保存"按钮的事件中，刷新这 4 个 Text Panel 的显示值。

其中，我们为右上角的"修改"按钮添加了 Image Map 的 OnClick 事件。事件如下。

Label 部件名称	无
部件类型	Image Map
动作类型	OnClick
所属页面	check out step2
所属面板	Address

续表

所属面板状态	set
动作类型	**动作详情**
Set Panel state(s) to State(s)	Set.Address state to edit

edit 状态如下所示。

上图中的输入框都只是用于输入的 Text Panel。我们为 "保存" 按钮添加如下事件。

Label 部件名称	**无**
部件类型	Image
动作类型	OnClick
所属页面	check out step2
所属面板	Address
所属面板状态	edit
动作类型	**动作详情**
Set Variable/Widget value(s)	Set text on widget name equal to "[[LVAR1]]" ,and text on widget address equal to "[[LVAR1]]" ,and text on widget postcode equal to "[[LVAR1]]" ,and text on widget mobile equal to "[[LVAR1]]"
Set Panel state(s) to State(s)	Set Address state to set

在动作中的几个本地变量分别代表了几个 Text Field 部件的文本。

这样，用就可以通过 address 动态面板右上角的 "修改" 按钮将面板切换到编辑状态，编辑地址后保存即可。

接下来处理送货方式部分，我们仍然拖曳一个动态面板到页面中，属性如下。

名　称	**部件种类**	**坐　标**	**尺　寸**
Delivery	Dynamic Panel	X360：Y383	W960：H167

也是一样有 set 和 edit 两个状态，我们在这里着重说一下 edit 状态，如下图所示。

这 4 个 Radio Button 部件被分配到同一个选择组中，我们把它命名为 delivery。这样每次只能选中一个。然后，我们为这四个 Radio Button 分别添加如下的 OnClick 事件。

Label 部件名称	**Express**
部件类型	Radio Button
动作类型	OnClick
所属页面	check out step2
所属面板	Delivery
所属面板状态	edit
动作类型	**动作详情**
Set Variable/Widget value(s)	Set value of variable delivery equal to "普通快递"

我们把每个 Radio Button 代表的值在 OnClick 事件中赋值给 delivery 这个变量。然后，为 "保存" 按钮添加如下的事件。

Label 部件名称	**无**
部件类型	Image
动作类型	OnClick
所属页面	check out step2
所属面板	Delivery

续表

所属面板状态	edit
动作类型	**动作详情**
Set Variable/Widget value(s)	Set text on widget deliveryway equal to "[[delivery]]"
Set Panel state(s) to State(s)	Set Delivery state to set

Deliveryway 是 set 状态中的 Text Panel 部件。

之后是支付方式部分，与送货方式的实现是完全一样的，只不过我们为了更逼真，找来了一堆银行的图片而已，如下图所示。

最后是"提交订单"按钮。点击"提交订单"的时候，会在新的页面中弹出银行的付款页面，同时，我们会用一个大的灰色的动态面板覆盖住当前的 Check out step2 页面。并且在这个灰色面板中显示如下的内容。

新弹出的银行付款页面我们放置在 Check out step3 中，见下一节。

首先，我们拖曳一个动态面板到页面中，属性如下。

名　称	部件种类	坐　标	尺　寸
Cover	Dynamic Panel	X0 : Y0	W1680 : H1500

然后在它的 State1 状态中首先添加如下的矩形部件。

名　称	部件种类	坐　标	尺　寸	边　框	填充色	透明度
无	rectangle	X0 : Y0	W1680 : H1500	无	#666666	70%

然后在坐标 X650 : Y320 处添加上面的那张图片。并且为几个可点击的地方添加 Image Map 部件。

（3）结账页面步骤 3

我们假设用户在上一个步骤中选择了招商银行，那么步骤 3 的页面我们显示这样就可以了，如下图所示。我不会输入我的信用卡号然后再截图的。

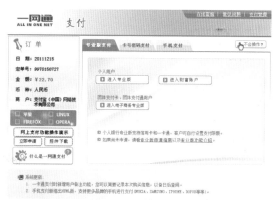

步骤 3 的页面是一个单独的弹出页面，所以从这个页面开始就都是银行的流程了。每个银行的都不尽相同。支付宝、网银都有自己的接口文档，工程师参考就可以了。

（4）结账页面步骤 4

用户付款成功后，就会到达步骤 4。在这里我们告诉用户下单成功。然后推荐一些其他的商品供用户选择，如下图所示。

5.1.5　总结

至此，我们基本上完成了一个完整的电商网站的核心的购物流程。仅仅只是实现而已，从总的工作量来说，不过完成了 20% 左右。但是我们已经可以理直气壮地拿着这个原型，告诉其他人说"看，这就是我要的网站，这就是我要的东西，这就是我要的气氛，这就是我要的功能，需求非常明确。"

在整个原型的制作过程中，我们时而大大咧咧，使用截图解决问题，时而非常细致入微，用很多变量和较为复杂的逻辑实现很细节的功能。这个"度"，主要就是能把事情说清楚就可以了。尤其是容易引起逻辑混乱和理解分歧的地方，就要细致。而对于大家都很熟悉的，标准的部分，我们就可以简化，比如银行付款的流程。

其他的部分，大家就各自己思考和尝试吧。至少现在我们的页面看起来，已经有血有肉的像个网站了。而且，经过线框图的制作，现在的你是不是对各个部分的细节和整个项目的细节有了更好的了解了呢？是否有些没有想明白的东西，现在很清楚了？项目经理和开发经理是不是也可以清楚地告诉你，各个部分要用多长时间了？

5.2　Morework——同行同事在线交流平台

项目名称：Morework——同行同事在线交流平台

项目描述：Morework（魔窝客）是一个在线交流平台，就像 Facebook 是按照学校给用户分类的一样，魔窝客是按照公司为用户分类的。这样，同公司的同事可以发布公司信息，分享文档，讨论，抱怨和扯淡。不同公司的用户之间可以像在一个在线商务圈一样讨论合作事宜，建立商务关系，或者仅仅只是表达崇拜和八卦。它在商务交流方面类似 Linekin，但是又有文档共享的功能，提供了公司 E-mail 不能达到的一些交流功能。同时，魔窝客也具备发布公司信息的功能。如果你想看看一家公司的员工都在讨论和关心些什么，也许你可以关注 N 个该公司员工的微博，或者呢，就来魔窝客蹲点吧。

5.2.1　需求描述

公司作为一种现代化的组织结构，为公司打工已经占据了国人大部分的时间和精力。无论是心甘情愿还是生活所迫，我们像祖先被禁锢在这片土地上一样，被禁锢在了电脑屏幕前。他们面朝黄土背朝天，我们面朝桌面背靠背；他们肩扛手提累弯了腰，我们劳神伤手混瞎了眼。一家有一家的事儿，一代也有一代的愁。又说多了哈，为啥情不自禁的时候都是在抱怨呢！

创立魔窝客的目的是促进公司内的信息流通和公司间的社交联系。除了是工作场所外，公司也是一个社交区域，就像酒吧一样，公司也有公司的社交规则和信息传递的方式。然而，E-mail、MSN 和 QQ 作为新的沟通方式，有它们的优点，但是也有不足。E-mail 具有隐私性，以小范围沟通见长。如果使用 E-mail 来发布某种类似公告的信息，那么大家七嘴八舌的回复很快就会让喜欢安静工作的人头昏脑胀。而 MSN 和 QQ 更适合于单聊。

这两者最大的问题就是，你要先认识对方才可以发 E-mail 和 IM。微博和社交网络的出现让大家认识陌生人的概率大大增加了。即使你不去主动寻找，系统也会告诉你"你可能认识这些人"。系统推荐的主要指标是区域，学校和公司的信息。但是这些网站对于以公司划分人群还没有做得很好。在社交网站上找到我认识的人很容易，但是如果我想找到我所在公司销售部，市场部和仓储部的同事呢？如果我想找新浪的人呢？想找四通搬家公司的人呢？是，我当然可以打电话，但是电话是一种"单线程阻断式的沟通方式"，当你打电话的时候，你其实是在打扰对方的进程，就像你正在电脑上看片儿，然后 QQ 不断地给你弹出窗口一样。

所以，用一句话来描述魔窝客就是：一个以公司纬度划分注册用户的，促进公司内部和公司之间员工交流的在线平台。

用个不是特别恰当的类比，魔窝客是一个所有公司内部论坛的开放集合版本。

在魔窝客你可以：

（1）与同公司的人分享，交流，比如发现附近好吃的地方，一起团购，拼车，二手物品转让，内部招聘，一起抱怨，分享文档、照片、培训资料，了解公司历史、组织结构、工作流程，认识公司里面的俊男美女，甚还是一起联合起来反对公司的不合理的规定。

（2）查看一个公司真正的信息。之前我们获得公司信息的方式都是通过媒体。现在呢，我们可以去看看一家公司的真正员工都在讨论和关心什么。比如你在应聘之前，看看这个公司最近在做什么项目？是不是发不下来工资或者其实已经在走下坡路了；如果你是营销人员，看看公司人都关心什么，需要什么，在拜访之前做好功课；这个公司附近的物业，交通，购物是不是方便？这些信息只能通过公司员工来获得。这些信息，对于未来的求职者的意义也很大，可以让他们更好地通过公司内部的员工来了解一家公司，而不是岗位描述和招聘人员的一面之词。

（3）商务联系。你可以很容易的通过标签的方式，记录下来其他公司中跟你有过业务往来的其他用户。名片的问题是虽然可以记住人，但是一段时间之后，你就不记得跟这个人谈过什么事情了。而魔窝客可以帮你记住所有的人和事。也可以很容易地找到一个公司负责某项业务的人，而不是打到前台，然后说"请帮我转接市场部"

（4）如果好好经营，这是一份你的活生生的简历。

在魔窝客，我们通过"事件"来组织信息。你首先看到的是"这个公司在发生什么事儿"，然后才通过事情认识到人，再由人建立起联系。所以，我们对事情的发布有严格地控制。用户必须用一个公司的 E-mail 来完成注册，这样我们才会认为这个人是该公司的员工，Ta 才能够发布关于这家公司的信息。否则就"只能看，不能说"。这样就保证了公司信息一定是由公司内部的人发布的，而不是外面的人随便揣测和编造的。当然，一个人可以属于多家公司，只要你有多个验证的 E-mail 就可以。因为有些人可能会离职，然后加入新的公司。

在隐私方面，我们不会随便暴露用户的私人联系信息。同时，也希望所有用户遵循公司合同中的隐私条款，不要暴露不合适的商业信息。

我们把简单的需求罗列如下。

需求名称	需求描述
登录 / 注册	用户需要注册和登录才能使用魔窝客。注册时须要提供一个公司的 E-mail，然后通过发送到公司 E-mail 中验证链接进行注册
发新事儿	发布一个新的帖子。这个帖子描述了一件关于一家特定公司的事儿。一件事儿必须，也只能属于一家公司。一件事儿有标题，内容，封面图片，附件等信息。附件是依托于事儿的
我的公司	可以看到当前登录用户所属的公司最近发生的各种事儿
我的人脉圈	人脉圈中记录了所有当前登录用户"添加到我的人脉圈"的其他用户
加入一个公司	提供一个要注册的公司的 E-mail 后，通过验证就可以加入这家公司
查看某个用户	查看某个用户的公开信息，比如 E-mail，IM，地址。并且可以对这个用户添加"最新项目"的标签

5.2.2 需求分析与线框图

需求很明确也很简单，我们就在这个基础上开始制作线框图。

1.首页

在首页，除了页头页尾之外，我们需要一种清晰的方式来把现在所有的公司发生的一些热门的事件罗列出来。这些事件未必是当前登录用户所在的公司，而是所有公司发生的事情。

每件事情，有标题、内容、图片、作者、来自的公司和顶的个数。

页头要具有的内容包括，logo，网站描述，登录 / 注册，搜索和主导航。

所以，我们按如下的内容规划制作首页的线框图。

在 Logo 上面，我们暂时用了一种比较特别的字体叫作 "Showcard Gothic"。此外，大家可以注意到有些帖子的后面有一把金色的小锁。这说明这个帖子是一个私密的帖子，也就是说只有这家公司的员工才可以看到这个帖子。

首页比较简单，就是信息的罗列。我们尽可能地做到简单，实用。然后再随着运营和用户反馈慢慢地加入东西。如果一开始就做的很多很全的话，反而会增加很多不必要的负担。

2.我的公司

"我的公司"的页面与首页相同，仅仅只是对信息做了一个筛选，仅罗列出了当前登录用户所在的一个或者几个公司的最近发生的各种事情，如下图所示。

3.我的人脉圈

如下图所示，"我的人脉圈"按照字母顺序罗列出当前登录用户人脉圈中的所有用户。我们也可以按照人名，公司名称来进行搜索。人脉圈目前支持的功能很有限，之后可以玩出很多花样。比如按公司分组，按认识的时间分组，等等。

对于"可能感兴趣的人"部分，系统会根据当前登录用户认识的人，推荐其所在的公司的其他人。

4.发新事儿

用户须要注册登录后才可以发新事儿。新事儿就像论坛中的一个帖子一样，有标题、封面图片、附件和内容。要说明一下的就是一个新事儿一定要属于一家公司，而且必须是当前登录用户已经加入的公司。所以，我们用下拉列表的方式来让用户选择公司，如下图所示。

5.事儿页面

事儿页面显示一件事儿，如下图所示。页面显示出了当前被查看的事情的标题，内容，封面图片，附件，发布的时间和作者的信息。其他的用户可以"顶"这件事情。如果不是一家公司的用户"顶"了，那么加一个信誉。如果是同一家公司的同事"顶"了，证明这件事情的真实性得到了同公司的用户的"认证"，所以就加十个信誉。（这种设定未必平衡，暂且如此吧，呵呵）其他用户还可以评论或者添加新的附件，这对于项目管理非常有好处。大家可以得到最新的项目文件的更新列表。大家还可以将事情转发到其他的社交网络，比如新浪微博，人人网，QQ 等。

当前登录用户如果不属于这件事情所在的公司，那么就可以选择加入该公司。只要提供一个该公司的 E-mail 地址就可以完成注册。加入该公司后，才可以发布关于这个公司的信息，如下图所示。

6.人的页面

如果你对某个人感兴趣，想看看 Ta 的详细信息的话，就可以到达这个人的页面，如下图所示。

页面上半部分的信息，是这个人自己添加的信息，所以是不能修改的。而页面下半部分的信息，是当前登录用户为这个用户添加的备注信息，是可以更改和保存的。默认情况下，这二者是相同的。这样就方便我们按照自己熟悉的方式去记住一个人。比如有人希望被叫作"大帅"，而其他人则更愿意讽刺地称之为"二帅"。

7.注册页面

注册页面很简单，我们把注册流程的主要部分留在 E-mail 验证中，如下图所示。

用户要先通过验证，然后才能设定自己的登录密码，头像等其他信息。我们就偷懒仅做第一步了。

8.加入一个公司

加入一个公司也很简单，跟注册差不多，只需要提供 E-mail 地址就好了，如下图所示。

主要页面就是这些，我们都罗列完成了。整个网站的结构和定位也很清楚。下面我们就开始高保真线框图的制作。

5.2.3　高保真线框图

1.首页

我们自然还是从首页开始。首先是页头。

（1）Header

我们在 Photoshop 设计图中看到的 Header 是这样的。

我们可以清楚地看出它是由如下的部分组成的。

① 绿色的背景（图片）

② Logo（图片）

③ Logo 右侧的描述（图片）

④ 注册"按钮（图片）

⑤ "会员登录"的文字（文本）

⑥ 搜索框的背景（图片），搜索框（文本输入框），搜索按钮（图片）

⑦ "首页"，"我的公司"，"我的人脉圈"三个导航按钮，均为图片

⑧ "发新事儿"的按钮（图片）

Photoshop 设计图中，画布的尺寸是 W1200 ∶ H2229。所以我们在 Axure RP 中的工作区域也是这么大，保持两边的坐标一致。

我们首先来处理绿色的背景。在 Photoshop 中，我们先把页头的所有其他图层先隐藏，如下图所示。

然后我们对 Photoshop 的如下区域进行合并拷贝，然后粘贴到 Axure RP 中，坐标为 X0 ：Y0，尺寸为 W1200 ：H451。

然后，我们将其他的图层都隐藏，只剩下 Logo 部分，如下图所示。然后选中这个区域，合并拷贝。

为了仅仅选中 Logo 的部分而不多一点儿也不少一点儿，我们可以把 Photoshop 的显示区域放大，然后再选择，如下图所示（部分）。

在合并拷贝后，我们在 Photoshop 中新建一个文件，按照默认的尺寸设置，如下图所示。

之后在新建的文件中，将刚才合并拷贝的内容粘贴进来，如下图所示。

然后把它保存为 PNG24 格式的图片，命名为 logo.png。

接着，我们在 Axure RP 中添加一个 Image 部件，双击它后，选择 logo.png，将坐标设置为 X118：Y24，尺寸设为 W309：H54。

然后，我们用同样的方式，把各个部分分离出来，然后合并拷贝，另存为 PNG，最后再导入到 Axure RP 中。关于这些步骤的详细说明，请大家参考"基础操作"一章的"从 Photoshop 到 Axure RP 一节"。我们在那里做了详细的介绍。

其他几个部件的坐标和尺寸如下。

（X470：Y28 W211：H48）　　　　　（X847：Y25 W108：H54）　　　　　（X963：Y36 W100：H30）

上面这个空白是白色的"会员登录"四个字。我发誓这里真的有字！！！

（X310：Y115 W554：H50）　　　　　（X759：Y121 W99：H38）　　（X320：Y124 W438：H32）

Text Field 部件，文本尺寸 13，字体 Adobe 黑体 Std，颜色 #999999。

（X151：Y225 W74：H43）　（X240：Y225 W106：H43）　　（X361：Y225 W125：H43）　　（X847：Y219 W198：H54）

最终组合出来的就是我们想要的 Header。

（2）事儿部分

这个部分的每件事儿都是类似的格式，我们先制作一个，其他的大家自行解决就可以了。

首先，我们把 Photoshop 中 content1 图层组中的其他部分都隐藏，只剩下内容的边框，然后选中它进行合并拷贝，如下图所示。

接着把它粘贴到 Axure RP 中，坐标为 X130 ∶ Y307，尺寸为 W220 ∶ H395。这个部分是内容的背景。

然后，我们把图片合并拷贝，然后粘贴到 Axure RP 中，坐标为 X136 ∶ Y313，尺寸为 W208 ∶ 185，如下图所示。

我们拖曳一个 Rectangle 部件到页面中，属性如下。

名 称	部件种类	坐 标	尺 寸	字 体	字体颜色	填 充	字 号	样 式
无	Rectangle	X135 ∶ Y508	W142 ∶ H20	宋体	#66B40D	无	12	黑体

文本内容为"今天公司好热啊！"然后我们为它添加一个 Rollover 样式，就是在鼠标悬停时出现下划线。

由于 Axure RP 不能调整文本之间的行距，所以对于多行文本，我们需要一行文本使用一个 Rectangle 部件来填写文字，如下图所示。字体都是宋体，12 号，颜色为 #666666。

接下来是两个 Rectangle 部件，分别用来显示公司和作者，属性如下。

名 称	部件种类	坐 标	尺 寸	字 体	字体颜色	填 充	字 号	样 式
无	Rectangle	X135 ∶ Y656	W142 ∶ H20	宋体	#666666	无	12	黑体
无	Rectangle	X135 ∶ Y674	W212 ∶ H20	宋体	#666666	无	12	无

这两个文本也要添加鼠标悬停下划线的效果。

最后是"顶"的部分，这个部分是一顶小皇冠加上一个按钮，坐标如下。

（X310：Y647 W16：H16） （X296：Y665 W44：H29）

现在，我们完成的部分如下图所示。

这就是一件"事儿"的全部展现。我们为图片，标题添加链接，链接到"single post"页面，为公司添加链接，链接到"my company"页面，为作者添加链接，链接到"person"页面，为"顶"添加链接，链接到"single post"页面。

接下来我们就要以相同的方式，但是不同的图片和文本创建其他的事情，一共16个。完成之后如下图所示。

（3）Footer

Footer 部分就是一个背景和几个文字链，背景和相应的坐标，尺寸如下。

（X0：Y2068　W1200：H161）

添加完文字链后如下图所示。

| 常见问题 ｜ 服务条款 ｜ 关于我们 ｜ 加入我们 ｜ 官方微博　　　　@很困的科技有限公司　　　地球ICP备9999999号 |

至此，首页完成。我们把 Header 和 Footer 分别全部选中，然后右键单击选择"Convert"→"Convert to Master"，分别命名为 header 和 footer。

（4）事儿页面 single post

这个页面显示了一件事情的全部内容和用户的评论。我们首先完成标题部分。我们拖曳一个 Text Panel 部件到页面中，属性如下。

名　称	部件种类	坐　标	尺　寸	字　体	字体颜色	填　充	字　号	样　式
无	Text Panel	X150：Y305	W150：H18	宋体	#4d4d4d	无	16	黑体

文本内容为"今天天气好热啊！"

之后，我们再拖曳一个 Text Panel 部件到页面中，属性如下。

名　称	部件种类	坐　标	尺　寸	字　体	字体颜色	填　充	字　号	样　式
无	Text Panel	X680：Y310	W150：H14	宋体	#666666	无	12	无

文本内容为"发布于 2 个小时前"。

同样，我们要添加一个皇冠图标，属性如下。

（X290：Y306　W16：H16）

接下来我们完成帖子的部分，就不赘述了，完成后如下图（左）所示。

接下来是下面的评论部分，如下图（中）所示。

更多该公司内容和热门公司内容都是文字链，如下图（右）所示。

但是"更多公司内容"这个部分我们使用了图片，以使得字体更加美观一些。

（5）人的页面

下面我们处理当用户点击另外一个用户头像或者名称的时候到达的页面。我们先处理上半部分，也就是一个用户自己填写的信息的部分，如下图所示。这个部分只有用户本人才可以修改，当前登录用户只能查看不能修改。

职位	创意总监
公司Email	tom@b4ft.com
手机	1350 128 8888
座机	84015588
地址	北京市朝阳区国贸三期D座1101
关键词	创意设计 ｜ 体验管理 ｜ 顾客情感优化
私人Email	itomyang@me.com
参与项目	三里屯Village ｜ 北欧航空 ｜ 钓鱼台美高梅酒店 ｜ 雀巢集团 ｜

tom yang
参前顾后用户体验管理机构
8年6月52天
发帖62个

添加到我的人脉圈

然后是下半部分的备注信息，可以被修改和编辑，如下图所示。

备注信息

职位	创意总监
公司Email	tom@b4ft.com
手机	1350 128 8888
座机	84015588
地址	北京市朝阳区国贸三期座1101
关键词	创意设计 ｜ 体验管理 ｜ 顾客情感优化
参与项目	三里屯Village ｜ 北欧航空 ｜ 钓鱼台美高梅

+添加新项目 >

保存

注意：制作右侧的输入框时，我们要先放置背景，然后再拖曳 Text Field 部件放在背景的上方，并且设置为无边框。

对于右侧的"更多该公司内容"和"热门公司内容"两个部分，我们把"事儿页面"同样的部分复制过来就可以了。

（6）发新事儿

发新事儿的时候，需要指定标题，事儿所属于的公司，封面图片，附件和事儿的内容。发新事儿的页面的 header 与正常的 header 不同，"首页"的按钮是灰色的，如图所示。 首页

所以，我们在拖曳 header 到新事儿页面后，需要用上面的这张灰色的图片覆盖住 header 主部件的相应位置。坐标为 X151 ： Y226。

然后。其他部分如下所示，首先是"新事儿"区域的 Logo。

新事儿 你只能发自己公司的那点儿事儿

(X149 ： Y307　W308　H27)

然后，是标题部分，标题是由一张背景图片，一个 Text Field 部件组合而成的，如下图所示。

(X150 ： Y362　W437 ： H40)

拖曳一个 Text Field 部件到页面中，属性如下。

名　称	部件种类	坐　标	尺　寸	字　体	字体颜色	填　充	字　号	样　式
title	Text Field	X152 ： Y364	W433 ： H36	宋体	#4D4D4D	白色	20	无

文本内容为"* 标题"。这个 Text Field 用来接收用户输入的标题内容。为了达到那种当输入框获得焦点时提示文本消失，而当输入框失去焦点或用户没有输入任何内容的时候就再次显示提示文本的效果，我们为 title 部件添加如下的事件。

Label 部件名称	title
部件类型	Text Field
动作类型	OnFocus
所属页面	New post
所属面板	无
所属面板状态	无
动作类型	动作详情
Set Variable/Widget value(s)	Set text on widget title equal to ""

Label 部件名称	title
部件类型	Text Field
事件类型	OnLostFocus
所属页面	New post
所属面板	无
所属面板状态	无
动作条件	
If text on widget title equals ""	
动作类型	动作详情
Set Variable/Widget value(s)	Set text on widget title equal to "* 标题"

意思就是说，如果在 title 部件失去焦点的时候，用户什么也没有输入，那么就把 title 部件的内容显示为"* 标题"。而如果用户输入了内容，那么就保留用户输入的内容。

然后是"选择公司"部分。这部分我们要自制一个下拉列表部件，首先添加如下内容。

(X150 : Y425 W191 : H40)　　　　　　(X304 : Y428 W34 : H24)

名　称	部件种类	坐　标	尺　寸	字　体	字体颜色	字　号
Company	Text Panel	X158 : Y433	W140 : H23	宋体	#4D4D4D	20

然后，我们拖曳一个动态面板部件到页面中，属性如下。

名　称	部件种类	坐　标	尺　寸
Droplist	Dynamic Panel	X150 : Y465	W160 : H95

我们双击它的 State1 状态开始编辑。

在 State1 中，我们拖曳 3 个 Text Panel 部件，属性如下。

名　称	部件种类	坐　标	尺　寸	字　体	字体颜色	字　号
Sina	Text Panel	X10 : Y4	W140 : H23	宋体	#4D4D4D	20

文本内容为"新浪网"。

名　称	部件种类	坐　标	尺　寸	字　体	字体颜色	字　号
Taobao	Text Panel	X10 : Y33	W140 : H23	宋体	#4D4D4D	20

文本内容为"淘宝网"。

名　称	部件种类	坐　标	尺　寸	字　体	字体颜色	字　号
Alibaba	Text Panel	X10 : Y62	W140 : H23	宋体	#4D4D4D	20

文本内容为"阿里巴巴"。

然后，我们为这 3 个 Text Panel 部件分别添加如下的 OnClick 事件。

Label 部件名称	Sina
部件类型	Text Panel
动作类型	OnClick
所属页面	New post

所属面板	droplist
所属面板状态	State1
动作类型	动作详情
Set Variable/Widget value(s)	Set text on widget company equal to "新浪"
Hide Panel(s)	Hide droplist

这样，用户在单击下拉列表中的某个文本时，就会将这个文本显示在下拉列表框中，并且将下拉列表再次隐藏。

然后，我们为如下的 Image 部件添加 OnClick 事件。

Label部件名称	无
部件类型	Image
动作类型	OnClick
所属页面	New post
所属面板	无
所属面板状态	无
动作类型	动作详情
Toggle visibility for Panel(s)	Toggle visibility for droplist

接着我们处理"添加封面图片"的部分。我们知道，单击"添加封面图片"后，会弹出一个 Windows 资源管理器的窗口让用户选择图片，用户选择了图片后，这张图片就会出现在"添加封面图片"按钮左侧的示例区域。为了完成这个流程，我们先拖曳一个动态面板部件到页面中，属性如下。

名 称	部件种类	坐 标	尺 寸
Filemanager	Dynamic Panel	X205：Y268	W858：H732

然后我们双击它的 State1 开始编辑，我们将一个 Windows 文件管理器的界面截图，然后粘贴在 State1 中，如下图所示。

(X0 ： Y0 W858 ： H732)

为了简化，我们假设用户已经选择了"郁金香"这张图片。然后，我们用一个 Image Map 部件覆盖住"打开"这个按钮，然后为它添加如下的事件。

Label部件名称	无
部件类型	Image Map
动作类型	OnClick
所属页面	New post
所属面板	Filemanager
所属面板状态	State1

续表

动作类型	动作详情
Set Panel state(s) to State(s)	Set cover state to pic
Hide Panel(s)	Hide Filemanager

Cover 是一个等会我们要添加的新的动态面板部件。

然后，用另外两个 Image Map 部件分别覆盖住"取消"和右上角的"关闭"按钮。之后，我们分别为这两个 Image Map 部件添加如下事件。

Label 部件名称	无
部件类型	Image Map
动作类型	OnClick
所属页面	New post
所属面板	Filemanager
所属面板状态	State1
动作类型	动作详情
Hide Panel(s)	Hide filemanager

然后，我们把 filemanager 动态面板设置为隐藏。之后为"* 添加封面图片"这个部件添加如下的事件。

Label 部件名称	无
部件类型	Text Panel
动作类型	OnClick
所属页面	New post
所属面板	无
所属面板状态	无
动作类型	动作详情
Show panel(s)	Show filemanager

接着我们添加另外一个动态面板，属性如下。

名　称	部件种类	坐　标	尺　寸
Cover	Dynamic Panel	X150：Y489	W208：H185

然后我们将它的 State1 改名为 default，将如下的图片（左）粘贴进去。

再添加一个状态叫作 pic，将如下的图片（右）粘贴进去。

(X0：Y0　W208：H185)

(X-40：Y0　W253：H190)

下面我们该添加附件了。添加附件的方式与添加封面图片的流程是一样的，只不过这次不仅可以选择图片，还可以选择各种 Office 的文档。

我们向页面中添加一个动态面板，属性如下。

名　称	部件种类	坐　标	尺　寸
Attachment	Dynamic Panel	X260：Y696	W500：H40

然后我们将 State1 修改为 default，将一个 Text Panel 部件添加到页面中，属性如下。

名　称	部件种类	坐　标	尺　寸	字　体	字体颜色	字　号
无	Text Panel	X5：Y12	W545：H14	宋体	#4D4D4D	12

文本内容为"支持各种图片，word，powerpoint，excel"。

接着，我们双击 attached 状态，然后把如下的图片粘贴到页面中。

(X5：Y13 W16：H16)

并且添加如下的 Text Field 部件。

名　称	部件种类	坐　标	尺　寸	字　体	字体颜色	字　号
无	Text Panel	X29：Y15	W69：H14	宋体	#4D4D4D	12

文本内容为"营销方案"。之后再添加一个 Text Panel 部件，属性如下。

名　称	部件种类	坐　标	尺　寸	字　体	字体颜色	字　号
无	Text Panel	X89：Y15	W31：H14	宋体	#0000FF	12

文本内容为"删除"，并且添加下划线。然后为它添加如下的 OnClick 事件。

Label 部件名称	无
部件类型	Text Panel
动作类型	OnClick
所属页面	New post
所属面板	Attachment
所属面板状态	attached
动作类型	动作详情
Set Panel state(s) to State(s)	Set attachment state to default

这样的效果就是，当我们单击"删除"按钮时，Attachment 动态面板的状态就恢复到 default，好像附件被删除了一样。

然后我们回到 New post 页面中，拖曳另外一个动态面板，属性如下。

名　称	部件种类	坐　标	尺　寸
Filemanager2	Dynamic Panel	X170：Y318	W858：H732

双击它的 State1，将如下的截图粘贴进去。

然后用同样的方式，拖曳几个 Image Map 部件分别覆盖"打开"，"取消"和右上角的关闭按钮。其中为"打开"按钮添加如下事件。

Label 部件名称	无
部件类型	Image Map
动作类型	OnClick
所属页面	New post
所属面板	Filemanager2
所属面板状态	State1
动作类型	动作详情
Set Panel state(s) to State(s)	Set attachment state to attached
Hide Panel(s)	Hide filemanager2

我们把 Filemanager2 也隐藏起来。

为"添加附件"部件添加如下的 OnClick 事件。

Label 部件名称	无
部件类型	Text Panel
动作类型	OnClick
所属页面	New post
所属面板	无
所属面板状态	无
动作类型	动作详情
Show Panel	Show filemanager2

最后是用作输入内容的输入框。我们也跟标题部件一样，为它添加 OnFocus 和 OnLostFocus 事件。

2.注册页面register

注册页面十分简单，只是要分为几个步骤而已。

第一步：输入公司 E-mail

界面如下，不再赘述。

注册成功后，用户将自动加入这个 E-mail 所代表的公司。

第二步：发送验证 E-mail

当用户点击"注册"后，我们跳转到 Step2 页面，如下图所示。

第三步：点击验证 E-mail

用户单击"前往邮箱 >"后，跳转到 Step3 页面，如右图所示。

这是一个模拟的收件箱，我们用 QQ 邮箱来代收一下。邮件是由 support@ morework.com 发送给 mrsleepy@ sleepy.com（我在第一步中输入的注册邮箱）。这整个页面背景是一张图片。所以我们在页面中的注册链接上覆盖一个 Image Map 部件，然后添加 OnClick 事件跳转到 step4 页面。

第四步：输入登录密码

界面如下图所示。

用户在这里输入用户名和密码后，单击"完成"就完成了注册。如果用户没有输入密码，那么注册就不成功。单击"完成"后，页面跳转到 Home 页面。

（1）我的人脉圈

这个页面显示了所有当前登录用户关注的人，按用户名的首字母顺序进行排序。很像是 iPhone 的联系人的分类方式。

我们先拖曳一个 header 部分到页面中，坐标为 X0：Y0。

然后，用如下图将导航中的"首页"部分给覆盖上。因为这个页面中的"我的人脉圈"导航条是绿色背景的，所以用如下的绿色按钮覆盖"我的人脉圈"。

（X151：Y226 W74：H43）　　（X361：Y225 W125：H43）

然后，我们处理首字母的显示区域。首先，添加 Text Panel 部件如下。

名 称	部件种类	坐 标	尺 寸	字 体	字体颜色	字 号
无	Text Panel	X150：Y305	W90：H18	宋体	#868686	16

文本内容为"常用联系人"。

对于 26 个英文字母的部分，每一个字母都是一个 Rectangle 部件，都有自己的 OnClick 链接。这些链接应该是带页内锚点的链接形式。这样方便页面直接跳转到用户要寻找的字母区域。链接的格式应该是类似如下的形式（对于字母 A 来说）。

http://www.morework.cn/mybusinesscircle/page1/list.htm#A

A 字母的 Rectangle 部件的属性如下。

名 称	部件种类	坐 标	尺 寸	字 体	字体颜色	字 号
A	Rectangle	X310：Y304	W15：H20	Arial	#4D4D4D	16

鼠标悬停后有下划线效果。其他字母的以此类推。

接下来是所有用户名首字母为 A 的用户的区域。首先，我们在左侧放置一个字母 A 的 Rectangle 部件，属性如下。

名 称	部件种类	坐 标	尺 寸	字 体	字体颜色	字 号
无	Rectangle	X150：Y368	W15：H20	Arial	#CCCCCC	20

然后，添加我们的第一个好友，Amenda Lee。首先添加她的图片，如下图所示。

（X311：Y367 W90：H89）

接着是 4 个文字链部分。其中，用户的姓名是一个 Rectangle 部件，有下划线效果，链接到人的页面。其他的三个文字链是 Text Panel 部件。完成后如下图所示。

Amenda Lee
淘宝客
8年6月52天
发帖32个

然后，同样的方式添加其他的用户，完成 A 字母部分的内容。

整个 A 区域完成后如下图所示。

A

Amenda Lee	April Ma	阿原	安安妮
淘宝客	四通立方	外企服务	天津纸箱厂
8年6月52天	3年1月33天	1年6月15天	7年2月18天
发帖32个	发帖522个	发帖213个	发帖63个

用同样的方式，我们完成 B，C，D，E，F，G 区域。

右侧的"您可能感兴趣的人"是系统自动根据当前登录用户所在的公司，及其日常活动中所接触到的人分析出来的，一些当前登录用户可能认识的人，如下图所示。

你可能感兴趣的人

百合　　　　　　设计催办
参前顾后　　　　参前顾后
1年7月18天　　　1年7月18天
发帖32个　　　　发帖32个

饺子女人　　　　Tom Yang
参前顾后　　　　参前顾后
1年7月18天　　　1年7月18天
发帖32个　　　　发帖32个

风的小资　　　　烫头爱达
参前顾后　　　　参前顾后
1年7月18天　　　1年7月18天
发帖32个　　　　发帖32个

美女一枚　　　　阳光大厦
参前顾后　　　　参前顾后
1年7月18天　　　1年7月18天
发帖32个　　　　发帖32个

其中有一位是我们的作者，你能把 Ta 找出来吗？

最后，我们拖曳一个 footer 主部件到 X0 ： Y2068。

（2）登录页面

登录页面很简单，我们就不再赘述了。完成之后如下图所示。

登录

*登录名

*密码

登录

（3）我的公司

我的公司页面与首页基本是一模一样的，除了展示的所有的事情都是来自当前登录用户所在的公司的。我们就不重复了。

5.2.4 总结

我已经迫不及待地想要有这么一个网站了，在上面占据我的公司的一席之地，然后跟同事们聊聊天儿，分享一下。当一些用户开始使用魔窝客之后，这里就会形成一个基于日常交流，讨论，分享的员工社区，而且对于公司未来的形象，公关和人员招聘有着很积极的作用。目前市场的情况是，每家大公司都有自己的论坛，小公司的员工们都在微博，QQ，开心网和人人网上浪迹着。公司的内部员工或者老板，还不像国外的同行那样积极地使用微博进行信息的公开。而招聘网站，更是很久没有在形式上有过进步了。只不过是发布在网上的电线杆小广告。内容冷冰冰的。所以，我们真诚地希望看到在职场社交方面能有一些有趣的，新鲜的东西出现。当然，魔窝客只是一个初步的想法而已，离尽善尽美非常之遥远。

还是那句话，如果有人想实现这个网站，两位作者很愿意帮忙，当然，给股份就行！

5.3 臭美——iPhone App

项目名称：臭美

项目描述：记录你每天穿着的性感小应用

5.3.1 需求描述

苹果公司的 iPhone 重新定义了手机，Apple 的 App Store 更是为开发者提供了一个可以直接服务于用户的平台。为苹果手机和各种安卓手机开发应用的开发者也如雨后春笋般地出现了。在这一节里面，我将为大家介绍如何使用 Axure RP 创建一个 iPhone App 的高保真原型。本案例虽然是使用 iPhone 4s 制作的，但是其制作方法仍然适用于最新版本的 iPhone 6 和 iPhone 6 Plus。

我们要制作的，是一款叫作臭美的 App 插件。这个插件是由两位作者跟几个朋友一起合作开发的。相信不久就可以在 App Store 中与各位读者见面。

"臭美"这个应用，用一句话描述的话，就是：臭美是一款记录你每天穿着的性感小应用。

我们觉得，如果你能记住去年的今天你穿了什么衣服，应该是一件很不可思议的事情。毕竟，时光荏苒，青春一去不复返，如果能记录下自己每天的样子，经年累月，也是一份很宝贵的记忆财富。

通过"臭美"这个 iPhone 应用，用户可以每天给自己拍照片，然后上传到臭美的服务器上，并且分享给自己的好朋友。坚持一段时间之后，用户就可以看到自己的穿着的变化，形成一本自己的"臭美日记"。

大家肯定在网页上看到过那些每天给自己拍一张照片的人分享出来的页面，很有趣不是吗？比如下图，这是一位英国的父亲连续 13 年为自己女儿拍的照片。

用户还可以通过地理位置找到周边的其他用户，浏览他们的臭美日记，并且关注。比如，漫步到北京的三里屯，上海的外滩，美国的加州，拿出手机来看看附近养眼的人儿，实在是一件很惬意的事情吧。（男女皆可）

用户也可以通过通讯录和社交网络搜索自己好友的臭美日记，加以点评和关注。也许，你在"臭美"里面还能发现一些时尚明星，看看明星的臭美日记，哇，带劲吧？而且，通过"查看附近"的功能，你也许会有蓦然回首的惊喜。

主要的功能列表。

需求名称	需求描述
登录 / 注册	用户须要登录注册才能使用"臭美"，并且可以使用人人网，新浪微博，腾讯微博的开放认证账号登录
我的臭美日记	每天拍摄一张照片，并且按照日历的形式将照片展示出来，供用户浏览。比如，我可以像看日历一样看 9 月份每天的自拍照
查看附近	可以根据地理位置定位功能，查看附近的使用"臭美"的用户，然后查看他们的臭美日记，并且进行收藏，点评和关注
拍照 + 滤镜美化	用户可以通过"臭美"进行拍照，并且可以通过预设的滤镜对图片进行一键美化。非常类似于现在美图秀秀这类软件所提供的图片一键编辑功能
我的朋友	查看自己关注的用户的照片流和事件流
转发到其他的社交网络	转发到新浪微博，腾讯微博和人人网
私信功能	可以给一个用户发私信

我们没有列出完整的需求列表，因为大家也不会仔细看。咱们继续往下。

5.3.2 需求分析

在整体规划上，iPhone App 与网站没有很大的区别。当然，除了页面的尺寸问题。在这个例子里面，我们就不为大家提供线框图了，因为页面逻辑比较简单，我们就采用设计师与产品经理一同工作的模式，直接制作高保真线框图。具体工作流程可以参考"基础操作"一章中的"从 Photoshop 到 Axure RP 一节"。

说点关于 iPhone App 开发的题外话。现在开发 App 是一种热潮，而且相对来说也比较简单。如果您有一个很好的主意，并且能够自己将需求描述清楚，那么有很多从事 iPhone App 外包开发的优秀团队就可以帮您实现梦想。大家可以到威锋网的论坛上去一些团队或个人开发者。个人开发者的费用会低一些。

5.3.3 高保真线框图

1.准备素材

在我们之前的案例中，大家可以了解到，制作 iPhone App 的高保真线框图是需要一些 iPhone 相关的部件的，比如说 iPhone 的背景，按钮，等等。有了这些部件之后，我们就能够快速地进行 iPhone 相关的应用开发。

在这里，我们就不再赘述之前介绍过的制作 iPhone 部件的过程了，大家可以参考之前的"案例14——制作 iPhone plus 微信交互效果"。

首先，我们将 iPhone 4 的背景制作出来。虽然真实的 iPhone 4 的分辨率是 W640 ：H960 的，但是我们不需要这么大的分辨率，那样会导致我们设计的图片和原型的尺寸都过大。所以，虽然我们制作的是 iPhone 4 的原型，但是这个 iPhone 4 的原型的屏幕分辨率是 W320 ：H480（这其实是 iPhone3 的屏幕分辨率，呵呵）。

首先，我们在 Axure RP 中添加 4 条全局辅助线，分别位于 X=439，X=759，Y=205，Y=685。这四条全局辅助线刚好形成了一个 W320 ：H480 的区域。这个区域就是之后的工作区域。用户能够看到的部件就是这个区域当中的部件。这个坐标系统也是跟 Photoshop 中我们的坐标是一致的。

在 Photoshop 中，我们的原始设计图是这样的。

其中的四条辅助线的坐标跟刚才我们在 Axure RP 中创建的是一模一样的。现在，我们要把 Photoshop 中的内容合并拷贝粘贴到 Axure RP 中。iPhone 4 外壳的坐标为 X403 ：Y73，尺寸为 W379 ：H803。电池状态栏在被拷贝过来之后的坐标为 X439 ：Y205，W320 ：H20。如下图所示。

然后，我们再合并拷贝一张底色图片到 Axure RP 中，这是一张浅米色的方格图片，用作我们这个应用的背景。它的坐标为 X439 ：Y205，尺寸为 W320 ：H480。完成之后如下图所示。

我们把这 3 个部件一起选中，转化为一个主部件，命名为 iPhone 4 frame，供之后的页面使用。

2.首页Homepage

在首页中，我们需要向用户介绍"臭美"是什么，然后提供登录和注册的入口就可以了。首页的最终设计图是这样的，如下图所示。

首页是怎样完成的？答案是"拼图"。也就是说，设计师在 Photoshop 中完成素材的制作，比如文本，按钮，装饰图标等，然后在 Axure RP 中完成布局和对齐。

除了我们在上一节中制作的主部件背景之外，首页是由如下的图片拼接而成的，括号中的是这个图片的坐标。

（X439 ：Y225）　　　　　　　　　　（X534 ：Y232）

(X439：Y268)   (X465：Y574)   (X562：Y572)   (X659：Y572)

只需使用以上你熟悉的服务帐号登入即可！

(X454：Y653)

接下来要做的，就是为这些小块添加互动事件了。

首页中只有人人网，新浪微博和腾讯微博这 3 张图片是有事件的。人人网的事件如下。

Label 部件名称	无
部件类型	Image
动作类型	OnClick
所属页面	Homepage
所属面板	无
所属面板状态	无
动作类型	**动作详情**
Set Variable/Widget value(s)	Set value of variable Sns equal to "renren"
Open Link in Current Window	Open login in Current Window

这个事件只是把一个叫作 sns 的变量设置为 "renren"，然后在当前窗口中打开 login 页面。同样地，新浪微博的事件会把 sns 变量的值设置为 "sina"，腾讯微博的事件会把 sns 变量的值设置为 "tencent"。下面我们开始 login 页面的制作。

3.登录页面login

登录页面除了页头之外，是由两个动态面板部件组成的。我们先拖曳一个动态面板部件到页面中，属性如下。

名 称	部件种类	坐 标	尺 寸
Sns 登录	Dynamic Panel	X439：Y268	W320：H202

我们为它添加 3 个状态，分别命名为新浪、人人和腾讯。我们双击"新浪"开始编辑。

我们要制作如下的内容。

图中，除了鼠标选中的蓝色区域外，都是背景图片的内容。用来输入登录账号和登录密码的，是两个去除了边框的 Text Field 部件，用于接收用户的输入。而最后的 Radio Button，并非是 Axure RP 的 Radio Button，而是我们自制的一个动态面板。这个动态面板有两个状态，分别装载了如下两张图片。

我们给这个动态面板添加了事件让它能状态改变。这样，我们就可以模拟 Radio Button 的行为了，并且使界面更加好看。

我们最后一步要实现的功能，就是当用户点击登录账号或者密码的输入框的时候，能够有一个键盘从页面的底部滑出，供用户进行输入时使用。这个效果是熟悉 iPhone 4 输入的用户非常熟悉的。正常的时候用户看不到键盘，只有输入的时候键盘才会自动地出现。

这就需要第二个动态面板部件了。我们把这个部件拖曳进来，属性如下。

名 称	部件种类	坐 标	尺 寸
Keyboard	Dynamic Panel	X439 ： Y469	W320 ： H216

然后，我们在 State1 中，放置另外一个动态面板，属性如下。

名 称	部件种类	坐 标	尺 寸
Keyboardpad	Dynamic Panel	X0 ： Y215	W320 ： H215

之后，我们在这个新的 Keyboardpad 的 State1 中，添加如下左图所示的图片（坐标为 X0 ： Y0，尺寸为 W320 ： H215）。

然后，我们回到 Keyboard 的 State1 中，现在界面是这个样子的，如下右图所示。

我们把键盘的图片放置在了蓝色边框的下方。这样，在开始的时候，用户就看不到这个键盘了。而我们通过事件让这个 Keyboardpad 滑动到视野中，以实现键盘滑动的效果。

我们要为 Sns 登录动态面板的新浪状态中的两个 Text Field 部件添加如下的 OnFocus 事件和 OnLostFocus 事件。因为只有当这个两个输入框获得焦点的时候，键盘才会滑入滑出。

Label 部件名称	accountname，accoutpassword
部件类型	Text Field
动作类型	OnFocus
所属页面	login
所属面板	Sns 登录
所属面板状态	新浪
动作类型	动作详情
Set Variable/Widget value(s)	Set text on widget accountname equal to ""
Move Panel(s)	Move Keyboardpad to (0,1) linear 200ms

Label 部件名称	accountname，accoutpassword
部件类型	Text Field
动作类型	OnLostFocus
所属页面	login
所属面板	Sns 登录
所属面板状态	新浪
动作类型	动作详情
Move Panel(s)	Move Keyboardpad to (0,215) linear 200ms

这样，当用户在 Text Field 中进行输入的时候，键盘就会自动地滑出来。当用户的输入焦点离开输入框的时候，键盘又会缩会去。

我们并没有真正地去验证用户输入的用户名和密码是否正确，这个在 Axure RP 中也无法做到。所以，无论用户输入了什么，单击"登录"按钮后，都会到达新的页面，"我的臭美日记"。

最后，我们要为 login 页面添加如下 OnPageLoad 事件，根据 sns 变量的值决定在页面加载的时候，显示 Sns 登录动态面板的哪个状态。这样就跟 homepage 页面中用户的选择对应了起来。

Label 部件名称	login
部件类型	Page
动作类型	OnPageLoad
所属页面	login
所属面板	无
所属面板状态	无
动作条件	
If value of variable sns equals "renren"	
动作类型	动作详情
Set Panel state(s) to State(s)	Set Sns 登录 state to 人人
动作条件	
Else if value of variable sns equal to "tencent"	
动作类型	动作详情
Set Panel state(s) to State(s)	Set Sns 登录 state to 腾讯
动作条件	
Else if value of variable sns equal to "sina"	
动作类型	动作详情
Set Panel state(s) to State(s)	Set Sns 登录 state to 新浪

4.我的臭美日记my beauty dairy

我们先来看看我们最终要完成的"我的臭美日记"首页是什么样子的，如下图所示。

在页面中，单击"账户详情"按钮会跳转到当前登录用户的账户详情页，单击"我的漂亮收藏"会跳转到当前登录用户收藏的图片的页面，单击"转评分享全月日记"会将当前月份的日记截图直接分享到其他社交网站去。让其他用户点评和分享。

这个页面的难点在于如下两点。

（1）要实现页面的垂直滚动。就像在 iPhone 4 中一样，外壳不能滚动，但是中间的内容是可以滚动的。

（2）页面要可以左右滑动。也就是说，如果页面当前显示的是 2011 年 7 月的图片，我们单击屏幕右侧的那个向右箭头的时候，页面就会滑动到显示 2011 年 8 月的图片的位置，如下图所示。

我们先来解决第一个问题。解决这个问题的方法就是使用 Inline Frame 部件来显示页面。我们向 my beauty dairy 页面中拖曳一个 Inline Frame 部件，属性如下。

名　称	部件种类	坐　标	尺　寸
无	Inline Frame	X439：Y268	W341：H435

我们把它的属性设置为"show scrollbars as needed"，并且去除边框。在页面地图区域，我们在 my beauty dairy 页面下添加一个子页面叫作 scrolling，这个页面是我们要嵌在 my beauty dairy 页面中的 Inline Frame 部件中的页面，也就是 Inline Frame 的 default target，如下图所示。

我们把 Inline Frame 的 default target 设置为 scrolling。然后我们在页面地图区域中单击 scrolling 页面，开始编辑这个页面。

我们在 scrolling 页面中拖曳一个动态面板部件，属性如下所示。

名　称	部件种类	坐　标	尺　寸
Calendar	Dynamic panel	X0：Y0	W640：H417

我们要在这个动态面板中放置 2011 年 7 月和 8 月的照片日记。

双击 State1，开始编辑。

我们要在 Photoshop 中的如下的坐标位置合并拷贝如下的图片。

(X0：Y0)　　　　　　　　　　　　(X4：Y52)

月完成 ▬▬▬ **80%** ✓ 完成 **26** 天 ✕ 未完成 **5** 天

　　　(X0 : Y324)　　　　　　　　　　　　　　　　　　　(X0 : Y350)

♥ 我的漂亮收藏　　　　↻ 转评分享全月日记

　　(X8 : Y363)　　　　　　(X156 : Y363)　　　　　(X0 : Y0)

之后，粘贴到 scrolling 页面中。组合完成后，界面暂时如下图所示。

　　其中，"月完成"的进度条是用来标识一个月中用户拍照的天数占了全月总天数的百分比。可以通过这种方式来鼓动用户要坚持住。

　　然后，我们用同样的方式，把 8 月份的照片内容添加到 7 月份的右侧，各个部分的坐标如下。

　　(X320 : Y0)　　　　　　　♥ 我的漂亮收藏　　　　↻ 转评分享全月日记

　　　　　　　　　　　　　　(X328 : Y363)　　　　(X476 : Y363)

这样全部完成后，State1 如下图所示。

其中的每张图片，都是可以单击的。大家可以注意到，2011 年 8 月 8 日这天是没有图片的，原因是用户在这一天没有拍照。而程序中"今天"的日期是 2011 年 8 月 17 日，所以 17 日这天是可以拍照的，页面的相应位置显示了一个小的照相机的图标。单击后会跳转到 take photo homepage。

我们在"07 月"右侧的箭头和"08 月"左侧的箭头上分别覆盖一个 Image Map 部件，然后为它们分别添加如下的事件。

Label 部件名称	无
部件类型	Image Map
动作类型	OnClick
所属页面	my beauty dairy
所属面板	无
所属面板状态	无
动作类型	动作详情
Move Panel(s)	Move Calendar by (-320,0) linear 300ms

Label 部件名称	无
部件类型	Image Map
动作类型	OnClick
所属页面	my beauty dairy
所属面板	无
所属面板状态	无
动作类型	动作详情
Move Panel(s)	Move Calendar by (320,0) linear 300ms

单击这两个按钮分别会向左和向右移动 Calender 动态面板，形成左右滑动的效果。

现在，我们生成项目，在浏览器中我们看到现在的 my beauty dairy 页面是这个样子的，如下图所示。

Inline Frame 的滚动条都露出来了。而且，因为我们的 scrolling 页面比较宽，所以在 my beauty dairy 页面中，它的右侧也超出了范围。这个怎么解决呢？

我们回到 my beauty dairy 页面中，现在的页面是这个样子的，如下图（左）所示。

我们从 Photoshop 中的 iPhone 4 的背景图片中，也就是这个图片中，如下图（右）所示。：

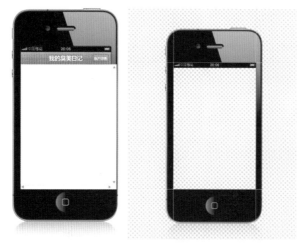

分别截取右侧和下侧两个部分，如下图所示。（请注意虚线选择的部分）

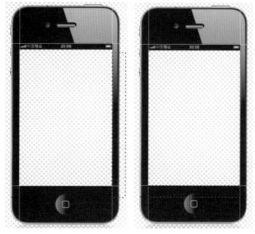

然后，我们把这两个部分分别覆盖到 my beauty dairy 页面中，尺寸和坐标如下所示。

(X759：Y268，W27：H441)　　　　　　(X439：Y684，W320：H38)

这样，这两个部分就会把 Inline Frame 显示出来的滚动条完全覆盖住，如下图所示。

　　这个时候再在浏览器中查看，我们已经可以很好地解决之前介绍的两个问题了。页面在垂直方向和水平方向上，都可以很好地滚动。在垂直方向上，我们可以使用鼠标的滚轮进行操作。这个也是在 Axure RP 中实现滚动的一个很好的技巧。尤其是在基于手机的应用当中。因为跟网页不一样，在网页中我们可以让页面垂直滚动很容易，因为浏览器就是容器。而在手机应用中，手机的"外壳"是容器，而我们不能让外壳移动。那么，我们要实现在 iPhone 中的滚动查看，就只能使用这种在"外壳"中内嵌一个 Inline Frame 的方法来实现滚动。

5.查看附近nearby homepage list view

　　看完自己的臭美日记，是不是想看看附近的人的臭美日记，发现一下周围的俊男美女呢？好奇心其实是很多社交应用在开始的时候吸引人的原因所在。回想一下现在热门的社交相关的应用，是不是它们诞生的出发点就是为了看看"别人都干了些什么"。人是群居动物，即便大家一直在抱怨人情冷漠，谁也不关心谁，大家对别人的好奇心还是难以磨灭。在备受诟病的、邻里老死不相往来的居民楼里面，虽说大家谁也不理谁，但是如果在电梯上放个 iPad，随机直播某家人现在家里的情况，准保有人天天从早到晚坐电梯。

　　话扯太远了，咱们回到查看附近这个功能上来。我们先看看最终要完成的页面的样子，如下图所示。

在"查看附近"的页面，我们会按照由近及远的方式，列出当时附近也在使用"臭美"的用户的臭美日记。比如在上图的页面中，我们先列出了三里屯 village 南区的两个用户，分别叫作王语嫣和黄蓉。（嘿嘿，她们也是我们的用户）王语嫣已经坚持上传照片 266 天了，并且最近上传了 8 张照片。而黄蓉已经坚持了 124 天，最近上传了 4 张照片。

这里，我们用跟上一节不太一样的方式来实现垂直滚动，即使用 Dynamic Panel 来实现垂直方向的滚动。我们先向 nearby home page list view 页面中拖曳一个动态面板部件，属性如下。

名　称	部件种类	坐　标	尺　寸
附近看看列表模式	Dynamic Panel	X439：Y225	W319：H460

与之前不同的是，这个动态面板的高度比较大，因为把头部的导航条也包含了进来。我们双击 State1，把这个状态命名为列表模式。然后向状态中拖曳一个 Inline Frame 部件，属性如下。

名　称	部件种类	坐　标	尺　寸
无	Inline Frame	X0：Y43	W340：H417

设置为无边框，show scrollbars as needed。然后，我们在网站地图区域中的 nearby homepage list view 页面下方再添加一个叫作 scrolling 的页面，这个页面用来放置我们的垂直滚动中的内容，如下图所示。同时，我们把刚才新添加的 Inline Frame 的 default target 设置为这个 scrolling 页面。

同时，在列表模式中，还有如下的图片部件。

|(X7：Y7)|(选中状态的图片 X7：Y7)|(X100：Y7)|(X160：Y7)|(选中状态的图片 X160：Y7)|

（X0：Y0）

然后，我们双击 scrolling 页面开始编辑。

在 scrolling 页面的上半部分，是这样一张背景图片，如下图所示。

然后，我们使用多个 Image Map 覆盖住背景图片上需要添加链接的部分，这些链接分别跳转到图片的详情页面和用户的详情页面。

在 scrolling 页面的下半部分，我们拖曳一个动态面板部件到页面中，属性如下。

名　称	部件种类	坐　标	尺　寸
moreinfo	Dynamic Panel	X0：Y553	W320：H529

我们为它添加三个状态，分别叫作加载前、加载完毕和等待。我们要用这个动态面板部件制作一个加载中的效果，来更加逼真地实现页面的动态效果。

在加载前状态中，我们放置如下的图片。

（X7：Y22，W306：H38）

在加载完毕的状态中，我们放置如下的内容。

而在等待状态中，我们放置如下的内容：

这就是一个动态的 GIF 的图片。

然后，我们为加载前中的图片添加如下的事件。

Label 部件名称	无
部件类型	Image
动作类型	OnClick
所属页面	scrolling
所属面板	moreinfo
所属面板状态	加载前
动作类型	**动作详情**
Set Panel state(s) to State(s)	Set moreinfo state to 等待
Wait time(s)	Wait 2000ms
Set Panel state(s) to State(s)	Set moreinfo state to 加载完毕

我们要做的，就是让页面先显示 2 秒钟那个不停地在转动的 GIF 图片，然后再显示出来加载后的页面。这样比较逼真。

查看附件页面会实时地通过当前手机用户的位置，获得位置附近由近及远的其他用户的信息，供当前用户浏览。所以，当前用户可以边走边看，享受发现和猎奇的心理满足。当你对某个用户感兴趣的时候，可以单击 TA 的姓名或者头像，这样就进入了这个用户的首页。我们在下一节中介绍。

我们还准备了 map view 的查看附近的功能，以提供更加直接的效果，如下图所示。

这个 Map 是可以被拖动的。那么，我们如何实现 Map 的拖动效果呢？在这里我们介绍一种方法。我们打开一个空白的页面，然后向其中拖曳一个动态面板部件，属性如下。

名　称	部件种类	坐　标	尺　寸
附件看看地图模式	Dynamic Panel	X439 : Y225	W319 : H460

将它的 State1 重新命名为地图模式。然后双击它进行编辑。

在地图模式中，我们拖曳另外一个动态面板部件，属性如下。

名　称	部件种类	坐　标	尺　寸
map	Dynamic Panel	X-532 : Y-330	W1512 : H1080

在这个 map 的 State1 中，我们粘贴一张地图的图片，尺寸为 W1512 : H1080，如下图所示。

因为我们将 map 动态面板的坐标设置为了两个负值，这样我们搜索的"三里屯"位置才可以显示在地图模式状态的中间位置。现在的 nearby homepage map view 页面，看起来是这个样子的。

下面，我们为 map 动态面板添加如下的 OnDrag 事件。

Label 部件名称	map
部件类型	Dynamic Panel
动作类型	OnDrag
所属页面	nearby homepage map view
所属面板	附近看看地图模式
所属面板状态	地图模式
动作类型	动作详情
Move Panel(s)	Move map with drag

这样，当用户拖曳 map 动态面板的时候，动态面板就会随着用户的拖曳移动。这样的效果就好像我们在浏览器中拖曳地图的效果一样。如下图所示，这个时候鼠标会变成十字形。

6.查看附近热门排行neaby hottest

用户可以在这个页面查看附近的热门内容。可以查看的内容分为两个部分，一个是"漂亮收藏最多"的排行榜。另一个是"臭美坚持最久"的排行榜，如下图所示。

这里唯一的难点就是实现屏幕的横向滚动。这个跟我们在"我的臭美日记"中的解决方法一样，就是做一个大的动态面板，然后控制它的左右移动就可以了。

大的动态面板如下。

在上图中，右侧是一个 Inline Frame 部件，这个部件里面装载了如下内容的页面。

这样安排后，我们通过给如下两个地方覆盖 Image Map 部件来移动动态面板，这样就可以实现左右的滑动了。

7.我关注的人friend feed

接下来我们处理一个关键的页面，就是当前登录用户查看所有自己关注的人的最近的照片流的页面。这个页面跟"查看附近"有些类似，不过这次看到的不是陌生人，而是所有关注的人。我们称之为朋友，如下图所示。

　　这也是一个可以垂直滚动的页面。对于这个页面的制作方式，我们使用了跟制作"我的臭美日记一样"的"Inline Frame+ 两侧覆盖图片"的方式，如下图所示。

　　我们主要来看看嵌套在这个 Inline Frame 中的 scrolling 页面的制作，（我们会有多个 scrolling 页面，分别位于要嵌套它们的页面的子页面中），如下图所示。

这个页面比较长。所有的用户姓名和用户头像都会链接到相应用户的首页去。而图片会链接到图片的详情页。

我们要说的部分首先是"漂亮收藏",它是一个能够在被单击时切换状态的动态面板部件,它两个状态如下所示。

"漂亮收藏"按钮的事件如下。

Label 部件名称	无
部件类型	Image
动作类型	OnClick
所属页面	scrolling
所属面板	likeornot
所属面板状态	Like
动作类型	动作详情
Set Panel state(s) to State(s)	Set likeornot state to dislike
Set Variable/widget value(s)	Set value of variable likenumber equal to "[[likenumber+1]]"
Set Variable/widget value(s)	Set text on widget likenumber1 equal to "[[likenumber]]"

我们要做的就是把一个叫作 likenumber 的变量加 1,然后将页面中用于显示漂亮收藏个数的 Text Panel 部件的显示值设置为 likenumber 这个变量的当前值,如下图所示。

接下来是举报的部分,按钮如下图所示。

这个按钮会控制一个叫作 flag 的动态面板的出现。如下图所示，flag 动态面板是这个样子的。

上图中的灰色矩形背景是半透明的，这样用户可以透过它看到自己要举报的图片。如下图所示，浏览器中的效果是这样的。

其他部分的制作方法，我们就不赘述了。也是图片和文本框的一些设置。大家可以自行完成。

8.图片详情页single image rt and flag

这个页面与上一节中的页面几乎一样，区别就是这个页面仅仅显示一张图片，如下图所示。

9.转评分享rt and share

这个页面用于将某张图片分享到社交网络。这个页面的内容与 login 页面十分类似。我们先看看最终的样子，如下图所示。

这个页面的相关设置也跟 login 页面是一致的。我们就不再赘述了。当文本框获得焦点的时候，就会有一个键盘滑出到页面中供用户输入内容。

10.TA的信息her account

在查看另外一个用户的信息的时候，我们需要查看很多内容，首先是这个用户的首页，也就是 TA 的臭美日记，TA 每天拍摄的照片，然后就是 TA 的漂亮收藏，关注 TA 的和 TA 关注的人，最后是 TA 的账户的详细信息。

11.TA的臭美日记首页

我们先从 TA 的臭美日记首页开始，如下图所示。

这个页面，跟我的臭美日记首页类似，只不过增加了用户头像，臭美日记的坚持时间，TA 关注的、关注 TA 的、"加关注"，"发私信"等内容而已。制作的方式也是合并拷贝再粘贴。下方的日历部件，也可以通过单击左右两侧的箭头进行月份的更替。

12. TA的漂亮收藏页面

完成后的"TA 的漂亮收藏"页面如下图所示。

该页面按日期罗列出了当前用户的漂亮收藏。页面可以上下和左右滑动。

13. TA关注的和关注TA的

我们来看一下最终完成后的"TA 关注的"和"关注 TA 的"页面，如下图所示。

这两个页面没有什么可说的地方。

14.TA的臭美账户

如下图所示，这个页面描述了这个用户的一些其他的注册信息，至于哪些信息要被公开出来，可以在自己登录后进行设置。

15.发私信

发私信的页面设置，我们参考了 iPhone 的短信的形式进行信息的组织。这样用户会比较熟悉整个使用过程，如下图所示。

16.拍照页面take photo homepage

拍照页面，我们需要在后台调用 iPhone 的拍照接口，但是前端的显示我们可以进行定制。拍照要分为多个步骤，我们一步一步地介绍。

第一步 拍照

拍照页面如下图所示。

　　中间部分是取景器中的内容，需要调用 iPhone 的拍照接口来实现。右上方是用来切换前后摄像头的按钮。下方的三个按钮依次是"取消"（返回到上一页）、"拍照"和"从相册中选取"（按这个按钮后，页面就会跳转到 iPhone 的图片应用中，用户可以选择之前已经拍摄的照片添加到自己的臭美相册中），我们选择单击"拍照"按钮。到达了第二步。

第二步 照片美化

　　我们预先设置了几种美化的效果，例如原创美图，奇幻世界，亮彩风光，黑白心情和怀旧时刻。我们用拥有多个状态的动态面板来实现这种切换功能。方法跟之前我们介绍的方法类似，我们就不再赘述了。需要说明的是，我们使用一个动态面板来放置所有的加了特殊效果的图片，然后用另外一个动态面板来放置那些效果缩略图，如下图所示。

第三步　一键分享

大家先来看看完成后的一键分享页面，如下图（左）所示，很熟悉吧？但是这个页面有一个不同的地方，就是中间多了一个选择位置的功能。假设我们当前授权臭美应用使用 iPhone 的自动定位功能（iPhone 本身的设置也打开了定位功能），而且获取到了用户当前的拍照位置为"鹏润大厦"，那么这个地址就会显示在页面中。但是如果用户对于自动选择的地理位置不满意，那么可以单击"选择其他位置"，打开如下图（右）的页面。

在这个页面中，会列出当前用户附近的其他地标。这样用户就可以自由选择自己的位置，以提高照片位置的精确度。当一个照片被标注了地理位置信息后，其他的用户在使用"查看附近"的功能时，就能够看到这张图片了。程序会自动根据当前用户的地理位置信息，去获得离用户最近的那些标注了地理位置信息的照片供用户浏览。

完成后，单击"发布喽"，就会发布成功，并且跳转到"我的臭美日记"首页。

17.设置页面setting pages

还有一些用于设定的页面，我们就不细说了，只把几个复杂的页面简单说一下。

（1）设置的首页

首先，我们来看看设置的首页，如下图所示。

这里列出了用户可以进行设定的所有项目，与 iPhone 中的设置页面的布局和交互类似。

（2）查找好友

我们提供如下几种方式进行查找。

如果选择了通过我的人人网查找，那么就会打开如下的页面，用户需要输入自己的人人网的用户名和密码进行登录验证，然后程序会将所有已经在使用"臭美"的，当前用户的人人网的好友进行罗列，供用户关注，如下图所示。

（3）我的臭美账户

这个页面允许用户对自己的一些注册信息进行更改。

我们仅仅说一下如何更新头像，如下图（左）所示。首先，单击，"拍摄照片更新头像"按钮，打开下图（右）中的页面。

这是 iPhone 的拍照界面，用户在这里给自己拍照。拍照后，会出现如下的页面。

在这里，用户对自己拍摄后的照片进行区域选择，选择一块方形的区域作为头像。

18. 每日拍照闹钟提醒

如下图所示，这是一个很贴心的页面，你可以设定一个闹钟每天提醒你该给自己拍照了。"臭美"最有意思的功能其实是要求你每天拍照，你会发现这变得越来越有意思。

只需要坚持 21 天就能养成习惯。85 天能够稳定，赶紧试试吧。

5.3.4 总结

我们全面介绍了一个 iPhone App 的高保真线框图的制作过程。其中，我们大量使用了图片拼接的方式。也就是说，设计师在 Photoshop 中只完成图片素材的制作，比如文本，按钮，图标等内容，然后在 Axure RP 中进行布局和调整。这样，一旦完成了设计图，那么高保真的线框图也就基本完成了。

在制作过程中，我们使用了若干技巧实现了页面的框内垂直滚动，像 iPhone 一样的水平滚动，拖曳效果。虽然 Axure RP 对很多效果没有直接地支持，但是通过我们开动脑筋，在现有的工具上面还是可以实现很多有趣的功能的。

附录A 基础操作

我们把一些通用的功能和概念合并为一章，这样可以避免在每个部分反复地介绍，也方便大家查阅。

A 1　为部件添加事件

步骤1

事件是部件对于外界输入的一种反应。用户点击一个部件，就触发了一个OnClick事件。用户拖曳一个部件，就触发了一个OnDrag事件。页面加载，就触发了一个OnPageLoad事件。我们通过为事件添加不同的用例和动作来让部件按照外界的输入展现出相应的行为，从而实现互动。

我们以一个最常用的矩形部件为例，说明如何为一个部件添加事件。我们拖曳一个矩形部件到页面区域中。

首先，我们要确定选中了要添加事件的部件，然后在互动管理区域，也就是右上角的7区域，如下图所示。

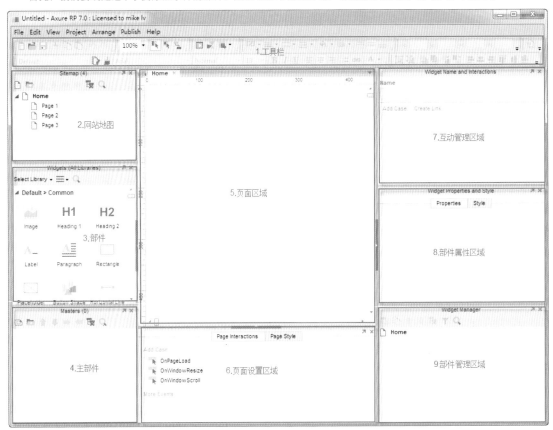

在这里会列出当前的部件所支持的所有的事件，如下图所示。有部分隐藏了，单击"More Events"就可以看到所有当前部件所支持的事件了。不同的部件所支持的事件是不同的。比如Rectangle部件就不支持Dynamic Panel部件支持的OnDrag、OnMove等事件。

要添加哪个事件，只要双击事件的名称就可以了，比如我们要添加一个OnClick事件，双击"OnClick"后就会出现相应事件的用例编辑器【Case Editor】，如下图所示。

在这里我们介绍一下事件，用例和动作的区别。

事件，可以包含很多用例【Case】，然后一个用例，又可以包含很多动作【Action】。不同的用例，比如Case1、Case2是不会同时发生的，它们都有自己各自发生的条件。比方说，Case1处理下雨时候我们穿什么鞋子，Case2处理晴天时候我们穿什么鞋子。要么下雨，要么晴天，但是不会又下雨又晴天。

再比如打篮球，是一个事件，我们为这个事件包准备了如下几个用例，每个用例又包含了不同的动作。

事件：打篮球【Event】	
用例【Case】	动作【Action】
用例1条件【Condition】：下雨	1. 打电话给体育馆预定位置
	2. 通知所有人体育馆的地点
	3. 随身带雨伞
	4. 乘地铁去体育馆
	5. 买公园门票
用例2条件【Condition】：晴天	1. 去公园打篮球
	2. 通知所有人去公园
	3. 开车去公园
	4. 买公园门票

一般来说，我们可以指派Condition（条件）来让Axure RP自动判断应该执行哪个用例。但是如果我们没有制定任何条件，但添加了多于一个的用例，那么在运行过程中，Axure RP就会询问我们要执行哪个用例。如下图所示，我们为这个矩形部件的OnClick事件添加了两个用例，分别为用例1和用例2。当我们点击矩形部件的时候，系统就会弹出一个工具条让我们选择到底要执行哪个用例。

所以，在Axure RP中，在一个部件的属性区域的一个事件，例如OnClick或者OnMouseEnter，就类似一个真实世界中的事件。在双击事件后打开的用例编辑器【Case Editor】中，我们可以添加用例。然后对于每个Case，在用例编辑器的左侧工具栏Click to add actions中，我们都可以看到有很多现成的动作去添加，如下图所示。

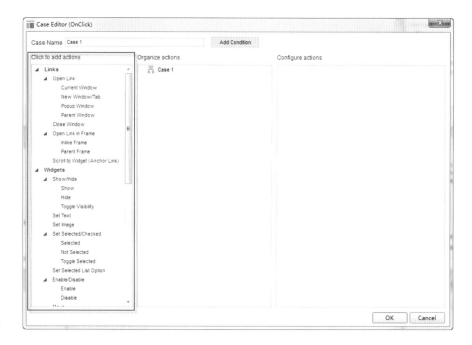

步骤2

好了，回到Case Editor中。我们现在开始分别介绍每个部分的作用，如下图所示。

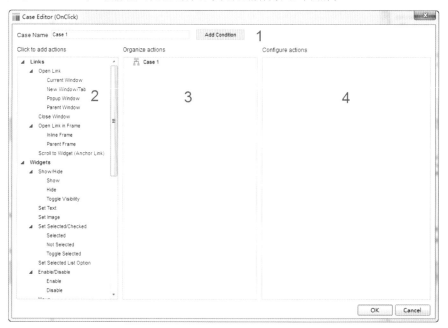

在Step1中：Case Name【用例名称】。名称可以说明这个用例是做什么用的。默认的名称就是Case1。我们一般也不去修改。但是当用例很多的时候，给用例起一个清晰的名称是很重要的。比如说"移动面板"。

在Step1中还有一个很重要的功能就是Add Condition【添加条件】，通过添加条件，我们可以控制一个用例发生的时机。比如只有天不下雨的时候，我们才去购物。我们单击"Add Condition"，打开条件编辑器，如下图所示。

我们把它分成了7个部分来讲解。

第一部分是确定条件之间的逻辑关系。有"与"和"或"两种选择。如果选择"all"，那么必须同时满足所有条件编辑器中的条件，用例才有可能发生；如果选择了"or"，那么只要满足条件编辑器中的任何一个条件，用例就会发生。

第二部分选择进行逻辑判断的值是哪个。有如下几种选择值的方式。

（1）value：这个可以让我们使用某一个Axure RP内建变量的值来进行判断。如果这里选择了value，那么在2中我们就要选择变量的名称。注意这里是内建变量。也就是类似于Window.width或者OnLoadVariable这样的变量。

（2）value of variable：变量的值。让读者能够根据一个变量的值来进行逻辑判断。比如我们可以添加一个变量叫作date，并且判断只有当date等于11月1日的时候，才发生Happy Birthday的用例。

（3）length of variable value：变量的长度。这个功能非常有用，尤其是在验证表单的时候，如果我们要验证用户输入的用户名或者密码的长度，就要用到这个功能了。

（4）text on widget：某个部件的文本。大部分时候这个选项都用来获取某个文本输入框Text Field的接收值。比如，验证用户是否输入了正确的E-mail等。

（5）text on focused widget：当前获得焦点的部件的文本。这个功能在制作根据用户输入的值进行实时地判断并且进行提示的功能的时候，非常有用。

（6）length of widget value：部件文本的长度。与3类似，只是这次判断的是某个部件的文本的长度，而不是变量的长度。

（7）selected option of：这个毋庸置疑，是根据用户选择的下拉列表中的某个选项来进行逻辑判断的。

（8）is selected of：判断某个部件的状态是否为选中状态。

（9）state of panel：某个动态面板的状态。根据动态面板的状态来判断是否执行某个用例。

（10）visibility of widegt：某个部件的可视状态。根据某个部件是隐藏还是显现进行判断。

（11）key pressed：根据某个键盘键或者组合键是否被按下了判断。

（12）Cursor：根据鼠标光标是否进入了某个区域来判断。

（13）area of widget：根据一个部件的所在区域进行判断。

（14）adaptive view：根据视野的状态来判断。我们可以使用这个条件来判断当前用户是纵向持握iPhone的还是横向持握iPhone的。

我们可以根据我们要判断的逻辑的需要，选择上面的任何一个值的来进行操作。

第三部分是根据第二部分中选择的方式，确定变量名称或者部件的名称。比如第二步中选择了"value of variable"，那么在第三步中我们就要选择到底是哪个variable；如果第二步中选择了state of panel，那么在第三步中我们就要选择panel的名字。注意在第三步中，我们可以添加新的变量。

第四部分是逻辑判断的运算符，可以选择等于，大于，小于等。要注意的是contains和does not contain两个选项。也就是说我们可以判断包含关系。比如说congregation中包含了字母e，而book中没有包含字母e。这个常用的功能可以用来判断用户输入的E-mail中是否包含"@"符号。

第五部分是选择用来被比较的值。也就是用来跟第二部分中的值做比较的那个值。选择的方式跟第二部分的一样。比如选择比较两个变量，那么刚才选择了第一个变量的名称，现在就要选择第二个变量的名称。

第六部分是输入框，如果读者在第五部分中选择了"value"的话，那么读者要在这里输入value的具体的值。

第七部分是逻辑描述，Axure RP会根据用户在前面几部分中的输入，生成一段描述让用户判断条件是否是逻辑正确的。

右上角的"fx"键，可以让用户在输入值的时候，使用一些常规的函数，比如获取日期，截断和获取字符串，等等。这部分功能用到的非常少，我们先不赘述。之后在项目当中有需要的时候，我们再回头解释。绿色的加号和红色的叉号分别用于新增和删除条件。

步骤3

创建完条件后，单击"OK"按钮返回用例编辑器。我们来看用例编辑器的Step2，添加动作。Axure RP的动作分为6大类，我们分别介绍。

第一类 Links【链接】

在Links里面又分为几个部分。

Open Link 【打开链接】

Current Window：在当前窗口中打开链接。也就是不弹出新的窗口。

New Window/Tab：在新的窗口或者标签页中打开链接。这个要看浏览器的设置。对于多标签页浏览器，比如IE 8、Firefox和Chrome，那么就会打开新窗口或者新的标签页。但是对于不支持多个标签页的浏览器，比如IE 6，那么就肯定是打开新窗口。

Popup Window：在弹出窗口中打开链接。读者还可以控制弹出窗口是否有工具栏和状态栏这些设置，同时可以设定弹出窗口的位置和宽高。

Parent Window：在父窗口中打开链接。如果使用了Inline Frame【框架】部件，那么在父窗口中打开链接的方式会很常用。

Close Window：关闭当前窗口。

Open Link in Frame：在某个框架中打开链接。如果使用了Inline Frame【框架】部件，那么可以控制是在哪个框架中打开相应的链接。

Inline Frame：在Inline Frame部件中打开链接。

Parent Frame：在父框架中打开链接。如果使用了框架的嵌套，那么可以控制在父框架而不是当前框架中打开链接。

Scroll to Widget (Anchor Link)：将页面滚动到某个部件所在的位置。

第二类 Widgets【部件】

Show/Hide

Show：显示某个部件。

Hide：隐藏某个部件。

Toggle Visibility：切换显示和隐藏状态。

Set text：设定某个部件上显示的文本。

Set Image：设置Image部件的显示图片。

Set Selected/Checked。

Selected：将部件的选中状态设置为选中。

Not Selected：将部件的选中状态设置为不选中。

Toggle Selected：将部件的选中和不选中状态进行切换。

Set Selected List Option：将下拉列表的选项设置为某个值。

Enable/Disable

Enable：启用一个部件。

Disable：禁用一个部件。

Move：移动一个部件。

Bring to Front/Back

Bring to Front：将部件在Z轴上置于最前。

Send to Back：将部件在Z轴上置于最后。

Focus：将焦点置于某个部件上。

Expand/Collapse Tree Node

Expand Tree Node：展开树分支。

Colapse Tree Node：折叠树分支。

第三类 Dynamic Panels【动态面板部件】

动态面板部件有几个自身独有的动作，如下所示。

Set Panel state：将面板设置为某个状态。用于更改动态面板的状态。

Set Panel Size：设定动态面板的大小尺寸。这是唯一一个Axure RP可以修改部件大小的地方。

第四类 Variable【变量】

第四类只有一个动作，就是Set Variable Value：设定变量的值。

第五类 Repeaters【循环列表部件】

Add Sort：为列表添加排序功能。

Remove Sort：为列表移除排序功能。

Add Filter：为列表添加过滤功能。

Remove Filter：为列表移除过滤功能。

Set Current Page：设定当前选中页面。

Set Items per Page：设定每页显示多少个元素。比如说一页20个，或者一页50个。

Dataset（数据集）

Add Rows：添加行。

Mark Rows：标示行。

Unmark Rows：反标示行。

Update Rows：更新行。

Delete Rows：删除行。

第六类 Miscellaneouse【杂项】

Wait（等待）：原型什么也不做，等待一段时间。比如我们可以设定页面在加载一段时间后，再打开某个部分。

Other（其他）：其他任何Axure RP不支持的，但是你希望未来的网站能够支持的功能。这里其实不是一个动作，而是一个描述。比如说你希望告诉开发者，在单击某个按钮的时候，就播放一个声音，那么就可以选择"Other"，然后在描述里面说明要播放什么声音，如下图所示。

步骤4 管理动作

在用例编辑器的Step3中，我们可以看到所有已经添加的动作，我们也可以删除动作，或者调整动作的次序。Axure RP会按照动作由上到下的次序顺序执行。所以如果读者希望某个动作优先执行，那么就用鼠标选中这个动作，然后将它拖曳到比较靠前的位置就可以了，如下图所示。

步骤5 设置动作参数

然后在Step4中，我们可以针对有些需要设置参数的动作，设置参数。比如Open Link in Current Window这个动作，我们要在Step4中设置要打开的窗口到底是哪个？是当前项目中的某个页面？还是某个URL？还是回到上一页？

现在我们已经了解用例编辑器了。之后在添加用例的时候，我们打开用例编辑器，先选择要添加的若干个动作，然后针对每个动作进行参数设置，就可以了。

下面我们为矩形部件添加一个简单的用例。我们双击矩形部件的OnClick事件，在用例编辑器中，将Step1的用例名称修改为"Open 百度"，然后在Step2中单击Open Link in Current Window，并且在Step4中选择Link to an external url or file，并且输入Hyperlink的地址http://www.baidu.com （请注意一定要输入前面的http://前缀），如下图所示。

然后单击"OK"确定。在矩形部件的部件属性区域中我们可以看到如下的内容。

在页面区域中的矩形部件，现在也被标注了一个蓝色的小图标，如下图所示。

这个时候，我们生成项目，在IE浏览器中，我们单击这个矩形部件，就会看到IE在当前的页面中打开了百度的首页。

这就是对某个部件添加事件的方法。在之后的学习当中，我们会用如下的事件表格来声明对一个部件所要添加的事件的所有用例和动作。

Label部件名称	Class1NormalRectangle
部件类型	Rectangle
动作类型	OnMousEnter
所属页面	Home
所属面板	class1
所属面板状态	normal
动作类型	动作详情
Show Panel(s)	Show subclass1
Set Panel state(s) to State(s)	Set class1 state to rollover

这个事件表格说明我们要为一个叫作Class1NormalRectangle的矩形部件添加一个OnMouseEnter事件，这个部件位于Home页面的class1动态面板的normal状态。要添加的动作类型分别为Show Panel(s)和Set Panel state(s) to State(s)。动作详情中说明了相应的参数设置。

如果在事件中我们使用了条件，那么表格会如下所示。

Label部件名称	Xxx
部件类型	Rectangle
动作类型	OnClick
所属页面	Home
所属面板	无
所属面板状态	无
动作条件	
IF 条件1	
动作类型	动作详情
Set Panel state(s) to State(s)	Set class1 state to State1
动作条件	
Else if 条件2	
动作类型	动作详情
Set Panel state(s) to State(s)	Set class1 state to State2
动作条件	
Else if 条件3	
动作类型	动作详情
Set Panel state(s) to State(s)	Set class1 state to State3

之后我们都会用事件表格来说明，不会再一步一步地去添加事件了。

其他

我们在一些动作中，比如Move的Step4中，会看到一个特殊的设置，叫作Animate【动画效果】，如下图所示。

这是Axure RP里面唯一可以设置动画效果的地方。

首先关于Move，一种是Move By，也就是要在X轴和Y轴方向上各移动多少个像素，比如我输入X20：Y20，那么动态面板就会向右，向下各移动20个像素。另外一种是Move To，也就是要移动到哪个坐标上去，在这种情况下，如果我输入X20：Y20，那么无论动态面板现在在哪里，都会把它移动到左上角位于X20：Y20这个坐标的地方。

Animate有如下几个设置的选项，我们分别介绍一下。

Animate设定了动态面板在移动过程中的行为，有如下几种行为。

None：没有。没有任何过程的移动，你会看到面板一下子从出发地消失，然后在目的地出现。

Swing：摇摆。面板忽大忽小，"摇晃"着从出发地到达目的地。

Linear：线性。面板沿着出发地和目的地之间的直线，在设定的时间内到达目的地。这也是我们在下面这个例子当中使用的方式。

Ease in cubic：以先慢后快的方式从出发地到目的地。

Ease out cubic：以先快后慢的方式从出发地到目的地。

Ease in out cubic：以先慢后快然后再先快后慢，类似我们开车，先起步加速，然后到达后刹车减速。

Bounce：回弹。在到达目的地后有一个回弹，好像球撞到了墙。

Elastic：延伸。在到达目的后会超出目的地一段距离，然后被拉回到目的地。好像橡皮筋，或者猫和老鼠里面的追逐急停场面。

T是时间，通过这个参数可以设定动态面板从出发地到目的地所要经过的时间，这个时间是以毫秒为单位的。

我们看个例子，如下所示。

Label部件名称	无
部件类型	Rectangle
动作类型	OnClick
所属页面	Home
所属面板	无
所属面板状态	无
动作类型	动作详情
Move Panel(s)	Move slides by (100,100) linear 1500ms

设置的参数的意思就是，让动态面板slides在300毫秒的时间里，以直线的方式，从当前坐标向下和向右，各移动100像素。

Set Panel state(s) to State(s)这个动作，以及Animate In和Animate Out这两个选项。它们决定了一个动态面板在不同状态之间切换时的行为。就像我们在Powerpoint中设置幻灯片的切换方式一样。

总结

为部件添加事件的步骤总结如下。

1.选中部件

2.在部件属性区域中双击事件名称

3.在用例编辑器中选择相应的一个或者一组动作

4.为动作设置参数

5.保存结束

A2　为页面添加事件

"为页面添加的事件"的方法与"为部件添加事件"的方法是一样的。只不过页面的事件不出现在"部件属性区域"，而是出现在Axure RP窗口下方的"页面设置区域"，如下图所示。

在Axure RP 7之前的版本中，页面的事件只有一个，就是OnPageLoad。这个事件在整个页面加载完毕后执行。一般来说，我们会在这个事件中进行一些页面变量初始化，部件位置初始化，部件状态初始化的工作。

添加页面事件也需要添加用例和动作，这个与部件是一模一样的。我们就不再赘述了。

A3　添加变量

添加变量在Axure 7中跟之前的版本中没有太大的区别。我们并不能凭空地添加一个变量，只能在添加事件的过程中添加一个变量。

我们双击要添加的事件中，打开用例编辑器，在左侧选择"Set Variable Value"，然后单击右侧的"Add Variable"按钮，如下图所示。

在打开的全局变量编辑器中，我们可以看到如下的内容。

这里列出了当前所有的全局变量。全局变量的意思是在这个项目当中，我们可以在任何页面的任何事件中访问这个变量并且获得它的值。而一个非全局的局部变量，就只能在一个事件中被使用。

单击绿色的加号按钮就可以创建一个新的全局变量并且为它设定一个默认的值，如下图所示。

我们创建一个叫作test的变量，并且将它的默认值设定为"1"。然后，我们就可以在事件中使用这个变量，如下图所示。

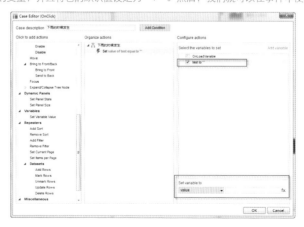

在项目的运行过程中（也就是在浏览器中预览一个项目的时候），如果我们想知道某个变量的当前值，我们只需要单击界面中的"x="按钮就可以看到当前所有全局变量的值，如下图所示。

A4　fx

在Axure 7.0 中的任何地方看到"fx"这个标志，单击它都会出现如下的编辑窗口，在这里我们可以使用Axure RP预设的一些参数和函数。

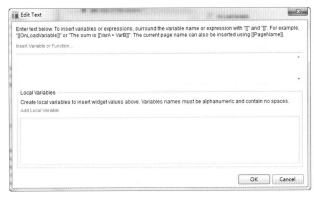

单击"Insert Variable or Function…"，打开如下的窗口。

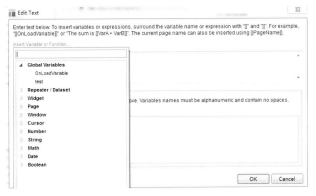

在这里我们简要介绍每个主要的部分。

Globle Vairables：列出当前所有的全局变量。

Repeater / Dataset：与Repeater和Dataset相关的功能，比如获得总的页数，总的列表的条目数等。

Widget：跟当前的部件相关的功能，比如获得当前部件的名称、文本、高度、宽度、坐标等。

Page：获得当前页面的页面标题。

Window：获得当前窗口的一些属性。比如窗口的宽度、高度、纵向滚动的距离，横向滚动的距离等。

Cursor：获得当前鼠标的属性，例如鼠标的坐标，鼠标横向或者纵向拖曳的距离。

Number：与小数处理相关的函数。

String：与字符串处理相关的函数。

Math：与数字处理相关的函数，例如加减乘除。

Date：与日期处理相关的函数，例如获得当前的日期。

Boolean：布尔函数，用来作与非运算。

在之后的原型当中，我们会多次使用fx参数来获得当前的拖曳距离、部件的坐标、鼠标的坐标等系统数值。

A5　从Photoshop到Axure RP

这是设计师和产品经理共同制作线框图的一种高效的方法，也是将设计图从Photoshop移植到Axure RP中的方法，也是将设计图从PSD，JPG变成为含有互动效果的HTML的方法。我们使用没够网这个案例，来说明如何在已经有了PSD设计图的情况下，高效的制作高保真原型。

那就先从Photoshop说起。在Photoshop中，我们首先要有一个画布的概念，也就是整个工作的区域。然后画布中间的是图像的区域。我们用没够网的PSD文件做一个例子，如下图所示。

红色边框是我后来加上去的。整个白色的背景区域就是画布的区域，在没够网的PSD中，这个尺寸是W1257：H2633。中间蓝色的是图像区域，也就是我们制作真正内容的区域，这个部分的尺寸是W1005：H2534。因为周围有留白。

所以，我们在Axure RP中的区域，最好也是同样的设置。也就是说，我们的工作区域也是W1257：H2633的，中间的页面部分是W1005：H2534的。这样就能保证两个部分的坐标完全一致。

然后，在没够网的PSD中，不同的部分分别位于不同的图层当中，如下图所示。

我们可以看到，几乎所有的文字、按钮、背景、图片都属于不同的图层。这些不同图层的内容，在Axuer RP中，就都会是不同的部件或者部件的组合。设计师一定要按照图层来进行构图的分解，这样不仅对于Photoshop的制作比较方便，而且对于Axure RP高保真线框图的制作也非常有益。

然后，第一步，我们要把Logo移植到Axure RP中并且添加事件。我们要做的，就是在Photoshop中先选中Logo。我们有两种方式来移植Logo，这两种方式的效果是一样。

1.合并拷贝+拼图

一种是"合并拷贝+拼图"的方法。为此，我们把Photoshop原图放大，然后选中ogo部分的内容，如下图所示。

这个时候，我们在Photoshop右侧的信息栏中，记录下看到的当前选中区域的坐标和尺寸，如下图所示。
坐标为X135：Y0，尺寸为W155：H119，单位都是像素。

然后，在选中这个区域的状态下，我们在Photoshop的工具栏中选择"编辑"→"合并拷贝"，或者直接使用Ctrl+Shift+C快捷键。使用这个快捷键后，Photoshop会把选中区域所包含的所有图层的内容都拷贝出来。如果不使用这个功能的话，我们就需要先选中Logo所在的图层才能够进行拷贝，不然拷贝不到Logo部分。

接下来在Axure RP中，我们新建一个项目，在Home页面中，选择"粘贴"或者按Ctrl+V键。粘贴到Axure RP中后，我们按照与在Photoshop中相同的坐标和尺寸来设定Logo的属性，如下图所示。

这样，Logo这个部分就被完美地移植到Axure RP中了。

合并拷贝的好处就是，当我们在Photoshop中选择的时候，选择区域不用那么严格，比如刚才，如果我选择的区域大了一些，如下图所示。

也没有太大关系，当在Axure RP进行拼接的时候，只要各个部分不互相覆盖就没有关系。

2.素材拼接方法

另外一种方式是将Photoshop中相应的区域保存为图片，然后再在Axure RP中通过Image部件导入。我们称之为素材拼接方法。我们还是以Logo为例。但是这个时候，我们不使用合并拷贝的方式，而是找到Logo所在的图层，然后将Logo图层周围的图层都先隐藏起来，如下图所示。

然后，我们选中Logo的部分，记住这个时候只能严格的选择Logo的部分，不能多选，因此，我们把原图放大，这样方便我们确定边界。这个时候，设计师也可以帮忙，选中后如下图所示。

然后，我们同样要记录下来选中区域的坐标，如下图所示。

可以发现跟刚才的坐标不同了。

然后，我们合并拷贝刚才选中的区域，再在Photoshop的工具栏中选择"新建"，弹出如下的窗口。

注意背景内容要选择透明。

设置完后，单击"确定"，将刚才复制的部分粘贴到这个新的文件中，如下图所示。

注意"没够"的Logo是有半透明效果的。

接下来选择"文件"→"存储为Web和设备所用格式"，弹出如下的窗口。

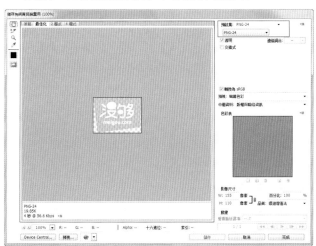

因为这个图片是有斜边的，所以我们选择png24，因为只有这个格式，才能够保留锯齿状的透明效果。

然后我们回到Axure RP中，向页面中拖曳一个Image部件，然后双击它，在弹出的文件浏览器中选择刚才的logo.png，然后单击"打开"。接着，我们把这个Image部件的坐标设置为X135：Y1，效果如下图所示。

我们注意到跟刚才合并拷贝的部分稍有不同。因为这个时候我们仅仅拷贝了Logo的部分，所以这个部分没有蓝色

的背景。在第二种方法中，我们要将每个部分都制作出来，然后进行拼接。也就是说，蓝色的背景也会是一张图片。

3.比较

对于整个Header，如果我们使用"合并拷贝+拼图"的方式，那么整个Header是由下图中这些小图组成的。

(X125：Y0　W165：H119)　　　　　　　　　(X344：Y11　W234：H49)

(X299：Y80　W84：H39)　(X393：Y89　W71：H30)　　(X485：Y89　W94：H30)　　(X594：Y90　W70：H29)

(X682：Y91　W60：H28)　　　　(X830：Y18　W288：H23)　　　　(X830：Y41　W292：H70)

(X124：Y0　W1005：H119　位于页面最底层)

当然，这是一种比较粗糙和简单的方法，但是很多时候非常高效和实用。

而对于素材拼接的方法，我们需要的Image部件如下。

(X135：Y1　W155：H110)　　　(X349：Y16　W76：H39)　　(X302：Y79　W79：H40)　　(X326：Y95　W30：H16)

(X398：Y95　W62：H15)　　　(X493：Y95　W78：H15)　　　(X608：Y95　W30：H15)　　(X640：Y96　W13：H14)

(X690：Y95　W46：H16)　　　(X835：Y42　W278：H62)　　　　(X125：Y0　W10005：H119)

综上所述，最终的效果都是一样的，但是细节和实现过程不同。可以看到，素材拼接的方法要麻烦一些，但是效果比较精细，不同的部件都会严格地分开，不会互相重叠。但是耗费的时间也要多很多。除了使用PSD外，如果我们是从已经成型的网站上"借用"一些素材的话，那么使用素材拼接就会很方便。很多时候，我也会把以上两种方式混合使用。主要的关键点就是。

- 坐标一定要统一

- 注意使用合并拷贝

- 在Photoshop中选择区域的时候，一定要注意边界

- 设计师在设计原图的时候，一定要多使用图层，尽量把不同的部分放在不同的图层上面
- 在Axure RP中拼合的时候，要注意在Z轴方向上的分布

我们要做的，就是在非常细致地将设计图中的不同部分制作出来后，然后严格地按照与Photoshop中相同的坐标在Axure RP中将这些部分拼接起来。这个过程可以这么来理解，就像制作拼图一样。我们在工厂（Photoshop）中把整个拼图制作出来，然后再裁成小块（合并拷贝），将这些小块卖给消费者后，他们再按照规则（坐标）把小块还原成为当时的图片（在Axure RP中还原为页面）。

4.高效率的分工

如果我们不能找到一个即懂设计又懂产品的专人来做高保真线框图的话，那么最好的组合就是产品经理和设计师一起进行制作，其中主要的负责人是产品经理。强烈要求产品经理来负责的原因就是，高保真原型其实就是最终的产品，如果产品经理不能在原型中将所有的逻辑，视觉和功能想明白，那么最终产品一定也会失败。

工作流程如下：

① 产品经理根据最终确定的需求制作出线框图。（线框图的制作方式请参考本书的前面的章节）

② 设计师在Photoshop中完成设计图，并且将不同部分的图片从Photoshop中分离保留。拿刚才的例子来说，设计师要将Logo单独保存为一个名为Logo(x12-y24).png（括号中的内容为坐标）的文件，放在项目的文档中。如果某个部件有鼠标悬停或者选中的效果，那么就保存为xxx-normal(x23-y78).png，xxx-rollover(x23-y78).png，xxx-selected(23-y78).png。如果是一个动态面板的多状态的部件，那么就按照xxx-state1(x0-y0).png，xxx-state2(x0-y0).png的方式进行保存，注意一定要包含坐标，这样产品经理才好参考坐标在Axure RP中进行还原。对于页面中使用的字体，如果是用图片替代文本，那么就跟图片的保存方式一样，如果是字体，那么就要告诉产品经理各个部分使用的字体，字号和颜色。因为在Axure RP中，产品经理需要真地用网页字体来实现。

③ 产品经理开始制作Axure RP高保真线框图，并且与设计师随时沟通和调整。其实如果设计师在第二步中设计Photoshop原图的时候能够一个区域一个区域地完成，比如完成Header部分后，就提供一部分设计素材给产品经理，那么产品经理就也可以开始工作了，两个人齐头并进。

④ 最后，完成高保真线框图后，产品经理与设计师一起进行测试，观察网页的内容是否与设计图一致，交互和内容是否布局合理。

当然在实际过程中，还会穿插很多提案和需求确定的过程。但是一旦高保真线框图确认了，大家就可以高枕无忧了。

A6 在Axure RP中使用Flash

在Axure RP中，并不能直接使用Flash，我们并没有一个叫作Flash的部件可以使用。而且，虽然一个Flash也可以用一个唯一的URL表示，比如，

http://player.youku.com/player.php/sid/XMzExMTUxMzI4/v.swf

但是它并不能像图片一样直接被Axure RP支持。但是在页面制作中，我们经常要使用Flash，比如嵌入视频，播放广告。那么我们怎么在Axure RP中引入Flash呢？

Axure RP为我们提供了一个非常强大的部件，叫作Inline Frame【行内框架】，通过这个部件，我们可以在一个页面中通过一个URL引用另外一个页面。既然一张图片，一个Flash也可以用URL来表示，那么，我们就可以通过Inline Frame在一个页面中引用另外一张图片或者Flash。

Inline Frame很强大，理论上来说，我们可以制作这样一个页面，页面的不同部分是由不同页面的不同部分组合而成。大家可以查看"引用任意页面的任意部分"一节的内容。

用Inline Frame引用Flash，只要获得要引用的Flash的URL地址，然后右键单击Inline Frame部件，选择"Edit Inline Frame"→"Edit Default Target"，然后在弹出的窗口中输入Flash的URI地址就可以了，如下图所示。

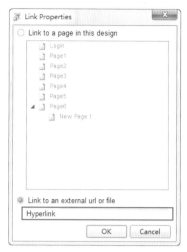

然后，在Axure RP的项目中，我们是无法看到效果的。必须生成页面后，才可以看到引用的Flash的效果。

那么，我们如何获得页面的Flash地址呢？

对于大部分的视频网站来说，获得视频的Flash地址是非常容易的，比如说优酷网，我们只要单击视频下方的"分享"按钮，然后将Flash地址拷贝出来就可以了，如下图所示。

视频: Steve Jobs在2005年对Stanford毕业生的演讲（英文字幕）

教育频道 · 教育列表 · 校园课堂

对于其他网站上的视频，我们要借助一些特殊的工具。在Chrome浏览器中，我们打开要获得Flash的页面，然后按Ctrl+Shift+I键，打开开发者工具。也可以单击地址栏最右侧的扳手的图标，如下图所示。

然后选择"工具"，再选择"开发人员工具"就可以了。接着，我们在浏览器中输入http://www.sina.com.cn，这个时候，我们可以看到Resources选项卡下面开始加载各种页面资源进来，如下图所示。

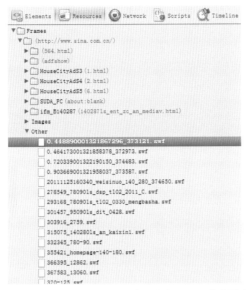

不同的页面资源被放置到了不同的目录中，比如Images毫无疑问是页面中的图片，如果我们要找一个页面中图片的源地址，那么就在这个目录中找就可以了。HouseCityAdS3，我们可以猜到这是一个广告所使用的资源。如果我们看Other目录，就可以找到目前页面中所有的Flash元素的地址，对，就是那些.swf文件。我们只要确定哪个是我们想引用的Flash，右键单击它，选择"Open Link in New Tab"，就可以在一个新的页面中看到这个Flash的完整的URL地址了，如下图所示。

我们只需要把地址栏中的Flash地址复制出来就可以在Axure RP中引用这个Flash了。这里有点儿做广告之嫌，不过想必大家不会介意的吧。

A7　背景覆盖法

背景覆盖法就是用别人做好的图片做背景，然后我们在这个背景上利用Axure RP部件添加一些我们需要的元素，之后添加交互事件的一种方法。这种方法能够极大地节省制作高保真原型的时间。尤其是在成熟的页面中添加新的功能的时候，可以只将注意力集中在我们需要的地方，而将其他地方用图片展现。

我们用一个例子来说明背景覆盖法的方便之处。比方说，笔者想给大家演示一下本书出版之后，在当当网的图书页面上成为主打推荐图书的效果。我们可以这么做。

首先，创建一个新的Axure RP的项目。然后，我们把当当网的图书页面，也就是如下的URL的页面，做个全屏截图。

http://book.dangdang.com/

截图效果如右图所示。（至于全屏截图的方法，请参见"Snag it使用简介"一节）

然后，我们把这张图片粘贴到Home页面中，坐标为X40：Y40。

之后，我们拖曳一个矩形部件到页面中，边框设置为无，填充颜色设置为白色，然后，我们调整它的位置和尺寸，让它刚好把"哈利波特与死亡圣器（下）"这个部分的所有内容都覆盖住，如下图所示。

覆盖前

覆盖后

然后，我们就可以在原先哈利波特的位置创建我们自己的内容了。为了工作方便，我们把整个背景图锁定在页面上。选中背景图后，单击锁定按钮就可以了。接着，我们拖曳一个Image部件到页面中，尺寸为W200：H200，坐标为X295：Y721，这个是我们的书的封面设计图。

然后，我们拖曳一个Rectangle部件到页面中，坐标为X293：Y928，尺寸为W80：H20，尺寸为14，字体颜色为#1A66B3，黑体，无填充，无边框，字体内容为"网站蓝图"，这是我们书的标题。所使用的字体和尺寸，以及颜色与当当网原先的哈利波特保持一致。

接着，我们将如下部分从当当网原网站中截图，然后粘贴到Axure RP中：当当独家特供
坐标为X296：Y951，尺寸为W109：H25。

接下来是作者，出版社，当当价格和描述几个部分的内容，我们就不详细说了。按照与当当网同样的样式添加进来即可。完成后，我们在浏览器中查看，是不是真地像我的书已经出现在当当网的首页了呢？

我们没有用这种方法制作整个当当网的页面（这可是个非常复杂的活儿），而只是将某个部分覆盖后，重新制作，就完成了我们需要的效果。大大地节省了时间。在这个例子中，我们可以为"网站蓝图"部分添加链接，链接到商品的详情页面，而其他部分是静态的图片，不能单击。

之后，在我们的很多例子当中，我们都会使用这种背景覆盖法来借用成熟的页面来做出我们需要的效果，而避免去做那些不需要的部分。虽然这个方法与我们推崇的"高保真"有些不一致，但是，高保真的目的就是说清楚我们要做的东西是什么样子的。因此，对于大家已经都非常清楚的地方，就省点儿时间吧。

A8　拖曳部件

在整本书中，我们会一直使用"拖曳一个某某部件到页面区域"这样的语句。这是什么意思呢，看下面就明白了。

我们打开Axure RP，在左侧的部件区域中，我们用鼠标左键选中一个部件，比如Rectangle部件，然后按住鼠标左键，将它拖曳到右侧的页面区域中，之后松开鼠标左键就可以了。这样，一个部件就被拖曳到了页面中，如下图所示。

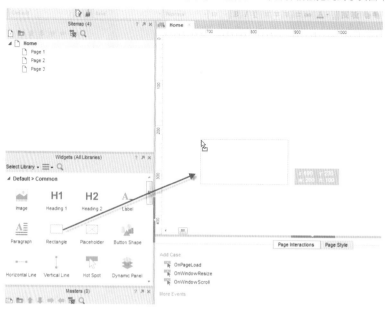

A9　坐标

每个位于页面区域的部件都有坐标，其中X坐标和Y坐标是可以直接进行设置和操作的，也是很直观地在Axure RP中显示出来的。

当我们用鼠标左键选中一个部件的时候，在工具栏区域的右侧可以看到当前部件的X坐标和Y坐标，如下图所示。

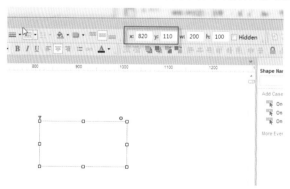

Axure RP的坐标计算是从页面区域的左上角开始的，所以左上角的坐标为X0：Y0。我们可以通过直接在上图的坐标框中修改坐标来更改部件的位置，也可以在页面区域中直接用鼠标拖曳部件进行位置的改变。

在之后的项目中我们会用X10：Y20这样的方式来说明一个部件的坐标，这个表示X坐标为10像素，Y坐标为20像素。

同时，对于每个部件来说，还有一个隐藏的Z坐标，也就是在垂直于屏幕方向上的位置。这个坐标没有绝对的值，只有相对的位置。我们可以通过工具栏上的如下按钮来改变一个部件的Z坐标。

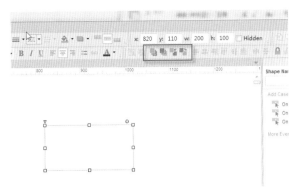

第一个按钮是置于最前，也就是在垂直于屏幕的方向上离用户最近。置于最前的部件在视野中位于所有部件的上面，所以不会被遮挡。

第二个按钮是置于最后，也就是在垂直于屏幕的方向上离用户最远。置于最后的部件在视野中位于所有部件的下面，任何其他的部件都会遮挡住这个部件。

第三个按钮是向前移动一层，这个按钮让部件在垂直屏幕的方向上离用户再近一点儿。

第四个按钮是向后移动一层，这个按钮让部件在垂直屏幕的方向上离用户再远一点儿。

我们看下面这张图，红色矩形覆盖了蓝色矩形，说明红色矩形在垂直于屏幕的方向上离用户比较近。如果我们选中蓝色矩形，并且单击第三个按钮，就会发现蓝色矩形覆盖了红色矩形。一般来说，后被添加到页面区域中的部件会离用户更近。

在实际项目中，尤其是在页面中的部件比较多的情况下，我们要注意部件的Z轴位置。因为一旦一个部件被其他的部件遮挡了，那么它将无法响应用户的互动。

A10 尺寸

每个被添加到页面区域中的部件都有一个尺寸，当我们用鼠标左键选中一个部件的时候，在工具栏区域中可以看到当前部件的尺寸信息，如下图所示。

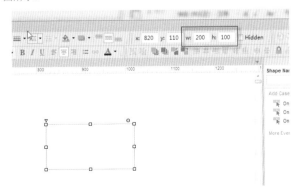

W是部件的宽度，H是部件的高度。

在之后的项目中我们会用W180：H20这样的方式来说明一个部件的尺寸，这个表示部件的宽度为180像素，高度为20像素。

A11 生成原型HTML并在浏览器中查看

生成原型指的是让Axure RP将我们设计的页面生成为HTML的页面，并且在浏览器中进行浏览。

当须要生成项目的时候，我们在Axure RP中单击如下的选项，或者直接按F8快捷键。

然后，会弹出如下的窗口。

我们设定好生成之后的项目所在的目录，然后选择要在哪个浏览器中查看。Axure RP会自动识别所有安装好的浏览器供用户选择。一般我们选择Internet Explorer或者Chrome。

单击"Generate"后，就会在浏览器中看到生成的页面原型了。

对于Internet Explorer，每次生成Axure RP项目并且在浏览器中打开的时候，都会看到如下的安全提示。

我们单击这个安全提示，然后选择"允许阻止的内容"就可以了，如下图所示。

但是每次都这样很烦，我们怎么能让它不再弹出这个警告呢？

在Internet Explorer的工具栏中，选择"工具"→"Internet选项"，然后弹出如下（左）的窗口。

之后选择高级选项卡，弹出如下（右）的窗口。

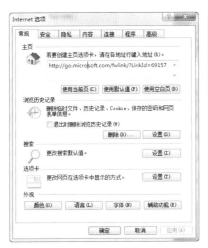

选中"允许活动内容在我的计算机上的文件中运行*"复选框。然后重新启动Internet Explorer。之后我们再生成项目的时候，就会发现IE不再弹出这个安全警告了。

对于Chrome来说，它是不能直接运行Axure RP生成的项目的，第一次运行时会出现如下内容。

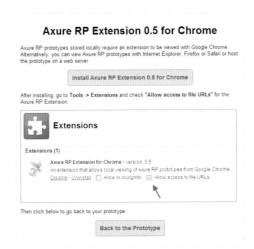

我们单击上方那个"Install Axure RP Extension 0.5 for Chrome"。然后在页面左下角单击"继续"，如下图所示。

弹出如下警告。

我们单击"安装"。安装成功后，我们在Chrome中还要进行设置才可以。我们在Chrome中单击"工具"→"选项"，如下图所示。

然后在弹出页面中选择左侧的扩展程序，看到如下的页面。

我们单击左侧的小箭头，展开Axure RP的设置面板，然后选中"允许访问文件网址"这个选项，如下图所示。

这样设置完成后，我再在Axure RP中生成项目，然后选择Chrome，就可以看到，在Chrome中已经可以正常的显示Axure RP的原型了。

A12　Snag it使用简介

Snag it是一款非常著名且好用的屏幕截图软件。它不同于Windows自带的PrintScreen（笔记本上一般缩写为PrtSrc）功能的是，PrintScreen功能每次都只能截整个屏幕。而Snag it可以截如下的部分。

（1）任何一个区域，矩形、圆形、三角形、自由形状。

（2）整个窗口（与PrintScreen的功能一样）。

（3）滚动窗口（横向和纵向）。也就是说，如果一个窗口有滚动条，那么Snag it会自动向下或者向右滚动，从而把整个页面都截取下来。

（4）延时截取。有时候我们要截取一些菜单，而这些菜单必须是要被鼠标点击后才会出现的。所以延时截取会自动等待几秒钟，等到菜单都展开后，再进行截取。

（5）还可以截取摄像头的图片，游戏的图片，等等。

对于配合Axure RP的使用，最常用的截图功能就是截区域和整个页面了。

我们可以在Snag it的官方网站进行下载，当然，只是免费的试用版，如果需要长期使用，那么建议还是购买正版。

网址为http://www.techsmith.com/Snag it/default.asp

下载安装后，会在桌面上看到如下图标。

Snagit 10

双击后，运行界面如下图所示。

　　一般来说，我们不需要去更改默认的设置。当Snag it运行的时候，如果我们需要截图，直接单击右下角那个红色的圆形按钮就可以了。当然，Windows用户也可以在Snag it运行的时候，直接按键盘上的PrintScreen键来激活Snag it进行截图。

　　当我们单击红色的截图按钮后，整个屏幕界面会变成黑色。然后在屏幕中央，会有两条亮黄色的参考线相交于鼠标的位置，并且随着鼠标的移动而移动。在两个黄色线条交点的左下方，会有一个放大镜的效果，放大镜中显示的是目前鼠标所在位置的放大效果，这样可以方便用户在选择截图区域的时候能够更加精细地选择。然后在屏幕的下方，右方和右下角，都会有一个黄色的双向箭头，如下图所示。

　　Snag it会随着鼠标的移动，自动的识别窗口模块的元素，比如Windows的窗口，IE浏览器的导航栏、状态栏、工具栏，等等。但是无法自动识别网页中的元素。当Snag it识别了某个窗口范围后，它就会把这个窗口范围用一个黄色的矩形包围起来，并且在放大镜窗口中标识出目前它自动识别的窗口的尺寸。如上图覆盖整个窗口边缘的黄色线框。

　　读者只需要用鼠标拖曳，让拖曳出来的矩形范围覆盖自己想要截图的区域，就可以将该区域进行截图了。无论是矩形截图，圆形截图还是自由图形截图，都是这种操作方法，如下图所示。

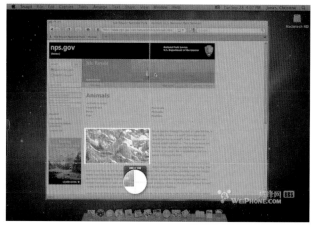

　　如果用户要将某一个窗口截图，那么第一可以自己在这个窗口的范围内进行拖曳，用矩形的方式进行截取，第二可以将鼠标移动到这个窗口区域，等待Snag it自动识别这个窗口后，单击鼠标左键就可以进行截图了。

　　如果用户要截滚动窗口，那么对于只有纵向滚动条的窗口，只要先将待截图页面滚动到最上方，然后按PrintScreen键激活Snag it，再单击窗口下方的黄色双向箭头就可以了。Snag it会自动滚动页面进行截图。如果只有横向滚动条的窗口，那么先将待截页面滚动到到最左方，再单击右侧的黄色双向箭头就可以了。对于即有横向滚动条又有纵向滚动条的窗口来说，先将待截页面滚动到左方角，再单击右下角的那个黄色双向箭头就可以了。

　　无伦使用哪种截图方式，截图完成后，Snag it都会自动将截图在Snag it自带的图片编辑器Snag it Editor中打开，如下图所示。

　　在Snag it Editor中，我们可以对刚截完的图片进行一些简单地编辑，比如添加文字，更改大小，等等。虽然Snag it Editor中没有Photoshop那么强大的图片编辑功能，但是作为一个简单的截图工具，还是很强大的。

　　在Editor修改好了之后，我们可以选择保存，将当前的截图文件保存为各种主流的图片格式。然后这些图片就可以在Axure RP中使用了。或者，更简单的方式，就是在Snag it editor中直接将图片复制，然后粘贴到Axure RP中。Axure RP有时会弹出一个窗口询问读者是否要对图片进行优化，因为有时候图片比较大，如果不优化就直接在页面中使用，会使页面的打开变得很慢。

　　当然，读者也可以在保存Snag it的截图结果后，在Photoshop等图像编辑软件中对图片进行二次编辑，直到满足项目的须要。

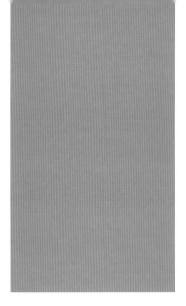

附录B 最简单的专题制作方法

专题是最常出现的任务，用 Axure 7制作专题原型简直多快好省，这里给出两种方案。

B1 图片堆砌法

在Axure RP中，把所有要卖的产品的图片都用Rectangle部件引入进来，然后加链接到商品的售卖页，如下图所示。

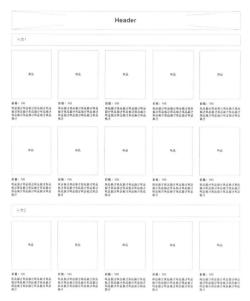

看起来不美观是吗？这样的呢，如下图所示。

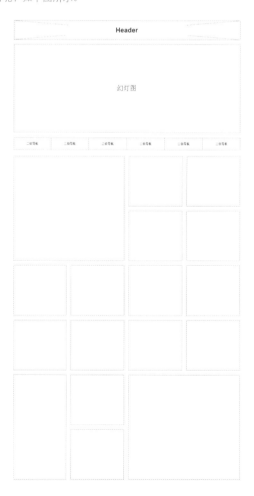

好看多了吧。其实，京东商城的男人帮专题就是用类似的框架做的。都是图片的堆砌，如下图所示。

你现在觉得，做这样一个页面要多久呢？相信如果使用Axure RP的话，你可以很自信地开始动手了吧？

有同学问对于页面的Header部分该怎么处理呢？我建议你参考"引用任意页面的任意部分"那一节。

B2　直接切图法

直接切图法是一种更加"暴力"的方式。说它暴力是因为它基本上只是将一张大图切成若干的小图即可上线了，比如如下的这种页面。

对于这样设计的页面，如果我们采用传统的方式，那么因为链接在右侧的四个"xx治愈"的地方，切图会很麻烦。所以，对于这种比较卡通的页面，或者是特型页面，最简单的方式就是把上述页面制作成一张图片，然后在Axure RP里面把大图切成小图，以加速页面加载。因为页面加载一堆小图要比加载一张大图要快，而且能够一点儿一点儿的加载，让用户一点儿一点儿地看到，从而减少对着空白页面等待的痛苦时间。

所以，我们以上图为例，教大家如何使用Axure RP的Slice lamge功能。

我们首先把平面设计人员设计的设计图粘贴到Axure RP中，最好是经过压缩，可以在网页中使用的JPG格式的文件。大小的话，跟你预计的整体网页大小一致。比如你预计专题整体页面的大小在2M左右，那么这个JPG文件就在2M左右就可以了。

然后，我们右键单击这张图片，选择"Slice Image"。之后我们会发现鼠标变成了一把小刀的形状，并且还有两条十字形状的参考线跟随着鼠标。这个时候，我们只要在图片上单击，Auxre RP就会以单击点为基点，以参考线为分割线，将图片分割为4个部分。如果点击点在图片的外面，那么图片就会以参考线实际划过的部分为分割线，分割成相应的块数。简单来说，把Slice Image想象成一把"小刀"，然后沿着参考线，横一刀，竖一刀把图片切开。

对于这张图片，我们在图片外部的右侧单击，将这张图片平均分成3个部分，如下图所示。

这样，页面在加载的时候，就会分作3张图片进行加载。

然后，我们分别在每张图片上，用Hot Spot部件覆盖要添加链接的部分。比如对于最上面的一张图片，覆盖后是这个样子的，如下图所示。

全部处理完成之后，专题页面就可以发布了。因为将大图切成了若干小图，所以在加载的时候，与"图片堆砌法"在页面的负载方面是类似的。没有什么大的影响，而且，通过Hot Spot方式，大大减少了代码的数量，也节省了工程师的时间和精力。能够让专题在第一时间上线。

这种页面最大的问题就是，对搜索引擎的优化不是很好好。所以需要编辑人员注意一下这个问题，通过其他SEO的技巧对页面进行优化。建议所有从事与网页相关的工作的朋友们，都要学习一些SEO的相关知识。

用"直接切图法"可以制作艺术上非常精美的页面，只要能做成图的，就可以做成页面。所以这种方法很适合做专题，宣传页面，个人网站这种短期内使用的展示类页面。比如说如下的这个温泉的网站，用这种方式制作就非常容易。因为除了非常简单的文字链，就是图片。

结　尾

　　感谢所有读者的厚爱，网站蓝图才能有第二版。第二版中，笔者查看了各个网站的用户评论，增加了一些更具代表性的案例，也删减了一些过于复杂的章节。原型的制作应该以将问题说清楚为主要目的，特效和过于复杂的案例不是我们要追求的。

　　最后，与所有互联网的同行共勉：未来光明，活在当下。

　　祝大家工作开心！